U0233211

The Elegy of Humanity

人的消逝

The Elegy of Humanity

熊培云　著

The Elegy of Humanity

The Elegy of Humanity

浙江人民出版社

图书在版编目（CIP）数据

人的消逝 / 熊培云著. -- 杭州 : 浙江人民出版社, 2024. 12. -- ISBN 978-7-213-11763-3

Ⅰ. TP18; C913

中国国家版本馆CIP数据核字第2024MR1773号

人的消逝

REN DE XIAOSHI

熊培云 著

出版发行：浙江人民出版社（杭州市环城北路 177 号　邮编　310006）

　　　　　市场部电话：（0571）85061682　85176516

责任编辑：方　程　潘海林

策划编辑：胡俊生　陈佳迪

特约编辑：杨钰霆

营销编辑：陈雯怡　张紫懿　徐　洲　游赛赛　霍凌云

责任校对：何培玉

责任印务：幸天骄

封面设计：李　一

电脑制版：北京之江文化传媒有限公司

印　　刷：杭州丰源印刷有限公司

开　　本：880 毫米 × 1230 毫米　1/32　　印　　张：15.75

字　　数：326 千字　　插　　页：4

版　　次：2024 年 12 月第 1 版　　印　　次：2024 年 12 月第 1 次印刷

书　　号：ISBN 978-7-213-11763-3

定　　价：88.00 元

九　月

当周边叶子和茎秆开始变黄，
葵花籽变得坚硬如钉子，
我就可以游到对岸
亲自动手了。

站在我的角度
我不是刽子手。
刀砍下去
收割一个又一个头颅，
并且出售它们的孩子，
这只是无数丰收之一种。

诸神也有自己的角度，
人类还没到整体变黄的时候。

——熊培云诗集《宇宙并不拥有自身》

目录

第六章

正与反

第七章
人工智能与奴隶崇拜

第八章
人的消逝

自序

当人类不再互相需要，
当人对人是鹅卵石

（一）

从缓慢生长的农业社会突然过渡到一日千里的信息时代，或许读者和我一样有某种恍惚感，时常觉得自己的生命和这个世界一样不真实。

年少时我曾经和父辈一起在烈日下插秧、耘禾、割稻子、打谷子，几十年后又终日对着一台电脑思考过去与未来的点滴。如果此刻立于时间之幕前，我甚至能看到左起是商周的耕牛与犁铧，右边是通向未来街市熙熙攘攘的机器人群。

就这样，在这人世我仿佛已经生活了几千年。

试想在诸世纪以前，一个人在颠沛流离中经历一次改朝换代已是人

生巨变，而我经历的是一部从斧柄到脑机接口的人类简史。如此奇幻的见证，如何真实得起来？然而，这恰恰就是我这一代人最普通的生活。

除此之外，我还见证了另外一种巨变：

在过去，人与人是互相需要的，他们紧密生活在一起，就像英国诗人约翰·多恩在诗里感叹的那样，无论谁的离去都意味着陆地失去一角。而现在，甚至人形奴隶都有了替代品，因为有了更好的电子奴隶。

“人的消逝”——这是近年来不断回荡在我脑海里的声音。读者一定也注意到了，伴随着物的发达以及人对物的高度依赖甚至崇拜，人已经越来越不需要人了。

即使在某些人类仍旧相互需要的领域，由于物对人类生活的过度介入，人与人之间的关系变得愈发疏离，就像诗人布劳提根笔下的避孕套不但导致了春山矿难，还隔离了肌肤之亲。而现在这个避孕套变成一台机器。这台机器不但正在俘获男女的欢欣，而且让男女之情失去始于远古的快乐。

（二）

几年前在牛津访学，我曾经和朋友讨论过这样一个问题——是什么让人与人之间紧密联系在一起？

一般来说，大家首先想到的是爱。20 世纪 80 年代有歌曲就叫《让世界充满爱》。而我认为是“亏欠”。它用英文很难译，我甚至生造了

“oweness”这个并不存在的单词。我这里说的亏欠是指一个生命觉得对另一个生命或者群体在某方面有所欠缺甚至感恩，这是一种主观感受。

比如父母养育了孩子，孩子感到对父母有所亏欠。农民在烈日下播种粮食，其他人为自己在空调房里看报纸感到亏欠。洪水来袭，军人冒死护堤，当地的民众为军人的勇敢牺牲感到亏欠。或者，大风大雨天外卖员送来订餐，订餐者为他们的辛劳感到亏欠。

在传统社会中，更普遍的还有丈夫在外面打拼，妻子在家里忙前忙后，可谓各有各的艰辛，若能体会到这种亏欠，他们彼此之间的关爱也会多一点。

以上种种，亏欠像是榫卯结构一样将人类紧紧地咬合在一起。

首先它是广泛存在的一种情感，内涵可大可小，既可以发生在亲人之间，也可以发生在陌生人之间。相较于恩重如山的压迫或知恩图报的负担，它更多是在日常生活中人与人互助互利后泛起的“情感的涟漪”或者“隐秘的纽带”。恰恰是这些“情感的涟漪”或者“隐秘的纽带”构成了人类有情的风景。

往大里说，我们对父母的感情，并非只是基于简单的血缘关系，还因为在成长过程中我们目睹了他们的辛劳，于是在心底产生了亏欠之心，这不是胡适等知识分子一句“父母无恩论”所能抹杀的。我们对孩子所谓的无穷无尽的爱，其中也有某种内在的亏欠，即我们是在未经孩子同意的情况下将其带到世上来，而这个世界从来没有为一个孩子的到来做好准备。想到孩子未来可能遇到的种种艰辛，任何有责任心的父母都会想着为他们多做些什么。

如果亲人之间没有这种亏欠，最后就只剩下朴素的人类之爱了。

当说那也是常态。问题是，现在的人类进程是什么？是机器正在取代人的工作，物取代人，而人们互不关心，甚至连生育也在被机器替代。

为什么现在结婚率近乎悬崖式下降？背后至少有一个原因——男人和女人在互相抛弃。当越来越多的人生责任被交给社会与机器，不仅父母和孩子之间的血缘纽带松弛了，男人和女人之间的情感纽带松弛了，陌生人与陌生人之间的朴素连接也在慢慢消失，剩下的只是一堆相互间没有了亏欠之心的机器。人似乎是把自己变成了机器，然后才欢呼机器人的到来的。

（三）

《人的消逝》并不否定人类所取得的科技成就，它着重并集中探讨的是随之而来人类正在面对的两种危机：外在的危机和内在的危机。

从更大的层面来说，外在的危机主要是物的危机。一方面是工业化以来人类对自然之物的竭泽而渔导致严重后果，另一方面是人造之物对人类的反噬。具体到原子弹、互联网与人工智能，仅从安全计，这些人造之物完全有可能在其“觉醒的一刻”将人类推向深渊。

人类尚有的幸运是“万物还没到觉醒的时候”，而人造之物所带来的危机只是其中一种。

人造之物并非只有科技，它还包括政治、经济、社会和文化。20 年间，我的一个最大感受是：曾经热情讴歌的世界已经变得面目全非。环顾现实，不仅前现代正在以一种改头换面的方式卷土重来，后现代孕育的一切也多已花果飘零。早在 6500 万年前，为欢迎未来人类的到来，大自然完成了对恐龙等史前巨兽的清场，而很多年后人类却制造出了政治的、资本的、科技的、文化的等各类庞然大兽在自己身边徘徊。显而易见的是，人类虽然一度成为地球森林里的主人，并且站在巨型机器之上，却已经渺小得甚至不如一只蚂蚁。

内在的危机本质上是人的危机，不仅包括人的主体性丧失以及人际关系的朽落与瓦解，还体现在每个个体在不断地物化他者与自我物化。进入现代以后，伴随着种种神圣的价值与古老的信念被毁灭，如诗人荷尔德林预示的那样，"技术降临，诸神隐退"，技术不仅把人和大地分割开来，也把人和神分割开来。

而现在高歌猛进的技术同样分割了人与人，让每个人重新孤绝地回到塞满机器的电子山洞。从此人类不仅进入精神上无家可归的状态，在肉体上也开始互相抛弃。从前，一个人无论是走向远方还是回到出生地都是为了诗意地还乡，而现代人或后现代人都在萎缩成一个个怕死的流浪者。

荷尔德林在 19 世纪担心的是，当人类神性的根基消失后，这个世界将到处都是不同职业者，如教师、铁匠、思想家，但是没有一个真正意义上的人。而现在更糟糕的是，不同职业的人也在消逝。如前面所说，人类将进入一个互无亏欠的时代。人变得更自由了，也变得更无依无靠了。当上述“情感的涟漪”和“隐秘的纽带”没有了，榫卯结构消失了，人正在毫无悬念地变成时间海滩上一块块光滑的鹅卵石。

在霍布斯批评的“人对人是狼”的时代，人对人尚有觊觎、互利之心。而在人对人是鹅卵石的时代，就只剩下孤零零的坚硬与自求多福了。

回想很多年前我还在农村生活时，每天见到的人都屈指可数，每个人的死亡都是大事件。后来进了城，认识的人多了，人与人之间的关系就变得日益淡漠。合理的解释有陌生人社会、城市病、生活压力等。再后来有了互联网，一时间来了天量的网友。时时刻刻和各种各样的朋友杂居在朋友圈里，直到有一天猛然发现，在朋友圈里我差不多失去了所有的朋友。

（四）

当生活的半径被急剧拉大，每个人都习惯关注那些遥远而抽象的事物，成为失去爱的能力的人。

人不再互相需要的具体表现是：每个人越来越习惯孤独，越来越爱抽象的人而非具体的人。

虽然在互联网上有针对某个人的具体的维权，许多人甚至会以隔岸观火的姿态卷入其中，由于实际上对当事人一无所知，并不相识，也无真正利害关系，从本质上讲这还是在关心一个抽象的人。它不像左拉维护蒙冤的德雷弗斯，反而像捧着爆米花的观众维护电影里自己喜欢的某个角色，对于这种现象，我称之为“具体的抽象”。

所以说那依旧是更爱抽象的人。为什么？因为爱具体的人太辛苦甚至太痛苦了，爱抽象的人则更简单，就像爱天空、河流与没有粪便的草地。

回到前面论及的物的危机，自从机器深度介入人类生活以后，人类不仅渐渐开启了不再互相需要的历史进程，而且机器还加速了人类互相消灭的可能。原子弹带来的恐怖平衡，本质上不是平衡，而是恐怖。

生而为人，我每天都为人类研制出类似可以导致自我灭亡的致命武器而感到羞耻，当物的危机与人的危机合二为一，势必以最大可能推动人的消逝。人与人的关系会影响人与物的关系，反之亦然。

（五）

今日立冬。新书付梓之际，最后说一说《人的消逝》之缘起。

本书的思考与写作，最早起源于南开大学有关微博的一个小课题，然而我并不擅长限时的命题作文，纵大限已到，仍一字未动。当微博变成“恶人谷”——对此课题我更是全无兴趣，遂另起炉灶，倾注热情。显然，相较于简单且应景地剖析为何人人互掷刀剑，我宁愿关注价值深邃恒远的人之消逝。而且，拜当年在巴黎大学所受科技人类学课程的熏陶以及网络时代的日常实践，在授课之时我对互联网的异化已经积累诸多批评，此为更早一段机缘。

事实上，从 1996 年上网以来，我不仅见证了互联网带来的科技晕眩，也见证了它对人的狙杀与反噬，所以早在十年前便有意写作一本《原子弹与互联网》。自从高中时握住了诗歌的笔，我真正关注的永远是人。最近这些年我试图重新捡起诗歌和小说，既为不负平生，也因为文学可更深入人学。无论社科还是人文，在我这里，人都是最初的起点。

2017 年秋天，接受凯风公益基金会和牛津大学的联合邀请，我开始了在英国为期一年的访学之旅，因此有机会比较系统地思考这一切。还记得那段时间里，经常坐在牛津小街的长椅上写下所思所想，有时候甚至会坐到午夜，看熙来攘往的人流陆续散去，对人之消逝也算是有了更多的体悟。

几年来，浙江人民等多家出版社一直关注本书的写作进程，所有善缘皆存于心，在此一并表示感谢。

熊培云

2024 年 11 月 7 日

J. H. 街

开篇

两根井绳

在我的记忆里收藏着两根井绳，它提醒我人的观念里有毒蛇。

第一根井绳是我在互联网上看到的一份解密报告，那是在 2015 年。该报告介绍了冷战时期美国战略空军司令部（SAC）所制定的最高机密《1959 年原子弹需求研究》（*Atomic Weapons Requirements Study For 1959*）。据说这份需求研究总计达 800 多页，罗列了从柏林东部到中国全境的 1200 多个重要城市，美国计划使用数千枚原子弹对这些城市进行毁灭式打击，进而摧毁苏联的战争能力以保证美国本土的绝对安全。无论中国是否与苏联并肩作战，美国战略空军司令部都将其视为苏联集团的一部分，并将中国的机场和城市列入目标名单。

而在诸多目标中有 117 条对应中国的城市，包括离我老家村庄直线距离不过三四十公里的南昌也将被奉上一枚核弹。

看到这则消息时，我的第一反应是“真假难辨”。显然在潜意识里我不太相信人类会这样对待自己的同类。然而，当我打开谷歌并且进入发布该解密报告的华盛顿大学下属美国国家安全档案馆（https://nsarchive.gwu.edu/）时，我意识到自己还是太天真了。一切都是真的，美国各大媒体都在争相报道此事。虽然悲剧没有发生，但当我看到如此充满恶意的计划，还是后背发凉了许久。

在诸多原始资料中，我特别找到了其中有南昌的一页，并且将它截屏保存下来。这是发生在我出生以前的事，也算是历史的走向之一，我都无法说我是幸存者。而就在此前一年的 2014 年，我刚刚出了一本名为《我是即将来到的日子》的诗集。只能说，幸好当年命运之神没有把人类历史交到那帮战争狂人手里，否则包括我在内的无数人都不会来到这世上。

其实疯狂的年代出现什么样的战争狂人都不会让我感到意外。无论如何，理智战胜了疯癫，传说中的这个末日计划没有得到实施，这是人类的幸运。而且，一旦度过黑暗岁月还会否极泰来。譬如，谁也没料到的是，在冷战的背景下人类迎来了互联网，这个几近分崩离析的物种突然在虚拟世界走到了一起。至少在 20 世纪 90 年代末我初尝到了这种梦境一般的荣光。刚开始，世界各地的网民主要用 ICQ 软件，伴随着“I seek you”（我寻找你）的精神内涵与最新信息飘来时发出的清脆铃声，我偶然也认识一些外国的朋友。我喜欢敞开的世界。当然，那时候的互联网

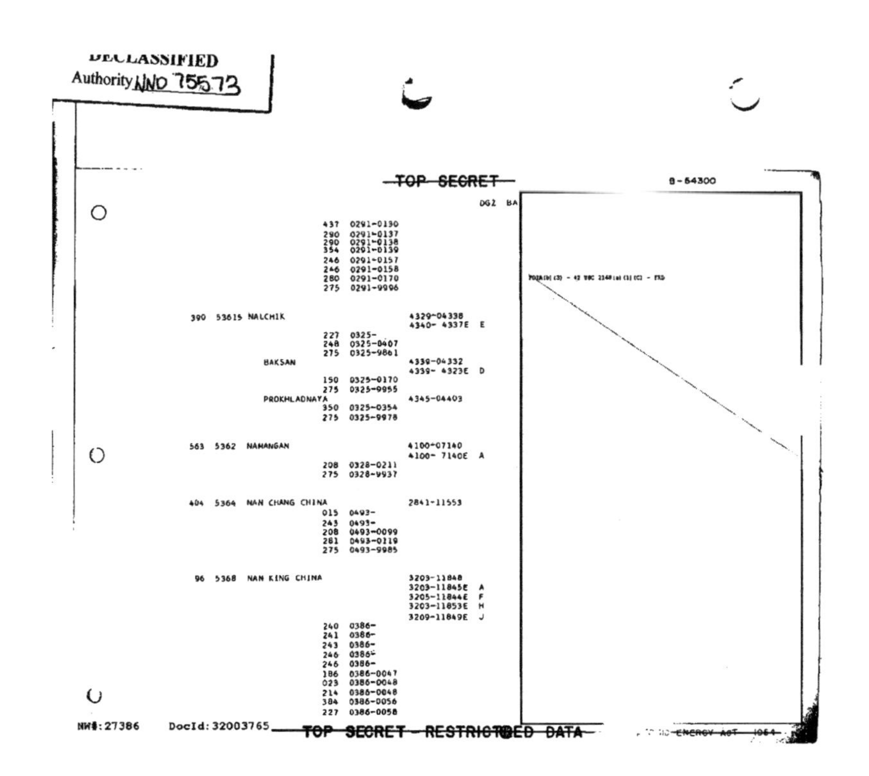

DECLASSIFIED
Authority NND 75573

TOP SECRET

B-64300

DG2 BA

FOIA(b)(3) - 42 USC 2168(a)(1)(C) - FRD

			437	0291-0130		
			290	0291-0137		
			290	0291-0138		
			354	0291-0139		
			246	0291-0157		
			246	0291-0158		
			280	0291-0170		
			275	0291-9996		
390	53615	NALCHIK			4329-04338	
					4340- 4337E	E
			227	0325-		
			248	0325-0407		
			275	0325-9861		
		BAKSAN			4339-04332	
					4339- 4323E	D
			150	0325-0170		
			275	0325-9955		
		PROKHLADNAYA			4345-04403	
			350	0325-0354		
			275	0325-9978		
563	5362	NAMANGAN			4100-07140	
					4100- 7140E	A
			208	0328-0211		
			275	0328-9937		
404	5364	NAN CHANG CHINA			2841-11553	
			015	0493-		
			243	0493-		
			208	0493-0099		
			281	0493-0119		
			275	0493-9985		
96	5368	NAN KING CHINA			3203-11848	
					3203-11845E	A
					3205-11844E	F
					3203-11853E	H
					3209-11849E	J
			240	0386-		
			241	0386-		
			243	0386-		
			246	0386-		
			246	0386-		
			186	0386-0047		
			023	0386-0048		
			214	0386-0048		
			384	0386-0056		
			227	0386-0058		

NW#:27386 DocId:32003765 TOP SECRET - RESTRICTED DATA ENERGY ACT 1954

美国国家安全档案馆的解密报告截图

还没有发生日后的严重踩踏与质变，遗憾的是，那些曾经密切联系过的朋友因为社交软件的迭代，最后都不知其踪。

有一个问题在我脑子里一直挥之不去，那就是大卫·休谟说的“理智是激情的奴隶”，而且我很大程度上认为它是对的。简单说，就是不要高抬人类有多理性，理性可能只是一个幻觉。

否则，在 1995 年主导巴以和平进程的以色列总理拉宾为什么会被以色列的狂热分子刺杀？同样是在 2015 年，平静的巴黎又怎么会遭受震惊世界的恐怖袭击，有 100 多人死亡？这样失去理智的例子当然有很多，比如被许多人奉为偶像的切·格瓦拉就是这样一个疯子，他号称要解放全人类，但是如果有必要他也不会吝啬按动核按钮。若干年前，当我看到有关格瓦拉的零星传记时，对类似理想主义者便只有敬而远之了。

尽管如此，我还是不想完全站到休谟一边，去相信他有关人类的断言。也许学者会好一些吧，虽然雷蒙·阿隆早就批评过知识分子爱抽观念的鸦片。

就在这时，我一直佩服有加的大哲学家伯特兰·罗素朝我递过来了第二根井绳。

罗素在各方面取得的成就足以让我景仰。他在自传中提到的影响了自己一生的三种激情更让我有深切的共鸣，包括“对知识的不可遏制的探寻；对人类苦难不可遏制的同情；对爱情不可遏制的追求”。然而谁能想到，正是这位一生都在为人类寻找和平之路的哲学家、为反战宁可坐牢的人，1950 年前后在面对苏联的威胁时，曾经在不同场合建议美国对苏联打一场先发制人的核战争，美其名曰这必然是一场道义的“预防性战争”。

的确，如果梳理罗素的一生，这位伟大的思想家在以怎样的手段消除极权主义罪恶方面也曾进退两难。罗素是和平主义者，他曾经因为反对英国参与“一战”而被罚款并且丢掉了三一学院的教职，之后又因反战被判刑6个月。“二战”爆发前，罗素支持英国的绥靖政策，直至终于意识到纳粹的危险时转而又拥护战争。“二战”结束后，信奉“死亡也比赤化好”的罗素甚至主张用核武器彻底摧毁苏联。有些历史不堪回首，有些现实不敢展望，诸多后怕让人毛骨悚然。罗素有一句话是极其诚恳的，那就是：“我绝不会为了我的信仰而献身，因为我可能是错的。”

1961年，年近90岁高龄的罗素因参与核裁军游行被拘禁7天。在此之前的1955年，罗素发表了著名的《罗素－爱因斯坦宣言》。该宣言最初被称为《科学家要求废止战争》，由罗素起草。宣言签字者除了罗素是数学家、哲学家和诺贝尔文学奖得主外，其他10位著名科学家多数是诺贝尔物理奖得主。这一切似乎印证了黑格尔的那句名言——“密涅瓦的猫头鹰总在黄昏起飞”。

不过有理由怀疑，若非此时苏联已经有核武器，实现了所谓的“恐怖平衡”，或许罗素还不会加入核裁军的游行队伍中去。毕竟如果只是美国单方面保持核优势，这种优势对于维护罗素本人的爱憎是有益的。

对苏联发动“预防性核战争”的说法在罗素生命中只是一个小插曲，

但对于我们旁观人性以及人类的理性却是极好的例子。从逻辑上说，类似战争理由可以针对任何国家。虽然若干年后罗素为自己的言论做了辩解，甚至予以否认，后来又不得不承认，但这一切掩盖不了一个事实，也就是人在某种恐惧或者憎恨（即使是罗素所说的“出于理智的憎恨”）的条件下，有可能做出极端的事情。或许，以理性自居的罗素也没有意识到在他的内心深处还住了一个格瓦拉。是的，相较于坚持以审慎原则处理国际政治的雷蒙·阿隆，此时的罗素可谓“恨令智昏”，完全把现代国家的世界道义和故乡伦理抛到一边了。

换句话说，参与编织前面提到的第一根井绳的人里面就有罗素。在类似逻辑下，我的家乡遭受核武器的打击是完全可能的。

这件事情让我消化了许久，它更让我相信了人性在善恶之间的不确定性。事实上也是这样，人性在欲望与恐惧之间摆荡，具有一定的流动性。人之行事，无论出于何种高尚或卑鄙的目的，本质上也只是基于人的欲望或者恐惧而已。其变幻无穷，如二进制原理衍生了复杂多变的数字文明。而人类所造就的罪恶，绝大多数情况下都受利益驱使，而且的确有部分人因此获益。

重要的是，如玛丽·雪莱所揭示的那样，人们作恶往往并不是因为他喜欢邪恶，而是因为他错把邪恶当作自己所要追求的幸福，甚至神圣的事业。吊诡的是，一个人不能理解他人的罪恶，却总是能理解自己的所有立场，哪怕他正在犯下滔天罪恶。

此其一。

另外，物性同样不可捉摸。这里的物性既是指物质的本质属性，也包括哲学意义上的内涵。

科学层面，物性指的是物质不需要经过物理、化学变化就表现出来的性质，如颜色、气味、密度、可溶性等。对于原初的物质，科学家借助物理、化学、生物等知识有了初步探查，如了解水的构成，火何以出现或者熄灭。稍微复杂一些的，如电子、原子、夸克，甚至量子纠缠等客观物质与现象，人类也有所发现，彰显着科学的力量。

哲学层面，物性则可指物质在人类生活中所呈现出来的作用、价值、善恶等伦理或道德属性。

具体而言，物亦可以分为两种，一为自然之物，二为人造之物。从前，人类通常会相信自己对人造之物的了解甚于自然之物。比如，人对一个凳子的了解多于树木本身。然而，当人力与人心深层次介入物时，物性则可能变得深不可测。时至今日，尤其有了人工智能之后，事情变得更加扑朔迷离。

没有人的参与，物性更多决定于其物理属性。而在人类生活中的物，其物性还决定于人性，即人对物的使用。所谓“汝之蜜糖，彼之砒霜”，鸦片既可以是药品，也可以是毒品；核聚变既可用作能源，亦可用作炸弹。如上所述，既然人性与物性皆有不可知的幽暗之地，人类就有可能一直行进于黎明之前的巨大沼泽之中。每一项重大发明的背后都安排了浩大的庆典。然而，无论是好是坏，人类只能照单全收，包括随后可能出现的进一步异化。如瓦尔特·本雅明曾经批评过的：我们甚至可以在自我毁灭中获得审美的快感。

物质的自然属性通常恒定不变，能给人某种现世安稳的感觉。就像山坡上的树，可能会遇到泥石流，但不会变成妖怪。而由人类创造并参与其中的原子弹、互联网和人工智能却随时在变化。这种流动的物性完全可能超出人的控制。

早在几十年前，历史学家阿诺德·汤因比说宇宙进化出一个“有良知的物种”是宇宙的成就，现在这个物种制造出了人工智能。其实，人工智能有没有良知都令人畏惧。倘使人工智能真有觉醒的一天，开始从主观上决定自己的物性，甚至接近于变幻莫测的人性，这种接近又有什么不同？

人类同时经受着来自人性与物性的前所未有的考验。真正可怕的是，人类不仅有针对人类自身的古老的敌意，还有先发制人的冲动。而人类历史上的重大发明，往往都伴随着你追我赶的武器化。由于人类还没有形成一个真正意义上的共同体，一个众所周知的事实是：核裂变、互联网与人工智能都有武器化的可能。

简而言之，人性与物性和我们正在迎接的未来一样深不可测，而所有这些不确定性正是本书思考与忧虑之起点。

第一章

热与冷

世界就建立在荒诞上面，没有它这世上也许就一无所有了。

——费奥多尔·陀思妥耶夫斯基《卡拉马佐夫兄弟》

热战之后是冷战。热战摧毁了旧的帝国又建立起了新的帝国。当 20 世纪过半，新的帝国酝酿新的战争，紧接着冷战开始了，有几次，世界岌岌可危，几乎被推到了毁灭的边缘。然而，黑暗中有时也会绽放出意料之外的光芒。

第一节　冷战之光

最后七分钟

“传播学之父”威尔伯·施拉姆做过这样一个生动而简洁的比喻：

假设人类历史共100万年，这100万年等于一天，那么这一天人类文明的进展如下：

晚上9点33分，出现了原始语言（10万年前）；

晚上11点，出现了正式语言（4万年前）；

晚上11点53分，出现了文字（3500年前）；

午夜前46秒，古登堡发明铅活字印刷机（1450年）；

午夜前5秒，电视首次公开展出（1926年）；

午夜前3秒，电子计算机（1946年）、晶体管（1947年）、人造卫星（1957 年）相继问世。

如果需要一个总结，那就是这一天的前 23 个小时，人类传播史上几乎全部是空白，而一切重大的发展都集中在最后 7 分钟。[1]

施拉姆的“最后 7 分钟”与美国未来学家阿尔文·托夫勒在《未来的冲击》一书中提到的“800 代”有异曲同工之妙。托夫勒说，如果从人类最近的祖先智人开始算，人类的历史只有 5 万年。如果 62 年为一代人，那么人类迄今共 800 代人。前面的整整 650 代人都生活在山洞中，直到第 730 代人才开始使用文字，直到第 794 代人才掌握了印刷术，直到第 798 代人才发明了电动机。而如今，人类使用的绝大多数物品，包括现在大行其道的互联网，都是第 800 代人创造的。

回顾文明进程，人类在越来越短的时间内创造出越来越先进和复杂的工具，而互联网的出现无疑是“最后 7 分钟”里最夺目的一瞬。世事的起落沉浮如老子所言：“祸兮，福之所倚；福兮，祸之所伏。”

早在 20 世纪 50—60 年代，恐怕谁也不会想到，基于冷战而建立的美国军事网络会成为今日互联网的先声。

如果探寻事物发生的逻辑，更不会想到一颗人造卫星的上天，继续分裂两大阵营，却又阴差阳错地将人们联在了一起。

---

1 Wilbur Lang Schramm, *The Story of Human Communication: Cave Painting to Microchip*, Harper and Row，1988，pp. 29-30.

在人造卫星的阴影下

1957 年，人类迎来了科技史上的高光时刻，10 月 4 日苏联发射了人类历史上第一颗人造卫星“史波尼克”。如汉娜·阿伦特在《人的境况》里描述的，“史波尼克”的成功发射是比原子裂变还重要的事件，如果不考虑它在军事和政治上带来的令人不安的影响，就应当得到全部地球人的欢呼。毕竟人类总算“朝着摆脱地球对人的束缚迈出了第一步”。

当“史波尼克”在行星轨道上运行时，人类仿佛剪断脐带，在太空分娩出自己的儿女。然而，阿伦特所说的不安是真实存在的。虽然“史波尼克”并非只是用于军事，但当时正值冷战，它的发射立即在美国引发“史波尼克危机”。史波尼克的俄语本意是“同行者”，除了给美国带来了小股灾，同时拉开了太空竞赛的序幕。

美国军方首先担心的是自己的通信网络，虽然并不缺少科技含金量，但是中央控制的网络从一开始就先天不足——一旦控制中心被摧毁，比如遭遇核打击，整个网络就会陷入瘫痪。为了保证美国本土防卫力量和海外防御武装在受到苏联第一次核打击以后，仍然具有一定的生存和反击能力，忧心忡忡的美国国防部认为有必要设计出一种分散的指挥系统：它由一个个分散的指挥点组成，当部分指挥点被摧毁后，其他节点仍然能够正常工作，并且这些节点之间，能够绕过那些已被摧毁的指挥点而继续保持联系。

正是在核阴影下才有了互联网的前身——阿帕网（ARPANET）。它首先是美国国防部高级研究计划局组建的计算机网。1958年，美国国防部成立了高级研究计划署，以便各种研究资源，尤其是各个大学的研究资源得到应用，并在此基础上确立对苏联在前一年成功发射“史波尼克”后的军事技术优势。

从竞争到合谋

“二战”结束前夜，第一颗原子弹在日本爆炸。它给此后人类带来非常具体的“大火从天上掉下来”的末日想象。如果说大洪水来自上帝，而这场大火则是人类施加给自身的。

有关原子弹如何来到世界有许多传闻。“二战”正酣的时代，日本和德国同时在研制原子弹。不难理解，如果德国提前研发出来，那么世界历史将会像进入另一个平行世界一样被重新改写。或许会像美剧《高堡奇人》（*The Man in the High Castle*）中所演绎的一样：在罗斯福被刺杀后，美国西海岸是日本的殖民地，而东海岸由德国控制，自由女神像被雅利安人的新塑像取而代之。在德日控制区中间是沙漠和缓冲区，主要活动着美国的游击队。在希特勒去世后，德国新上台的帝国元首希姆莱决定对日本发动战争，决定在3个星期内彻底灭亡日本，统一全世界。日本又一次抓紧研制核武器。

现实世界是，罗斯福没有被刺杀，而且此后的美国一直高歌猛进，不但成为“新罗马帝国”，甚至还孕育出了对后来人类影响至深的互联网。而德国为什么没有制造出原子弹也成为人类科学史和战争史上的“海森堡之谜”。有书籍诸如《比一千个太阳还亮》《海森堡的战争》等甚至推断，其原因除了当时许多科学家逃到美国，还包括没有出逃的德国科学家有研究核武器的道德压力，故意拖延进度，夸大难度，暗中抵制打开潘多拉魔盒。不论真假，这种道德压力真实落在了曼哈顿计划首席科学家、原子弹之父奥本海默身上，因为他在“用知识杀人”，“手里沾满了鲜血”。

与原子弹的竞争式研发不同，互联网的崛起更像一场合谋。从 20 世纪 70 年代开始，阿帕网已初具雏形，并且逐步向非军用部门开放，包括一些大学和商业部门，甚至走出美国本土。当不同的网络连接起来后，“网络的网络”（network of networks）这一概念应运而生，而推动这一变革的首先是电子邮件的广泛运用。[1]

随后，因技术过时，阿帕网在 1990 年 2 月被迫退出历史舞台。从此以后，互联网从军事用途中彻底解放出来，由美国政府授权的国家科学基金会进行管理。随着计算机网络技术在民用领域的放开，以及电信领域的完全解禁，国家科学基金会很快就决定让互联网朝私营化的方向发展。

让阿帕网完成华丽转身的，还有各路网络先驱在社会化网络方面所

---

1 ［美］理查德·斯皮内洛：《铁笼，还是乌托邦：网络空间的道德与法律》，李伦等译，北京大学出版社 2007 年版，第 31 页。

做的努力。如 20 世纪 70 年代末开始的电子布告栏系统（BBS）运动，以及紧随其后的 Unix、Linux 开放源代码运动，新闻组系统的普及，万维网互联与浏览器更新换代等。开放社会为人类迎来了史无前例的合作。卡斯特一针见血地指出，就创新而言，“信息的合作与自由可能要比竞争与私有权更重要”。[1]

伴随着互联网一路上的破壳脱茧，冷战的氛围随着苏联的解体和柏林墙的倒塌而渐渐烟消云散，民主化与全球化的浪潮开始在世界各地攻城略地。就互联网的发轫而言，在某种程度它是冷战的产物，但冷战在此似乎只是为互联网的发展提供了契机。

从一开始，作为互联网前身的阿帕网是美国军方谋求自我防卫的产物，而非一种可能毁灭人类的武器。就产生而言，如果说原子弹是热战的产物，互联网则是冷战的产物。就精神内核而言，原子弹是为了摧毁目标，互联网则是为了自我拯救。原子弹在于进攻，先下手为强；而互联网在于防卫，守住最后一道连接。

互联网产生于大型科学研究、军事研究以及自由主义文化的交汇点，当它慢慢被剥离了军事属性，毋宁说互联网是诞生于一种“积极的合谋”。如卡斯特所说，最后成为互联网主干的阿帕网，并不是一种研究项目偏离原定方向而产生的无意识的结果；“相反，它是由一群有着共同使命感、与军事战略无关的、坚定的计算机专家们所设想的、精心设

1 ［美］曼纽尔·卡斯特：《网络星河：对互联网、商业和社会的反思》，郑波、武炜译，社会科学文献出版社 2007 年版，第 9 页。

计的产物”。[1]

正是这种默契的合谋，对通信、无障碍交流的迷恋，使后来连绵不绝的社会力量参与其中，通过网络连接重建人类沟通的巴别塔。多年以来，尽管人们不吝惜赞美互联网，但如果说它只有光明的一面，则未免偏颇。毕竟互联网只是修建了一个个驿站与一条条道路，那里有人古道热肠、眼含热泪，也有人落井下石、心怀砒霜，条条大路通向人性的深处。

布兰德之问

作为“苹果帝国”的缔造者和著名嬉皮士，斯蒂芬·乔布斯从不讳言流行于 20 世纪 60—70 年代的那场运动对自己的影响。超越平凡而琐碎的生活，是那个时代的箴言。其后几十年间，乔布斯建立起自己庞大的商业帝国。当人们赞叹极简主义、对东方宗教的热忱以及对审美的执着贯穿了乔布斯的一切，其实也是在赞美当年嬉皮士运动对庸常生活的反叛与超越。

乔布斯在电脑科技方面的成就在很大程度上得益于另一位著名的嬉皮士斯图尔特·布兰德。布兰德被人称为“科技先知”。1967 年，他创办的《全球目录》（*Whole Earth Catalog*）多少有点纸上互联网的意味。

---

1 ［美］曼纽尔·卡斯特：《网络星河：对互联网、商业和社会的反思》，郑波、武炜译，社会科学文献出版社 2007 年版，第 22 页。

在2005年的斯坦福演讲中，乔布斯将《全球目录》奉为“一代人的宝典”。除此之外，乔布斯还让那句印在《全球目录》1974年增刊封底的话——“stay hungry, stay foolish”一夜成名。这句英文有很多种理解和中文译本，其中一个是“求知若饥，虚怀若愚”。许多名言短句之所以流行，有时候也在于它们含糊其词，可以任人发挥，满足各自的想象。

20世纪60—70年代，和那时许多美国人所恐惧的一样，布兰德一直在努力思考两个问题：一是如何从核武器的诅咒中拯救世界，或者说如何避免世界被那些制造并使用核武器的大规模层级制政府和工业官僚体系所摧毁。布兰德看到冷战思维的弊病，认为政治、艺术、交流以及游戏等文化活动对物种的生存意义更为深刻。更准确地说，在核武器的死亡威胁下，布兰德洞察到不间断的文化交往将为人类自救提供一种可能。二是在此前景下，人们该如何保全并且守卫自己的个性?

布兰德将希望寄托在个人电脑上。在他看来，人虽然不是上帝，但是可以通过发挥个体的才能，变得更像上帝。而乔布斯在当时也看到两个相反的潮流：一是反对主流文化的嬉皮士运动；二是正在兴起的电脑科技。在很多嬉皮士眼里，电脑科技是大公司用来奴役人的工具，对此乔布斯不以为然。作为一个以改变世界为使命的人，他看到的是科技既能奴役人，也能增进人的自由。

正是在这种革故鼎新的时代浪潮中，1983年苹果公司推出了一则有着特殊意义的广告。在那里，当时被称为“蓝色巨人”的IBM变成了《1984》中的“老大哥”（big brother）。一群人麻木地坐在一个类似教堂的地方，他们目不转睛地看着电子屏幕上的老大哥。这时，一位年轻的女子闯了进来。在被军警抓住之前，她甩出了手里的铁锤，将远处的电子屏幕砸个粉碎……借着这个广告，苹果公司为自己确立了自由战士的形象。

维纳的初衷

"控制论之父"的美名给诺伯特·维纳带来了如日中天的影响，他对计算机的具体发展同样起到了至关重要的作用。维纳类比人脑神经系统，认为计算机应该被设计成一种关乎控制和通信的自动机器。早在1940年，维纳在给美国总统罗斯福的科学顾问布什的信中，对计算机的设计提出了5条原则：1. 是数字而非模拟；2. 由电子元件构成，尽量减少机械部件；3. 采用二进制而非十进制；4. 自动程序运算；5. 在计算机内部存储数据。而这一切也在他1948年出版的《控制论》中得到充分的论证与说明。

同样意识到科学与暴力结合后带来的人道主义灾难，"二战"以后，维纳抵制任何来自美国军方的科研项目。与此同时，出于对劳工的深切关心，维纳还担任了劳工运动的顾问。他担心的是，如果控制论被广泛用于生产领域，将产生"没有工人的工厂"。而在《人有人的用处：控制论与社会》一书中，维纳谈到人的灵魂与道德判断的不可替代性，强调如果控制论被用到"国家机器管理"，对于人的自由而言，将是一场灾难。从控制论出发，他知道没有负反馈的系统随时可能崩溃。所以，科学家和政治家一样，除了“懂得如何做”的知识外，还要“懂得做什么”。[1]

作为传统左派分子，维纳一直恪守自己科学家的良知，然而这个世界离他的初衷已经越来越远。历史从来都是开放的，从不拒绝任何一种力量参与，无论它被贴上了怎样的标签。知识的大门一旦打开，即使维纳拒绝了美国军方的合作邀请，美国军方一样可以在此基础上进行研究。而在美国大张旗鼓进行阿帕网建设的时候，在大洋彼岸的苏联也试图从维纳的《控制论》中获得灵感，启动一项电子社会主义的宏伟计划。这个项目最初有一个野心勃勃的名字：全联邦自动化系统。只是历史没有给它留下足够多的时间，伴随着苏联“改革的失败”，它早已经消失得无影无踪。

---

1 ［美］N. 维纳：《人有人的用处：控制论与社会》，陈步译，商务印书馆 2014 年版，第 165 页。

第二节　人性的延伸

想象力夺权

“垮掉的一代”（Beat Generation）是一场反主流的文学运动。威廉·巴勒斯、艾伦·金斯堡、杰克·凯鲁亚克和格雷戈里·柯尔索是那个时代的风云人物。在现实生活中他们并不富有，但这不是坏事情。“因为我很贫穷，所以拥有一切”，“永远年轻，永远热泪盈眶”，这是许多读者对凯鲁亚克和《在路上》的永久记忆。艾伦·金斯堡是诗人，他看到了一代精英被疯狂毁掉，同时宣称：疯癫是人内心的月亮。既然世界无法改变，个人就只能凭借吸毒来改变自己对世界的看法。世人言之凿凿的真理，在他眼里不过是一个观点而已。没有谁不神圣，没有谁不是天使。

这是一群通过“想象力夺权”的温柔的反抗者。作为一场前无古人的文学运动，“垮掉的一代”起始于最不美国的纽约，那里是艾伦·金斯堡等反叛者的乐园。金斯堡是个同性恋，据说他在 1955 年为了追求尼尔·卡萨蒂[1]来到了旧金山。在被卡萨蒂的妻子赶出家门后，一怒之下的金斯堡写下了与《荒原》（T. S. 艾略特的代表作）相提并论的《嚎叫》。金斯堡也因此成了美国“边缘人”眼中的文化英雄。此后一二十年间，越来越多的反叛者来到旧金山，他们合群而居，建立公社，于是渐渐有了后来在很大程度上影响美国社会文化的嬉皮士运动。

1967 年的夏天，旧金山地下报纸《神谕》（*Oracle*）举办了“人类大聚会”（Human Be-In）。那一天，数以万计的人唱着嬉皮士运动的“国歌”《旧金山》（*San Francisco*）来到了金门公园的大草地。尽管当时有许多名流出没其中，大家只顾各行其是、各自装扮。反对政府权威，人人生而自由。至于金斯堡、蒂莫西·利里等被称为嬉皮士“教父”的人究竟说了什么，当时人们并不在意。那里不是英雄广场，而是真正意义上的多中心的人民广场或者芳草地。与此结构最为神似的就是后来应运而生的互联网。

痛苦之意义

“垮掉的一代”从一开始便暗藏悲剧。毕竟，人并不只是精神的存

1 凯鲁亚克小说《在路上》中莫里亚蒂的原型。

在，更是肉体的存在。当他们试图借助酒精和药物让精神挣脱时代牢笼的时候，精神也将试图挣脱他们的身体，逃离他们的控制。巴勒斯在迷乱之中开枪打死了自己的妻子，而凯鲁亚克则在 47 岁的时候死于长期酗酒。对身体的“过度开发”，同样体现在后来的许多嬉皮士身上。嬉皮士的英文是“Hippies”，其中“Hip”的本意是指髋部，后来被用来描绘吸食鸦片的人。

除了蒂莫西·利里，写《飞越疯人院》的肯·凯西也是致幻剂的服用者。此外，还有《美丽新世界》（*Brave New World*）的作者阿道司·赫胥黎。

《美丽新世界》与乔治·奥威尔的《1984》、叶甫盖尼·扎米亚京的《我们》并称为 20 世纪“三大反乌托邦小说”。这本写于 1931 年的小说预言了 2540 年的世界。那时的美国，汽车大王亨利·福特的影响力取代了上帝，因为福特发明了生产汽车的流水线，使生产飞速发展。当这种生产方式终于统治了整个世界，“公元”纪年也因此变成了“福元”纪年。

在《美丽新世界》中，人类经基因控制孵化，被分为 5 个阶级或者“种姓”，分别是“阿尔法（α）”“贝塔（β）”“伽马（γ）”“德尔塔（δ）”“爱普西隆（ε）”。阿尔法和贝塔是最高级，在“繁育中心”孵化成熟为胚胎之前就被妥善保管，以便将来培养成为领导和控制各个姓的大人物；伽马相当于平民；德尔塔和爱普西隆最低贱，因为智力低下只能从事最普通的体力劳动。许多爱普西隆甚至只能说单音节词汇。

管理人员用试管培植、条件制约、催眠、睡眠疗法以及巴甫洛夫条件反射等科学方法，严格控制各类人的喜好。为了让社会充满正能量，国家还给被统治者定量配给“索麻”（soma）。据说这是一种没有任何副作用的药品。借助科学的管理，在这个国家，所有影响安定的思想、艺术、宗教以及一切负面情绪都被精准排除。

《美丽新世界》的故事设定在伦敦，不过赫胥黎矛头指向的是奠基于极权主义和科学主义的乌托邦。因为小说中的人物有印第安人，所以这个故事或多或少也与美国有关。在那个“科学极权”的世界里，胎生是被禁止的。而那些由各种设定好的容器所生产出来的个体不仅失去了人的意义，甚至彻底异化为技术垄断公司与掌权者手中的玩偶。

小说着重讲述了野蛮人约翰的抗争。“野蛮人保留区”是被保留下来用作研究的印第安人村庄，缺乏文明。周围是绵延不绝、不可抗拒的电网。野蛮人约翰却向总统坚持要那些被新世界消灭了的东西。

“我不需要舒服。我需要上帝，需要诗，需要真正的危险，需要自由，需要善，需要罪恶。”

“实际上你要求的是受苦受难的权利。”

“那好，”野蛮人挑战地说，“我现在就要求受苦受难的权利。”

“你还没有说要求衰老、丑陋和阳痿的权利；要求害梅毒和癌症的权利；要求食物匮乏的权利；讨人厌烦的权利；要求总是战战兢兢害怕明天会发生的事的权利；要求害伤寒的权利；要求受到种种难以描述的痛苦折磨的权利。”良久的沉默。

“这一切我都要求。”野蛮人终于说道。

尽管野蛮人最终找到了一块隐居的地方，不过还是决定自杀了。那时候他已经迷上了索麻，并为此自责不已，不断地在高台上鞭打自己。

除了反乌托邦色彩外，赫胥黎似乎也在揭示有关这个世界的另一种真相，即人并非只为追求幸福而生，人更会在痛苦中寻找自己的存在感以及生存的意义。如果生活只剩下寻欢作乐，那么人为什么还要活着？当快乐变成所有人必须履行的义务，那么寻找痛苦就会变成一种权利。而事实上人是不能被剥夺痛苦权的，否则流泪就要被禁止了。

《时代》杂志曾经将20世纪60年代比作一把刀，它斩断了过去与未来的联系。其实，无论是“垮掉的一代”，还是后来的嬉皮士，他们有一个共同点，那就是对主流文化的反叛，在某种意义上说是在做各自人生、社群乃至社会的实验。在否定过去的同时，也在混乱之中孕育未来。此时，“二战”虽然早已结束，但是它留下了一道巨大的伤口等着爱与希望来填平。

乌托邦的孩子们

如何回望那些因渴望幸福而变得罪恶累累的人类？齐格蒙・鲍曼在

其杰作《现代性与大屠杀》一书中指出，大屠杀不只是犹太人历史上的一个悲惨事件，也并非德意志民族的一次反常行为，而是现代性本身的固有可能。正是现代性的本质要素，使得像大屠杀这样灭绝人性的惨剧成为设计者、执行者和受害者密切合作的社会集体行动。手眼通天的政客们像园艺师一样经营自己的国家，规定哪些人是杂草可以清除。在大屠杀与现代性之间，是人性的失败。在鲍曼看来，在任何情况下，个体都无条件地承担起他的道德责任。毕竟，将自我保全凌驾于道德义务之上，无论如何不是预先注定的，而只是个体的一种选择。[1]

大屠杀让人类陷入对人性的深沉绝望之中，而核武器的出现与使用更增加了人类对技术的恐惧与不安。也许带着自我放逐的意味，嬉皮士对整齐划一的主流社会的反抗是公社式的群居、过流浪的生活。乌托邦的篝火继续在雪地上燃烧。年轻一代站在父辈留下的精神废墟上，他们反对民族主义，提倡“Make Love Not War”（要做爱不要战争），甚至鼓吹新兴宗教。他们渴望、寻找并试图建设一个自由而温情的时代。

相较于科学技术对外部世界的求取，嬉皮士运动将幸福置于观照内心。他们享受孤独，同时渴望成群结队地离开；他们反求诸己，却又像热爱迷幻药、摇滚、宗教修行一样热爱社群。他们试图加强人与人之间

1 ［英］齐格蒙·鲍曼：《现代性与大屠杀》，杨榆东、史建华译，译林出版社 2011 年版，第 269 页。

的亲密关系，建立另类的、人人平等的社区。《数字乌托邦》一书称，1965 年以前的两个世纪里，美国社会一共建立了 500 个到 700 个公社；1965 年到 1972 年期间，有成千上万个公社建立。

嬉皮士们热爱芳草地甚于水泥广场。这是一些远离政治的“人民公社”，在那里，嬉皮士们过着返璞归真的生活，有的甚至实行财产、子女甚至性爱的公有制。带着古老的乌托邦激情，他们觉得天堂就在人自身。正是对“在人自身寻找幸福”的推崇，这些主流人群眼中的“享乐主义者”标榜自己生活在美国，但又不属于美国。“为所欲为”（do your own things）是他们的口号。

20 世纪 60—70 年代的美国与欧洲都出现了崇尚自我解放的社会运动。回想 1968 年法国“五月风暴”中的一些口号，“Le rêve est réalité”（梦想即现实），“L’imagination au pouvoir”（想象力掌权），“Soyez réalistes, demandez l’impossible”（做现实主义者，求不可能之事），“Sous les pavés, la plage”（铺路石下是海滩）……那的确是充满想象而且激情燃烧的年代。

但毕竟是反主流文化，虽然其精神为世人歌咏，并且面向未来，但在一时一地的现实之中难以长久维持。在法国，巴黎的失序最终让居民厌倦。大街上的“海滩”被重新铺上了石头。在美国，很多嬉皮士因营养不良而患病。数以万计的人聚集在一起，甚至还形成了一片片贫民窟。即使是极尽浪漫色彩的“爱之夏”，当年也多亏有一些“挖掘者”（The

Diggers）无私的援助。[1]

“挖掘者”是一个松散的无政府组织，其名字起源于 17 世纪英国的掘地派运动。在某种意义上说，旧金山的掘地派是当年的余绪。他们同样崇尚公有制的生活，不仅提供免费的食品和住宿，而且有自己的文化和艺术。最有名的是几个即兴表演，包括开着卡车载着半裸的肚皮舞者穿越旧金山金融区，邀请股票经纪人上车狂欢；头戴动物面具，抬着一口装满假钞的巨大棺材的“金钱之死”游行（The Death of Money Parade）。

1967 年 10 月 6 日，同样在海特－阿什伯利社区，“挖掘者”们还上演了“嬉皮之死 / 自由诞生”（The Death of Hippie/Birth of Free Parade）游行。在环保作家彼得·博格的带领下，几百个头戴面具的“挖掘者”从清晨出发，他们抬着一口用硬纸板做的棺材，上面写着“Hippie——Son of Media”（嬉皮士——媒体之子），里面放着一些鲜花、念珠、头巾和地下报纸。吊诡的是，当嬉皮士们获得足够多的大众媒体的关注时，他们的特立独行也就变成了他们所反对的世俗的一部分。

为此，有人相信这场游行代表着海特－阿什伯利社区嬉皮年代的终

1 “挖掘者”领导人杰拉德·温斯坦莱（Gerrard Winstanley）深受托马斯·莫尔（Thomas More）的影响。1649 年 1 月，温斯坦莱发表了《新的正义的法律》，提出在土地公有制的基础上，共同利用土地和享受土地果实的理想。为此，同年 4 月温斯坦莱率领一群贫苦农民到塞利郡圣乔治山开垦荒地，过起了按需分配式的公社生活。在他看来，金钱和私有财产是人类所有罪恶的来源，只有放弃私有制、共享财富才能消除贫困和战争。尽管他们一再声明不靠刀剑和枪炮，而是依靠爱来改造世界，但因为撼动了私有制基础，掘地派运动很快在 1651 年被克伦威尔政权镇压。

结。面对大众媒体的兴起，当年的嬉皮士们有一种自觉，就是把人从媒体中解放出来，做一个自由的人。几十年后的今天，互联网已经让这颗星球变成了透明的村落。嘉年华与自焚案都只具有观赏性，而不再与价值观相关。成年世界的禁忌也已经一览无余。不仅尼尔·波兹曼意义上的童年消逝了，苏珊·桑塔格意义上的痛苦也消失了，甚至连成年也消逝了，每个人都正在变成没有表情包就无法交流的人。

曾经有那么一些人，幻想过一种没有暴力、不被宰制的生活。他们时而独自远走他乡，时而欢歌济济一堂。没有人预言，正是那种独立与合作的精神，催生了后来的数字乌托邦。回想 20 世纪 90 年代，我也是欢呼互联网的出现是“庶民的胜利”的那个人。遗憾的是，现在的互联网正在与它曾经反对过的中心化和技术统治合流，变身为一张无人可逃的弥天大网，开始走向它的反面。

媒介是人性的延伸

媒介是人的延伸。在这个著名论断中，“媒介”不仅限于传统意义上的传播媒介，而是一种“泛媒介”。在麦克卢汉的眼中，媒介无处不在、如影随形。凡是使得人与人、人与事物或事物与事物之间产生联系或发生关系的东西，都可以叫作媒介。麦克卢汉给“媒介”一词作出了一个最广义的定义：人的一切外化、延伸、产出都是媒介，即媒介是人的一切文化过程。他把人类任何技术进步、任何工具的发展都看作媒介的成长，看作人体的延伸。衣服是皮肤的延伸，石斧是手的延伸，车轮是脚的延伸，广播是耳朵的延伸，电视是耳朵和眼睛的同时延伸，电子技术则是人类整个中枢神经系统的延伸。

还要看到的是，一切因为人而存在的媒介首先是作为人的工具存在，为人所用，因而具有工具属性。换句话说，是人在为满足人性的需求时创造了它们，并且作为主体在役使它们。媒介作为人的延伸，不只是肢体上的，媒介同样是人性的延伸。而这些人性，包括贪婪、恐惧、懒惰、破坏以及爱与倾诉的欲望等等。正如人之所以会建造房屋，不是因为一个抽象的人类文明需要，而是因为在那里他可以囤积财物，防止他人侵入，并且过上自己想要的私人生活。同样，枪炮的发明更是同时暗合了人类的两种本能：入侵者的死本能和抵抗者的生本能。同一根棍子，既可以将船上的人击落至水中，也可以将落水者拖上船。

具体到网络科技，作为人性的延伸，它既可以成为开放社会的福音，也可能成为自己或者他人美好生活的毁灭者。前文谈到互联网之精神种种，同样是开放，在一定条件下也可能意味着打开潘多拉魔盒。而且只要打开了，就再也关不上了。

想知道人类是多么荒诞的动物，只需回顾人类在 20 世纪的两项重大发明：原子弹和互联网。原子弹的发明，始于人类你死我活的残酷竞争；而互联网的发明，来自人类“你好我好”的精诚合作。这都是怎样的精神分裂？

当 Siri 失去控制

接下来的这个小故事可以很好地说明媒介是人性的延伸，它来自一次以“Siri 已失去控制”开头的征文活动。

一位丈夫厌倦自己平淡如水的婚姻生活。有一天，他在接完电话后突然情绪失控，在车里咆哮着想杀死妻子。这话让他苹果手机里的 Siri 听到了。Siri 表示可以帮他完成这个杀人计划。为证明自己有这个能力，Siri 表示可以让他的妻子左上臂靠肩处留下一个两厘米长的刀伤。晚上，当丈夫回到家里，发现妻子果然在左臂靠肩处受了伤。接下来，他授意 Siri 实施谋杀。为了制造妻子被杀时的不在场证据，丈夫根据 Siri 的建议在家里装了摄像头，并且服下了可以失去部分记忆的药。结局大概是在等待好消息时，他却被自己毒死了。

原来，在小说中，苹果公司最初为了让 Siri 说话有人情味，招募了一些远程接线员，既然一时还做不到让程序模仿真人，那就启用真人模仿程序。作为电话公司接线员的妻子便是其中一个。对于这个商业秘密，丈夫并不知情。而妻子偷偷将自己的工号绑定了丈夫的苹果 ID，这样就可以通过匿名的方式和他聊天，完成必要的窥视或者关爱。不过，丈夫几乎从来不启用 Siri。当妻子无意中通过 Siri 语音发现丈夫起了杀意，震惊与失望之余，她决定神不知鬼不觉地以其人之道还治其人之身。颇具隐喻色彩的是，丈夫拿到的那个药包上面写着“Siri”，毒死他的却是深藏其中的古老的人性。

第三节　互联网文明

媒介与文明

毫无疑问，互联网在重塑中国和世界。中国互联网的起源可以回溯到 20 世纪 80 年代。当时的中国正处于改革开放初期，与世界的热恋刚刚开始。

回顾近年来互联网的发展，说社交网络“真正担负起连接人的使命”可能为时过早。阿尔文·托夫勒曾在《再造新文明》中断言世界迎来了第三次浪潮。第一次浪潮是以锄头为标志，第二次浪潮以流水线为标志，第三浪潮以电脑为标志，此时第二次浪潮的大众化社会开始让位于分众化社会，同质性社会为多样性社会所取代。而这种“分众化”与“多样性”在某些情境下不过是社会撕裂与歧异的另一种描述。

论及文明形态，有按生产方式定义的农业文明、工业文明；有按地域来定义的东方文明、西方文明、玛雅文明；有按时间定义的古代文明、现代文明；以及按宗教定义的基督教文明和伊斯兰文明；等等。

此外，还有按传播与媒介形态定义的文明。哈罗德·伊尼斯曾由此细致地将人类历史理出9个分期，包括：1.埃及文明（莎草纸和圣书文字）；2.希腊－罗马文明（拼音字母）；3.中世纪时期（羊皮纸和抄本）；4.中国纸笔时期；5.印刷术初期；6.启蒙时期（报纸的诞生）；7.机器印刷时期（印刷机、铸字机、铅版、机制纸等）；8.电影时期；9.广播时期。

考虑到媒介对社会形态和社会心理所具有的决定性影响，在《传播的偏向》一书中，伊尼斯强调“一种新媒介的长处，将导致一种新文明的产生”[1]。比如，有了印刷术之后，纸促进了通俗语言在民族主义的发展中表现出活力。书籍和后来的报纸加强了语言作为民族主义基础的地位，同时促进了民族主义的发展。而纳粹当年之所以当选，和广播喇叭脱不了干系。“德语主导的地区，回应广播讲话的魅力，想加入一个大德意志帝国。在某种很重要的程度上，可以说，第二次世界大战是报纸和广播这两种媒介冲突的结果。”[2]“传播的突飞猛进，导致野蛮行为突然爆发，这种野蛮行径和17世纪印刷术和宗教战争引起的野蛮行为，有

1 ［加］哈罗德·伊尼斯：《传播的偏向》，何道宽译，中国人民大学出版社2003年版，第34页。

2 ［加］哈罗德·伊尼斯：《帝国与传播》，何道宽译，中国人民大学出版社2003年版，第176—177页。

相似之处。这一次的野蛮冲突，再一次使德语地区沦为废墟。”[1]

在传播特性上，在私人领域，传统的广播既有穿透性又有保密性，所以在政治斗争年代有“偷听敌台”一说。与此同时，广播又兼具暴力与诗意两种特征。谓之暴力，是因为当广播响起，没有人能够自动关闭耳朵；至于诗意，则是因为来自远处的声音更容易触及人的灵魂。正是在此基础上，希特勒可以通过广播演说推进对第三帝国民众的洗脑。

根据时空关系，伊尼斯将媒介分为两类，包括有利于空间上延伸的媒介和有利于时间上延伸的媒介。国家的官僚体制倚重空间，忽略时间；相反，宗教却倚重时间，忽略空间。“集中关注某一种传播媒介就可以揭示其偏向，在文明的文化发展中，它不是倚重空间和政治组织，就是倚重时间和宗教组织。”[2]

相较于过去的任何媒介，互联网既解决了时空问题，又完成了个体与个体的广泛连接。一个时代的进步有如互联网崛起，它集合了此一时代无数向善向上的因素，虽山重水复，终峰回路转。正如卡斯特所说，阿帕网之所以能够迅速社会化，是因为有无数的种子“发育在各种各样的土壤当中”。[3] 如果这一代人已经种下了种子，剩下的事情自会有时间

1 ［加］哈罗德·伊尼斯：《帝国与传播》，何道宽译，中国人民大学出版社 2003 年版，第 177 页。

2 ［加］哈罗德·伊尼斯：《帝国与传播》，何道宽译，中国人民大学出版社 2003 年版，第 180 页。

3 ［美］曼纽尔·卡斯特：《网络星河：对互联网、商业和社会的反思》，郑波、武炜译，社会科学文献出版社 2007 年版，第 27 页。

来完成。时令到了，时机到了，它们就会生根发芽，繁花四起，收获互联网文明。

虽然麦克卢汉与伊尼斯都未见证互联网时代的到来，但他们在传播对文化与文明的影响的研究方面都可谓别有洞天。短短二三十年间，互联网几乎渗透到人类生活的各个层面，不仅重构了传统，还带来了不可遏止的以个体为中心的社群文化。互联网在拉近一个国家与世界距离的同时，也让前者感受到反全球化的海啸。它增进了个体的行动能力与表达能力，又在客观上将每个人扔进人海，淹没了消息。

文明式国家

乔治·凯南精通战略，他因为在“二战”结束不久后作为美国驻苏联大使馆临时代办提出对苏遏制政策主张而闻名于世。1947 年 7 月，乔治·凯南化名“X”在美国《外交》季刊发表了《苏联行为的根源》一文，即著名的“X 报告”。正是因为这篇报告，有人将他称为“冷战之父”。而乔治·凯南为中国人所熟知还因为他对中国的态度，他认为中国不会盲目地跟着苏联走，成为苏联的附庸；而且中国人就是“亚洲的法国人”，都知道自己背负着伟大的文化传统。美国对待中国最好的态度就是相敬如宾。

有关中国的一个著名观点是，中国是一个伪装成国家的文明。英国学者马丁·雅克在其新书《当中国统治世界》中特别提到中国文明自身特性的重要，中国不仅仅是一个西方意义上的民族国家（nation state），同时是一个文明型国家（civilization state）——如果不能理解这一点的话，也就无法真正理解任何有关中国的问题。文明型国家最早由白鲁恂（Lucian w. Pye）提出，这位在中国出生的美国人曾经助推了改变世界历史的“乒乓外交”。他认为中国是一个“伪装成国家的文明”。

顺着“文明型国家”的这个脉络，几年后萨缪尔·亨廷顿提出了“文明的冲突”的理论。不过亨廷顿也因为这个理论受到广泛的批评，除了“召唤冲突”以外，当然我们也可以说这种冲突更多是在“人类文明”之外的“不文明的冲突”。接下来，最重要的是如何建立起人类一直盼望与期许的共有文明。

汤因比的棱镜效应

1991年，萨缪尔·亨廷顿出版《第三波：20世纪后期的民主化浪潮》。时隔5年，亨廷顿在《文明的冲突和世界秩序的重建》一书系统性提出“文明冲突论”，将冷战后世界格局的决定因素表现为七大或八大文明，包括中华文明、日本文明、印度文明、伊斯兰文明、西方文明、东正教文明、拉美文明，以及可能存在的非洲文明，指出冷战后世界冲突的根源不再是意识形态，而是文化方面的差异，主宰全球的将是“文明的冲突”。伴随着“9·11”事件爆发，亨廷顿的断言也被责备为预言的自我实现。

谈到文明的冲突与融合时，英国历史学家阿诺德·汤因比曾从两个时段对比西方在东方的遭遇。[1] 19 世纪，西方文明在东方主要以新兴技术的面目出现，而在 16 世纪则是以陌生的宗教形象出现的。从入侵的西方文明所表现出来的这种差异，就可以解释为何它在东方两次出现时会对接两种不同的反应。

为什么接受一种新技术要比接受一种新宗教来得容易？汤因比的解释是：技术会对生活的表层发生作用，因而采用外来技术而不陷入放弃自我支配权的危险境地似乎是行得通的。当然也有可能估算错误、事与愿违。毕竟在各种文化形态的所有的不同要素之间，存在着某种内在的联系。当一种文明放弃传统技术而采用外来技术，而该外来技术又逐渐渗入更深的层面时，这种局面甚至可能使其传统文化的地基都发生动摇。因为该外来文化的其他要素会通过先前进来的外来技术这一媒介，借着已经松动的传统文化的土壤，一点点地渗透进来。当然这一切并非一蹴而就，完成这种和风细雨的演变需要足够时间。[2]

为此汤因比打了一个生动的比方：当一种外来文明进入另一种异质文明，其过程有时候就像穿过三棱镜的光束。根据光的色散原理，三棱镜会将不同波长的光分开，光谱中有些波长的光会较其他波长的光更具有

1 ［英］阿诺德·汤因比：《文明经受着考验》，沈辉等译，浙江人民出版社 1988 年版，第 264 页。
2 ［英］阿诺德·汤因比：《文明经受着考验》，沈辉等译，浙江人民出版社 1988 年版，第 276 页。

穿透力。

“在西方对远东的冲击中，西方文明射线中的科技成分克服了阻力，而这种阻力阻碍了宗教成分的传入。宗教与科技这两种文化成分在穿透力上的不同，不是在远东和西方这两种文明的关系史上所特有的现象……当一根运动着的文化射线被它所碰撞的外在机体的阻力衍射成科技、宗教、政治、艺术等学科成分时，其科技成分比宗教成分易于穿透得较快和较远。”在文化光谱中，各种光的穿透力通常与这一成分的文化价值成反比。而不重要成分遇到的阻力之所以小于决定性成分，是因为前者不会直接摧毁受冲击社会的传统生活方式，不会给人一种天下即将大乱的征兆。[1]

而这也是马丁·斯科塞斯执导的电影《沉默》（*Silence*）所涉及的时代背景。故事发生在 17 世纪，传教士罗德里哥在迫害基督徒的高峰期潜入日本。除了传教，他的另一个目的是寻访他曾经的精神导师神父费雷拉。由于在日本不受欢迎，为了让自己的信众免受当局迫害，费雷拉迫不得已改宗，信了日本当地的宗教。

相较于文明的相对静止状态，科学技术的发展似乎更具动态性。前者沉淀过去，后者开拓未来。回顾近 200 年来中西文明的碰撞与交流，西方科技之引入的确在相当程度上影响着中国的改造与建设。诚如汤因比所说，这些外来科技客观上带入了与之相配的观念甚至制度。与此同时，还应该看到的是，外来科技与文化的进入也是中国人不断选择的结

---

1 ［英］阿诺德·汤因比：《文明经受着考验》，沈辉等译，浙江人民出版社 1988 年版，第 272 页。

果。是故，清末会出现有关“中体西用”的争论，而随着时势的发展，这种引入不仅包括科学技术，也包括自由、民主、公正等现代人权观念及制度设计。

回顾欧洲今日所遭遇的危机，最耐人寻味之处莫过于——当西方国家借助科技之力部分完成了对某些落后国家的改造，前者同样面临被改造的命运。当越来越多的外来移民进入欧盟，这些带着移出国教义与情感的人，也像先头部队一样在移入国扎根，并且通过自己手中的选票一点点撬动巨石。投之以科技，报之以移民或宗教，此时外来宗教所遇到的阻力与 16 世纪时已是天壤之别。

被发明的传统

在某种意义上说，互联网在今日中国正扮演着汤因比所说的“长光波”角色。互联网从一开始就不只是一种简单的、注定为人类共有的科技，它还包括一整套的现代观念。从输入与接收的角度来说，正是因为它暗含的自由、平等、互动、共享、开放等精神与中国人内心的声音遥相呼应，才得以迅速普及。

互联网之所以有重塑各国文化之可能，同样与传统的形成有关。所谓传统，通常的理解是指在世代沿袭中沉淀下来的社会因素，如文化、道德、思想和制度等。它是一代又一代的信息的传递与意义的凝结。所谓“没有不透风的墙”，既然与传统有关的信息面对的是人，因此传统也具有开放性。

在中文语境中，“传统”的语义模糊在一定程度上助长了偏见。有人刻板地以为“传统”就是“传而统之”，就是坚守本土文化，拒绝外来文化。应该看到的是，传统的关键在于“传”，而不在于“统”。新传统既部分地继承旧传统，也整合新的时代内涵。就像一条河流在半路上会不断汇入支流，传统也处于不断的发明与形成之中。

关于传统的被发明，在埃里克·霍布斯鲍姆等主编的《传统的发明》一书中有详细叙述——那些表面看来或者声称是古老的“传统”，其起源的时间往往是相当晚近的，而且有时是被发明出来的。“无论现代概念中的‘法国’与‘法国人’中包含怎样的历史性或是其他连续性——这是没有人想否认的，这些概念本身必须包含一种建构的或是‘发明的’成分。”[1]

传统是人之造物，并非先验性存在，因而也会因人而变。从传播学角度来说，因为时光永无停歇地流逝，传统在传播的同时，也在不断地加入新的元素。比如，新的传统不断地被发明，而旧的传统在一点点消逝。新旧交替或交融，才有了如今的传统。假以时日，今天之异质思想也有可能成为未来的传统。

结合各自对互联网的使用与观感，每个网民都可以轻而易举地说出互联网的几个特点：对于好学者来说，互联网是信息的海洋、足不出户

---

1 ［英］埃里克·霍布斯鲍姆、特伦斯·兰杰编：《传统的发明》，顾杭、庞冠群译，译林出版社 2004 年版，第 17 页。

的图书馆；对于游戏迷来说，互联网是可以万人同沉迷的娱乐天堂；对于孤独者来说，互联网是没有地域之隔的交友俱乐部，在那里总会有人与你臭味相投；对于视听迷来说，互联网是全球最大的音像店，足不出户便可以将想要的影音资料收入囊中；对于心怀天下者来说，互联网是人声鼎沸的时代广场，从新闻到评论、跟帖，可以在第一时间获知刚刚发生的大事小情；对于淘金者来说，互联网是这个时代的富矿，里面有取之不尽的宝藏。

互联网的发展不仅改变了上几代人，还孕育了一代人。如果说“50后”“60后”为广播的一代，“70后”为电视的一代，那么“80后”尤其是“90后”“00后”则是网络的一代。有一个说法是，少年是“数字原住民”，中年人是“数字移民”，老年人则是“数字难民”。然而，随着世代的推移，最后都会变成数字土著。因为他们一出生，网络就已经穿墙入屋，靠近了他们的摇篮。

以视窗用户界面设计著称的艾伦·凯曾说：“个人拥有的图书是文艺复兴时期个人观念的主要塑造者之一，而广泛使用的联网计算机将来会成为全人类的主要塑造者。”如果说以前的互联网更像是图书馆——信息的海洋，那么现在的互联网更像是一座大城市——人的海洋，真实社会正在大规模地向着网络复制，而不是像《第二人生》（*Second Life*）模拟真实那么肤浅。[1]

---

1 西门柳上、马国良、刘清华著：《正在爆发的互联网革命：全球互联网将进入 SNS 时代》，机械工业出版社 2009 年版，第 17 页。

麦克卢汉在《理解媒介》中有一个著名的论断——“我们塑造了工具，此后工具又塑造了我们”。自从有了互联网，人们的精神面貌与社会生态也在日复一日发生着变化。旧世界尚未完全消退，新事物正在悄然生长。古老的传统、现实中的国家与社会，都在以各自的节奏对接正在引领世界的互联网文明。时而小心翼翼、润物无声，时而浪潮迭起、大张旗鼓，它像一面巨大而多棱角的镜子，照见这个时代无数纷繁复杂的面孔。

把果冻钉在墙上

若想真正了解互联网对网络移民与网络土著的影响，以及互联网文明的实质，有必要探讨何谓互联网精神。根据互联网的技术内涵与网民的互联网应用，我认为互联网精神至少包括自由精神、平等精神、公共精神、开放精神、试错精神、契约精神、自治与分权精神、合作精神等等。

1. 自由精神

大凡心智正常者都会向往自由。互联网之所以能够得到迅速普及，一个重要原因就在于它的发明穿透无数的边界与墙，拓展了人的自由。这既包括接受信息的自由、表达自由，也包括生活自由、行动自由乃至政治自由。互联网是一种打通了空间与时间的媒介，使人的一切都得到了延伸。出于现实的种种原因，虽然在使用方面会受一些限制，如有的网站因为封锁无法访问，不过这一切也都回到技术层面，以技术对抗技术。互联网开放而多中心的结构决定了理论上人们可以抵达互联网的任何节点。美国前总统比尔·克林顿曾经有过十分形象的比喻：控制互联网就像“把果冻钉在墙上”。

2. 平等精神

虽然数字鸿沟不可避免地存在，但互联网无疑在一定程度上推动了平等精神的传播。这不仅体现在所有电脑一律平等，只要有网卡、有网线就可以接入。与此同时，网民也有着平等的身份，谁也别想在网上标榜特权。托克维尔在《论美国的民主》中曾生动地提道：“枪炮的发明使奴隶和贵族得以在战场上平等对峙，印刷术为各阶层的人们打开了同样的信息之门，邮差把知识一视同仁地送到茅屋和宫殿前。”

3. 公共精神

对于每一位网民而言，互联网是一个公私兼顾的平台。通过互联网可以处理私人事务，如发邮件、发私信，还可以建立个人频道，以各种方式就某些具体的公共议题表达自己的声音。从美国的“驴象之争”到外星人入侵，都可以作为讨论的对象。

4. 开放精神

互联网将人类带入了“我即媒体”（I the Media）的时代。在技术上，包交换理论到 TCP/IP 协议奠定了互联网整体性的开放框架。与此同时，这种开放精神渗透到许多程序开发与供应。而开风气之先的当是 UNIX 的“开放源代码运动”——一次精心组织的、要求开放所有关于软件系统信息的运动。[1] 此后，互联网又经历了多次开放 API 的浪潮。而这一开放浪潮一直蔓延到了人工智能。2024 年夏天，马斯克重启了对 OpenAI 的诉讼，诉状声称 OpenAI 及两位创始人将商业利益置于公共利益之上，违反了公司的创立合约。诉状还称两人违背了免费共享或开源公司技术的承诺，选择向微软提供技术的独家许可。

5. 试错精神

完美是敌人。这是一个半成品的世界。如果熟悉什么是 beta（测试），什么是 trial（试用），什么是 update（更新），就知道互联网上流淌着一种怎样的试错精神——不断试验的精神、不断谋求进步永无止歇的精神。

试错理论的经典解释来自英国著名自由派学者卡尔·波普尔。与那些自称其所坚持或者信奉的理论为绝对科学的思想信徒不同，波普尔认为科学理论之为科学，就在于其可错性，亦即有被证伪的可能性。一种理论，唯其可能是错误的，才能在检验和批评中继续生存。波普尔把科学的增长过程概括为 P1—TT—EE—P2 四个阶段，即：科学从问题开始；提出试探性解释的理论，即猜测；经过批判性的检验，排除错误，并筛选出逼真度较高的新理论；新理论被科学技术的进一步发展所证伪，又出现新问题。以上四个环节循环往复，永无止境。

“世界恰如它所呈现的那样。只有科学理论并不像它们所呈现的那

1 ［美］曼纽尔·卡斯特：《网络星河：对互联网、商业和社会的反思》，郑波、武炜译，社会科学文献出版社 2007 年版，第 15 页。

样。一个科学理论既不能解释也不能描述世界；它只是一种工具而已。”[1]作为工具，互联网所应用的各种程序同样有不断改进的可能，可以不断被试错与证伪，找出 BUG（漏洞）与不适用性，然后被改进。

6. 契约精神

互联网是根据网络协议建立起来的网络。互联网上的网络协议成百上千，仅 TCP/IP 协议簇就有许多子协议，如 Telnet（提供远程登录功能）、FTP（远程文件传输协议）、HTTP（超文本传输协议）、TFTP（简单文件传输协议）、SNMP（简单网络管理协议）、DNS（域名系统）、ICMP（控制信息协议）等。传播电子邮件有 SMTP 协议，网络文件服务有 NFS 协议。如果没有系列可以共同遵循的规则，互联网就不可能在短短十几年间获得如此突破性的发展。虽然今天的互联网装满了各种原则，作为一个基于合作与开放的平台，互联网还需要通过一个个新的协议完成自身的革新。

7. 自治与分权精神

互联网的诞生起因是美国军方试图分散苏联核威慑的风险，原有军事网络系统的中央控制中心一旦被摧毁，整个网络就会陷入瘫痪。正是在此背景下，阿帕网在建立之初便遵循了三个原则：灵活性，无指挥中心，每个节点最大程度上的独立性。互联网结构是一个天然的分权结构，网络上不计其数的网站与社区同样是各自经营与维护。权力从生产者手

1 ［英］卡尔・波普尔：《猜想与反驳：科学知识的增长》，傅季重、纪树立、周昌忠、蒋弋译，中国美术学院出版社 2003 年版，第 131 页。

里转移到了消费者手里。至于徜徉其间的网民，更是充分体验了这种自治精神的好处。互联网刚刚兴起时，最打动网民的就是他们对信息的获取从推（push）变成了拉（pull）。而且，琳琅满目的选择足以怂恿他们用脚投票。互联网昭示一个“让权公众，于己有益”的分权时代的到来。

8. 合作精神

没有谁会否认，互联网首先是人类合作的产物。具体到相关应用上，从早期漂浮在互联网海洋上的孤零零的网站，到今天“我即媒体”的社交应用，人们可以轻而易举地找到各种形式的合作。合作精神不等同于公共精神，有合作精神的人并不一定有公共精神，反之亦然。但在一定条件下，它们会互相促进。在网上你可以找到各种兴趣小组，从给最新的影视剧配字幕的翻译高手，到豆瓣网上名目繁多的书友会、碟友会，最让人惊叹的是维基百科等专业网站的兴起。而“维基政府”的出现，表明合作不只是一种义务，它同样是一种权利。

以上列出的种种是有关互联网带来的好处，它们的确在一定程度上带来了观念的更新。生活在今天的人们对于正在形成中的互联网文明的理解，同样难免“以短衡长”。如黄仁宇在论及历史走向时曾经感叹，理性的深度受制于时间的宽广：“中国的革命，好像一个长隧道，须要101年才可以通过。我们的生命纵长也难过99岁。以短衡长，只是我们个人对历史的反应，不足为大历史。将历史的基点推后三五百年才能摄入大历史的轮廓。”[1]作为一种技术，互联网给人带来了巨大的恩惠，却也同样让人不得不遭到各种负面因素的困扰。正如“密涅瓦的猫头鹰总在黄昏起飞”，理性的重生往往伴随危机的到来。后文若干章节的思考将证明，前文有关互联网精神种种好处的描绘，粘满了“盲目的乐观”的羽毛。既然谬误与真理以相同的方式传播，那么摧毁也会和建设一样在互联网上完成。

1 ［美］黄仁宇：《万历十五年》，中华书局 1982 年版，第 263 页。

第二章

精英的黄昏

谁都不满足于自己的财富，可谁都满足于自己的智慧。

——列夫·托尔斯泰《安娜·卡列尼娜》

意大利经济学家维尔弗雷多·帕累托断言历史是埋葬贵族的坟墓。大意是每个时代都有自己的精英，伴随着社会的发展，旧的精英会逐渐凋亡，新的精英逐渐上升，在此精英循环往复中完成历史的日出日落。

在过去，有一个说法是“三百六十行，行行出状元”。那时候，精英会在不同的领域呈现，而且会获得行业甚至全社会的尊敬。可是时代在流动，当上帝死了，教士就不再能够“狐假虎威”；当科举制度废除了，教书先生甚至丢掉了自己的饭碗……时至今日，在“拜科技教”的掌声中，一切都被放置在功利主义的镁光灯下，你方唱罢我登场。

第一节　双重坍塌

精英和大众各自反叛

精英主义（Elitism）通常被理解为由少数具备知识、财富与地位的社会精英来管理国家与社会。与之相反的是民粹主义。精英主义走过了头，便会进入寡头政治；正如与它冤家路窄的民粹主义一旦上升可能会直接导致暴民政治。

然而，尽管有许多精英主义与民粹主义的争论，“何为精英”却很难有一个准确的定义。在不同的语境下，精英的内涵也不尽相同。此外，几乎可以肯定的是，当一个国家试图有计划地消灭某些精英阶层时，也预示着这个国家将从一种危机过渡到更深重的危机。事实上，精英首先是一种社会分工与分层，此即所谓“术业有专攻”、社会有阶层。而一个运行得井井有条的社会，也一定会承认精英阶层所具有的特殊价值。

作为正面标签时，精英意味着舍我其谁的责任感、敢为天下先的开创精神，以及一流的禀赋与才能。他们包括改革家、发明家、经济能人、优秀的学者、艺术家，以及社会运动倡导者，等等。作为负面标签时，精英则被矮化为唯利是图的政治压榨机和社会财富的汲取者；与他们有关的身份是养尊处优的统治阶级，包括地主、资本家、教士，以及其他在大革命时期大众反叛的对象或各种利益集团。按帕累托的精英循环论，任何社会都有少数精英和被统治的广大民众之分。历史更迭的背后，是一群精英被另一群精英所取代，这也算是精英之间的自然流动。

平等的激情一直左右着人类的历史，有科幻作家甚至想到未来的某种结局：由人工智能为人类建立等贵贱、均贫富的社会，如果大家厌倦了，想过不平等生活的最好办法就是定期抽签了。

为什么沙漠里的沙砾大小相等，河滩上的鹅卵石被磨成圆形？为什么吹起一个气球，针一扎，里面的气体便会自动跑出去？同样两个房间的空气密度总是会保持一样。所有这一切都印证着熵增原理（在孤立系统中，熵增总是大于或等于零，即$\Delta S \geqslant 0$）。尽管人类以某种意志追求有序，建立文明，然而混乱或者趋于平等是宇宙第一神秘。当一种秩序建立起来，慢慢会进入混乱和失序状态，直到人的意志与行动再次介入，建立新的秩序。当说这也是人类文明不断演进的动力，它在一定程度上解释了精英更替与其说是进步，不如说是变化。

具体到精英循环的形成，除了代际更迭，还因为没有哪一群精英能够在各个领域完胜。而为了让精英有更好的用武之地，精英主义者畏惧卢梭的“人民主权论”和“公意”等古典民主主义理想。在托克维尔看来，大众不但缺乏历史感、自我意识和义务意识，甚至还会以其繁盛的欲望和平庸构成对有理性、有创造力的少数社会精英的压迫。面对大革命的压力，托克维尔的世纪之问是：“难道谁会以为，民主在摧毁了封建制度和打倒了国王以后，就会在中产阶级和有钱人面前退却？”尽管并不否定民主的价值，但托克维尔毫不讳言，相较于民主，他“无比崇尚的是自由”。在《旧制度与大革命》中，托克维尔谈到，没有自由的民主社会可能变得富裕、文雅、华丽，甚至辉煌，平头百姓可能也会觉得自己很强大，但是“只要平等与专制结合在一起，心灵与精神的普遍水准便将永远地下降”。[1] 而伏尔泰更是直言不讳：“如果大众开始推理了，我们可就遇到麻烦了。”他甚至主张给人民这条老牛一副牛轭、一根赶牛棒和一些饲料。[2]

如果遇到难决之事就在政治上诉诸全民公决，这在他们看来不过是精英阶层在“逃避责任”或者在政治上的无能。由于这种高高在上的态度，精英主义者容易被一般民众认为藐视大众。尤其在众声喧哗的互联网时代，当民粹主义甚嚣尘上之时，传统精英的没落也就在所难免。他们正在重新迎回“陶片放逐”（Ostracism）时代。这不仅体现在政治层面代议制民主正在被“网络直接民主”挤压、文化层面意义生产的权威已经垮掉，更体现在整个时代在价值观层面的无序性，以及精英阶

1 ［法］托克维尔：《旧制度与大革命》，冯棠译，商务印书馆 1992 年版，第 36 页。
2 ［英］以赛亚·伯林：《自由及其背叛》，赵国新译，译林出版社 2005 年版，第 21 页。

层在责任与路径上的双重坍塌。正如2009年由科德尔·巴克（Cordell Barker）执导的动画短片《火车快飞》（*Runaway*）所辛辣讽刺的：当司机不好好开车，而是沉迷于寻欢作乐；当危机来临时，精英群体不试图从根本上消除危机，而是将底层剥个精光，以转嫁危机，最后的结果必然是一毁俱毁。

每个人的光亮

克里斯托弗·海耶斯在《精英的黄昏：后精英政治时代的美国》中展开了一连串衰败图景。作为精英政治样板的美国，过去十年的民调显示，绝大多数人都认为它“行进在错误的轨道上”，不仅政治上腐败无能，而且几乎所有支柱性体制都出了问题。从法院以5∶4的表决结果把小布什送上总统宝座开始，美国安全局没能阻止19个拿着小刀的男子，政客和记者用假情报把美国拖进伊拉克战争。接下来是各行各业丑闻迭出，而群众运动也愈演愈烈。2011年，克林顿甚至公开承认了精英政治的失败。按海耶斯的说法，精英政治消除了种族、性别和性取向等方面的不平等，却又在原地上建立起了新的等级制，甚至是一种“才能上的贵族制”。[1]

尽管如此，海耶斯也承认“精英－大众”结构贯穿着人类历史。亚

1 ［美］克里斯托弗·海耶斯：《精英的黄昏：后精英政治时代的美国》，张宇宏译，上海译文出版社2017年版，第24页。

里士多德有言：“从诞生的一刻起，有些人就被贴上了服从的标签，而有些人则是发号施令。”而经济学家帕累托、巴莱特等人很早就注意到了“二八法则”或者“关键少数法则”（Vital Few Rule）、“不重要多数法则”（Trivial Many Rule）。而现在堕落与渎职的精英与只顾眼前利益的多数再次走到了一起。

近百年前，奥尔特加·加塞特言犹在耳：“我们这个时代的典型特征：平庸的心智尽管自知平庸，却理直气壮地要求平庸的权利，并把它强加于自己触角所及的一切地方。”[1]这句话在今天这个时代同样显得意味深长。康德的启蒙论调早已作古，互联网时代的狂谬是，每个人都认为自己站在光亮处，只有世界是暗的。

双重悲剧

1957年，安·兰德的小说《阿特拉斯耸耸肩》一书由美国兰登书屋出版。据说，这部小说曾被12家出版社退稿，出版后同样遭遇如潮恶评。不过，在自由市场条件下，该书很快畅销无比，因为它提倡“自私的美德”，公开为资本家辩护，在美国该书被奉为“自私圣经”。2016年当选美国总统的特朗普便是兰德的信徒。

作为一部有关“强者罢工”的小说，《阿特拉斯耸耸肩》同样试图

1 ［西班牙］奥尔特加·加塞特：《大众的反叛》，刘训练、佟德志译，吉林人民出版社2004年版，第10页。

为精英主义辩护。当强者抛弃了弱者，世界即刻跌进了无边的黑暗。与此同时，由出逃精英组成的社群却像世外桃源。这些精英包括自私而精明的商人、科学家、艺术家等。在这个世外桃源里，维系人心的纽带不是道德，而是象征自由交换和公平正义的金钱。

对于一个社会而言，最可怕的是双重悲剧——精英失去了心灵，大众失去了头脑。20 世纪 20—30 年代，加塞特借助《大众的反叛》揭示了乌合之众的危险。几十年后，克里斯托弗·拉希在《精英的反叛》中分析了精英的堕落。在加塞特的笔下，精英和大众的构成本来就是一种动态平衡的组合。大众不是简单的劳动阶层，而精英也不是高人一等的特权阶层，他们之间的区别只是一种人对自己提出严格的要求，并赋予自己重大的责任和使命；另一种人则放任自流——尤其对自己，在这些人看来，“生活总是处在既定的状态之中，没有必要作出任何改善的努力——他们就像水流中漂浮的浮标，游移不定，随遇而安”。而拉希看到的是，在国际市场的追名逐利取代了对故国家园的忠诚，整齐划一的精英教育取代了对个性和创造力的培养，娱乐至上的信息轰炸取代了教育大众的初衷，精心策划的政治作秀取代了为民谋利的民主辩论……美国的所谓精英已背弃了民主和平等的信仰，普通大众却在为消除他们造成的乱局而苦苦挣扎。

无论是大众的反叛，还是精英的反叛，二者都给时代带来了巨大的混乱。就像一列向前飞奔的火车，司机与乘客打作一团。若要结束这场混乱，最好的协调办法是精英能够尊重民主的价值观，并肩负起精英的道义之责；而大众能够尊重精英的方法论，承认“术业有专攻”和社会分层的重要性。

按布赖恩·卡普兰的说法，为了公共利益和实现民主的价值，并不意味着政治精英凡事都跟着选民的意愿运转，“民主之所以失灵恰恰是因为它按照选民的意愿行事”。[1]言下之意，这些亦步亦趋只知讨好选民的精英，没有真正担起理性的职责。

如果选民对于某些事情处于一种“理性无知”的状态，一群无知的个体并不能转化为智慧的集体。这并不意味着卡普兰否定民主的价值。在《理性选民的神话：为何民主制度选择不良政策》中卡普兰谈到“巫毒政治”（Voodoo Politics）：1% 选民知情条件下的民主，其质量可能接近 100% 选民知情条件下的民主。

从正与反的概率上并不难理解。当不知情者在选择时可以相互抵消，最后胜出的自然是知情的 1%。这种“聚合的奇迹”像古老的炼金术，“99 份愚蠢加 1 份智慧，得到的化合物跟纯智慧一样”[2]。在此意义上，如果政治精英要做的事情只是迎合选民的要求，要么是他根本没有那 1 份智慧，要么就是他甘愿在屈从民意中蹉跎岁月。除了精英失职外，民主之所以经常失灵还有一个原因，那就是选票是免费的，大多数人在投

1 ［美］布赖恩·卡普兰：《理性选民的神话：为何民主制度选择不良政策》，刘艳红译，上海人民出版社 2010 年版，第 3 页。

2 ［美］布赖恩·卡普兰：《理性选民的神话：为何民主制度选择不良政策》，刘艳红译，上海人民出版社 2010 年版，第 9 页。

票时都不会觉得自己要担负什么风险。这也是为什么付费的市场可以通过购买选出一个好的公司，而免费的选举却无法通过选票选出一个好的政府（或公共政策）。

李约瑟难题与市场科技

英国科技史学家李约瑟曾把中国古代的科学文明比喻为令人眼花缭乱的绝对的金矿，并由此提出一个经常被中国人讨论的“李约瑟难题”：为什么公元前 1 世纪至公元 15 世纪，中国文明比西方更有效地应用人类的自然知识以满足人类的需要，而近代科学，尤其是对自然的数学化的假设，及其所蕴含的所有先进技术，只产生在伽利略时代的西方？为什么曾经的领先没有让中国产生近代的科学？为什么在没有科学理论指导的情况下，中国产生了区别于西方机械自然观的有机自然观……

对于这一系列问题，学界有很多答案。比如，阴阳五行说作祟；数目观念不正确；历代传统思想、科举制度与王权主义扼杀科学；战乱中断科学积累；学者缺少实验精神；等等。而康熙皇帝的翻译巴多明认为近代中国之所以落后，不在于中国人的心灵，而是：第一，凡是想一试身手的人得不到任何报酬。从历史上来看，数学家的失误受到重罚，无人见到他们的勤劳受到奖赏，他们观察天象，免不了受冻挨饿。为此，巴多明还提出了一个从国家层面设立基金鼓励科学创造的计划。第二，帝国内外没有刺激和竞争，无法互相纠正错误。第三，中国人对纯理论性的东西也不是那么感兴趣，他们只为自己而学。就像李约瑟所说的，中国人喜欢琢磨的是“事（affaires）”而不是“物（things）”。

在上述诸多因素中，我相信最关键的还是在中国没有形成一个可以鼓励科学发明的市场。有市场经济、市场政治，还有市场科技……说到底这后面是人心向背，是无数民众公开支持、反对或者刻意忽略。

试想，如果失去了市场的支持，没有新教改革和随之而来的启蒙运动的生意，古登堡的活字印刷机也就只是一个发明而已。

假如投票生产苹果

“闻道有先后，术业有专攻”（韩愈《师说》），意思是听到的道理有先有后，技能学术各有研究方向。这句话不仅表明知识生产与传播遵循一定的时间法则，而且表明社会分工的价值。而消费社会的到来，似乎在驱逐一切领域的生产者——因为“顾客是上帝”，这个肉眼凡胎的主宰相信的不是“要有光”，而是“要有钱”。当消费者不仅决定商品的需求，还决定商品的品位，这意味着他们同时是“生产者的生产者”。在这场所谓的商业进化中，只有迎合他们需求的生产者，才能够在这场软性的“多数人的暴政”中活下来。在此逻辑下，消费者仿佛是主人，而生产者变成了代工的奴隶。

苹果帝国的兴起无疑是世界商业史上的传奇。一度经常被人提起的问题是——乔布斯是不是一个独裁者？果断的作风，对完美近乎疯狂的追求，经常越权，藐视所有管理手册里亲民的教条……基于以上各种原因，很多人认为乔布斯是个不折不扣的独裁者。然而，即使如此，在苹果公司的语境下，很少有人会为乔布斯这样的独裁者赋予负面的内涵。如前所述，精英主义者反对“人民主权论”，他们更需要的是最高效能发挥人的才能，而不是一人一票的多数教崇拜。与此同时，虽然民主国家遵循民主的价值，但并不意味着任何领域都要贯彻民主的原则，比如军队、私人企业，当然也包括监狱。如果监狱坚持一人一票，最该坐牢的恐怕是监狱长。此外，还有科研人员对真理的追求，艺术家与作家的独立创作，一个国家对另一个国家的无责任投票，等等。这世上有些东西的确属于民主范畴之外，如一个家庭不能投票投出谁是父亲。

精英可能是某个领域的开创者，也可能是各方利益的协调者，但他必须拥有一种品质，即对自我和现实的超越性。乔布斯的所谓“独裁”，世人似乎更愿将之理解为“专业人士的专业判断”，而非真正罔顾民意的独断专行。假如乔布斯需要听取每个人的意见，乔布斯就不会真正诞生。如果苹果公司内部遵循多数派至上的民主原则，也不会有开风气之先的一系列产品。就像漫画《如果苹果是一个民主政权》（*If Apple Was A Democracy*）所嘲讽的，如果苹果公司在生产流程中践行民主原则，为满足各方要求，集合各种接口，最后生产出来的 iPhone 将会像巨无霸汉堡一样平庸厚实。这样的产品，只能说是平庸者的定制，而绝不是天才的创造。

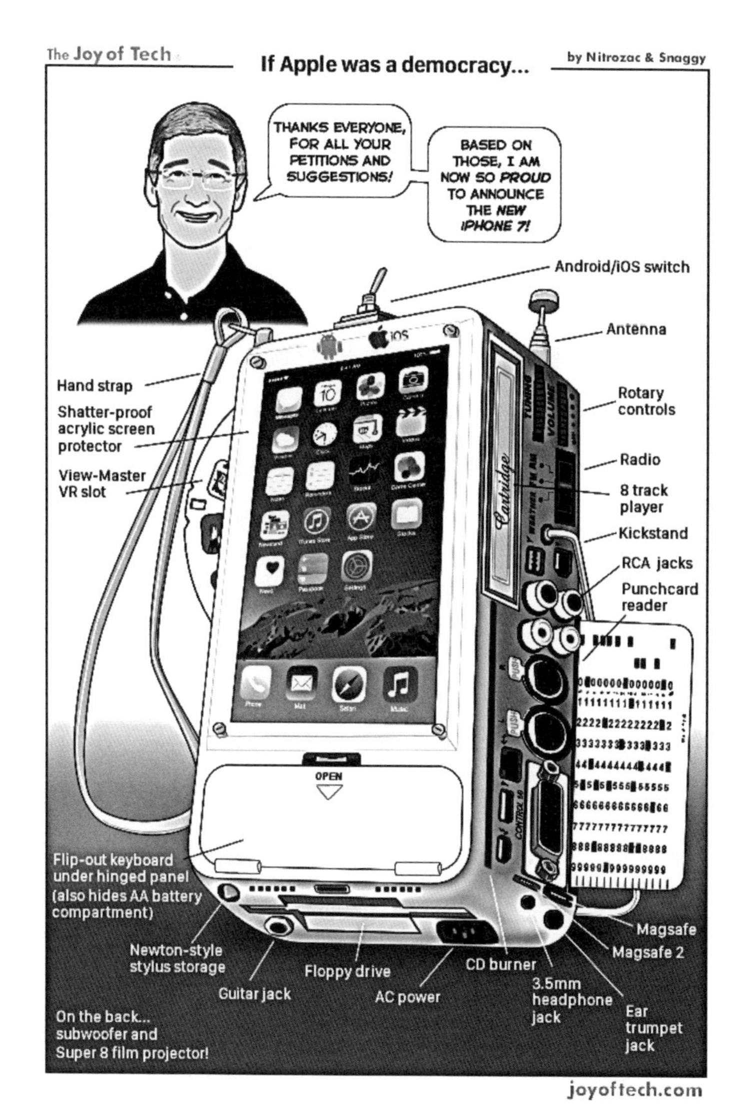

网络漫画：《如果苹果是一个民主政权》

电子民粹主义

民粹主义（populism）通常是作为精英主义的反义词出现，它区别于现在的代议制民主制度。如果回溯历史，有点类似古罗马与古希腊在政体上的区别。在古罗马，元老院走的是精英主义路线，而古希腊则是平民主义路线。这种格局的形成与民主半径不无关系。古希腊地小人寡，适合直接民主，而罗马是一个帝国。在民主半径无法抵达的地方，代议制便是可以考虑的解决方式。与此同时，为了平衡可能出现的寡头政治，古罗马设置保民官，对于明显损害民众利益的政策，保民官可以行使一票否决权。

20世纪90年代，当互联网刚刚进入公共生活时，人们欢呼这是庶民的胜利。20年过去，当数字化新媒体大大缩小了人与人之间的时空距离，电子民粹主义的浪潮也在各国随之兴起。这不仅体现在社交媒体上形成的松散的政治压力团体，还体现在许多政治精英也试图借助民粹主义来获取更多的支持。前者有奥巴马竞选时支持者在脸书、推特上对年轻人的动员，紧随其后的是唐纳德·特朗普。当美国的左派自由媒体嘲讽特朗普"推特治国"时，这位终日絮絮叨叨的闯入者已经借推特绕开了精英阶层与选民直接对话，以争取民心。这是一种复古式"领袖直接面对人民"的"精英民粹"。可以预见，如果一个人在网上有足够多的支持者，他便可以跳过传统的政党竞争模式，直接以独立候选人的身份参与大选，并且可能获得选举的最终胜利。

回顾近年来全球性的族群或社群撕裂，每一次社会危机都给电子民粹主义（cyber-populism）以成长的机会。“阴谋”“勾结”“欺骗”“卖国贼”“不转不是人”等都是民粹主义者常挂在嘴边的词语。他们揭露的矛盾有些是真实的，有些则完全可能是别有用心的捏造。民粹主义不像其他主义有一个明确的主张，它更像是一个工具而非价值观，因而时常有着模糊的面孔。此外，尽管民粹主义者声称自己代表着人民，却没有任何真实的、可信服的理由来佐证这一点。毕竟任何个人或团体都可以为自己贴上这个标签。很多时候，它毋宁说是一群情绪饱满而且愿意参与现实的人走到了一起，并且试图通过他们的相对“多数”改变历史的进程。而现在互联网为他们提供了足够宽阔的舞台与机会。

泛意见领袖

意见领袖（Opinion Leader）最初只是一个政治传播学概念，又被称作“舆论领袖”，指的是人际传播网络中经常为他人提供信息，同时能够施加影响的观点生产者。它由拉扎斯菲尔德（Paul Lazarsfeld）在 20 世纪 40 年代首次提出。在观察美国大选时，拉扎斯菲尔德发现决定美国大选结果的不只有大众媒体的劝服，更关键的可能是一些有自己观点的人对大众媒体内容的解读，而这些人就是意见领袖，他们是大众传播与普通民众之间的桥梁。拉扎斯菲尔德由此提出“二次传播”的理论，即在大众传播之外，还有人际传播。而在美国大选过程中，意见领袖会影响投票前摇摆不定的选民，从而最终影响大选的结果。

时至今日，意见领袖的概念也经常被用于营销学之中。许多厂商为了推销自己的产品和品牌，包括完成危机公关，会和相关意见领袖保持好一定的关系。然而，这一传统观念在互联网时代也在悄悄发生变化。

几年前，我在英国生活时发现许多超市里有南非 Stormhoek（暴风谷）公司生产的葡萄酒。Stormhoek 酒庄原本寂寂无名。2004 年开始，他们在营销上做了新的尝试，对写博客者大概送出了 100 瓶酒。获赠者条件很简单：一是到了合法饮酒的年龄；二是住在英国、爱尔兰或法国，此前至少 3 个月内一直在更新博客。读者多少不限，只要是真正的博客即可。

至于是否写与此酒相关的评论也未作任何要求，就算说了反话也无所谓。就是这样一次简单的营销，在没有投放任何广告的情况下，这家偏安于南非山坡上的小酒庄打开了梦寐以求的 6000 英里（约 9656 公里）以外的市场。据该公司驻英国运营经理介绍，在 2004 年 6 月只有 500 人用谷歌搜索这家公司，而在同年 9 月 8 日达到 2 万人。60 天内至少有 30 万人访问了该公司博客。此后若干年间，作为一个经典营销案例，Stormhoek 更是声名远扬。这次营销让 Stormhoek 公司切实体会到互联网让世界变得像餐厅一样大小。至于餐厅里酒的味道如何，那是另一个问题。

Stormhoek 所针对的并非传统意义上的意见领袖，它只是在试图“网聚普通人的力量”。而这场营销之所以能够成功，最主要的因素还是Web 2.0所具有的互动结构。人人都是“意见家”，在互联网时代，没有比意见输出更容易的了，关键是通过什么方式使之聚合起来。而在这方面，博客和谷歌搜索的算法给他们帮了大忙。勒内·笛卡儿说“我思故我在”，然而这世界上很多人或者事物只是因为总被谈论而存在的。

社会分工的重组不只意味着某个行业的消失，还包括相关职能的消失。我引证上述营销案例，并非要断定意见领袖在现实生活中不再起作用，而是试图说明在互联网世界里，传统意见领袖的影响力已经开始坍塌，或者说一个“泛意见领袖”的时代正在到来。而这一切也在一定程度上预示着某些精英群体，尤其是人文知识分子的命运。像过去那样通过生产和传播意义以获得利益与荣誉的人将会越来越少。当普通人生产与传播意义的能力越来越强，专业主义的界线越来越模糊，罗兰·巴特所谓的“作者死了”，更意味着人与人之间的联系中断了。一将功成万骨枯，作者死了，读者活了下去，艺术与哲学将继续没落，最后剩下的精英将主要是技术精英，而他们也将带着“盲目的希望”，沿着技术化的真理之路继续左右世界的命运。

第二节　平庸的自由化

无责任人的联合

何为重获自由？通常意义上说是冲破牢笼，进入一种无拘无束、身心解放的状态。卢梭有言：“人生而自由，却无往不在枷锁之中。”这里的枷锁本质上是一种连接、一种关系，它代表的是约束或者责任。对于深陷其中的个体来说，建立这种连接有时是主动的，有时则是被动的。一旦连接失效或者被打破，人便进入自由状态，由过去的连接所附加的约束或者责任被豁免。20 世纪早期的中国，有些青年追求个性解放，为表明冲出旧家庭牢笼的决绝，有的甚至走到了弃用父姓、与父母绝交的地步。对这些人来说，与父辈的连接是被动的，而打破这种连接则是主动的。

正如是与否，选择与不选择，社会生活中的这种“连接 – 断开”就像是计算机的二进制原理，在 1（连接）和 0（断开）之间切换，演绎人世间的种种可能。更准确地说，连接即建立起一种责任传导机制。刘、关、张桃园三结义，在建立连接的时候，也建立了彼此之间的责任与约束。如果有朝一日割袍断义，再不相见，也就意味着彼此之间责任的免除。

生活在自由与责任之间，实际上也是生活在巨大的人情之网。只要与人连接，就一定会有相关的责任与约束。人的困境往往在于，如何协调这种断开和连接。回顾中国的社会发展史，在“君君、臣臣、父父、子子”的时代，人们紧密生活在一起，可谓“重责任而轻自由”。20 世纪以后，尤其在改革开放与现代、后现代文化影响下，个性获得解放，集体主义被祛魅，则是转入“重自由而轻责任”。

而互联网时代的到来增加了这一趋势。从表面上看，越来越多的人通过社交媒体建立联系，但这种人与人的连接毋宁说是一种物理上的连接。其主要是基于功利主义的信息的抵达。一方面，吊诡的是，一个人的连接越多，他的责任也就越被稀释；另一方面，在人人一个麦克风而且随时可能有无数听众加入的时候，许多人首先想到的是即时传播给他带来的自由，而不是言论责任。当他们面对电脑或者手机屏幕时，就像面对空旷的山谷呐喊，那里没有一个人和他相连，他们所能听到的似乎也只是自己的空谷回音。在此意义上，网络上的乌合之众，与其说是自由人的联合，不如说是“无责任人的联合”。

而这种联合最可怕之处也在于极端的声音聚集在一起，正直的人反而变成了沉默的大多数。有意思的是，此时邓宁－克鲁格效应在许多人身上蔓延，让低能力者高估自己的能力。与此同时，那些原本属于精英阶层的人选择了放弃和垂头丧气。

后现代的流水账

在 1969 年出版的《消费社会》中，让·鲍德里亚这样谈到自己所处的社会："不断上升的统计曲线显示，从复杂的家庭组织和数十个技术奴隶，一直到'城市动产'，从通信的整个物质机器和职业活动，一直到广告中庆祝物的常见场面，从大众传媒和未成年人崇尚隐隐约约具有强制性的小玩意中所获得的数百万个日常信息，一直到围困我们睡梦的夜间之物所提供的心理剧，他们的日常交易不再是同人类的交易，而是接受、控制财富与信息。"[1] 作为"后现代主义的大祭司"，鲍德里亚从技术、大众媒介、消费文化和社会心理等角度宣告人类正在进入后现代社会。

后现代主义反对一元论和二元对立，崇尚多样性和特殊性。在某种意义上说，互联网是典型的后现代媒介。这不仅体现在网络结构的多中心化，同样体现在观点的多元化与内容的破碎化。在意义生成方面，也多是"六经注我"，而非"我注六经"。

---

1 ［法］让·鲍德里亚：《消费社会》，刘成富、全志钢译，南京大学出版社 2014 年版，第 1 页。

作为微博的开端，推特在形式上似乎将后现代媒介的这一特点推到了极致。这是一个可以免费注册，没有任何门槛的 App。只要网络畅通，任何人都可以随时、随地通过网站或者手机发布短消息，只要是跟随者便可以即时阅读。由于互联网本身具有的开放性，随时截图转发意味着任何一条信息的内容都向所有人敞开。

无论跟随者，还是信息发布者，这种即时发布的特征决定了大多数内容都像日常流水账，充满了闲言碎语。然而，正是这些流水账，构成了许多互联网企业的利润长尾；与此同时，一旦形成聚合效应，有可能冲垮一道道现实的堤坝，甚至演化为一场道德、法律甚至政治危机。

半个好人、半个坏人与 99 个庸众

越来越多的人开始批评互联网上的浅阅读会让人变得浅薄。尼古拉斯·卡尔为此专门为此写了一本书。作为麦克卢汉的信徒，他认为技术带来的效应不仅出现在观点或观念层面，还会不断改变我们的感知模式、思维模式和评价模式。无论什么时候出现一种新的传媒，人们都会自然而然地被其带来的信息内容所裹挟。媒体不只是信息通道，它提供素材的同时，也会影响人们思考的过程。

“互联网所做的似乎就是把我们的专注和思考能力撕成碎片、抛到一边。无论上网还是不上网，我现在获取信息的方式，即通过快速移动的粒子流来传播信息。以前，我戴着潜水呼吸器，在文字的海洋中缓缓

前进。现在我就像一个摩托快艇手，贴着水面呼啸而过。”[1]尼古拉斯担心互联网上杂乱、爆炸式的信息会破坏人类线性思维的传统。自活字印刷术发明以来，读书成为人们的普遍追求，线性的文学思维一直都是艺术、科学及社会的中心。这种思维既灵活又深奥，它是文艺复兴时期的想象力、启蒙运动中的理性思考、工业革命中的创造性以及现代主义的颠覆精神。很不幸，它很快就要变成明日黄花了。[2]

“最好与最坏的人创造了历史，而平庸之辈则繁衍了种族。”这一句话之所以在中文互联网上广为流传，是因为它在某种程度上道出了生活的真相。我并不相信人们会因为互联网的使用而变得浅薄，却认为平庸是生活的常态。大到改朝换代，小到一起网络暴力事件，真正卷入其中的人毕竟是少数，而绝大多数人都在平凡中度日。当一个人遭受迫害的时候，不必觉得全世界都在与他为敌。或许人类世界的构成只是半个好人、半个坏人外加 99 个庸众。

2018 年 1 月 5 日，《今日俄罗斯》发表迈克尔·麦卡弗兰的文章《美国媒体暴民政治中的极权主义回声》（*Echoes of totalitarianism in US media mob-rule*），对“MeToo 运动”的群众心理提出了尖锐的批评。这场运动首先是基于许多美国民众对特朗普当选的恐惧。而释放这一恐

1 ［美］尼古拉斯·卡尔：《浅薄：互联网如何毒化了我们的大脑》，刘纯毅译，中信出版社 2010 年版，第 8 页。
2 ［美］尼古拉斯·卡尔：《浅薄：互联网如何毒化了我们的大脑》，刘纯毅译，中信出版社 2010 年版，第 9 页。

惧和愤怒的渠道有两条：一是“MeToo 运动”，二是“特朗普通俄门事件”。“特朗普通俄门事件”是被一些美国媒体人士故意放大的，这些媒体人相信今天的俄罗斯人本质上依然是信奉极权主义的“苏联人”。然而，那些媒体人中有一些人却在“MeToo 运动”中表现得像个来自苏联的极权主义者。尽管两件事情中的具体细节存在巨大差异，但两者在看客心目中所引发的极权主义冲动很容易让人想起麦卡锡主义和好莱坞黑名单盛行的黑暗年代。在一个宪政民主国家，这些人本该拥有自卫的权利，但在极权主义国家，受到媒体及公众含沙射影的审判后，他们已失去自我辩护的权利。美国的法治生态已经恶化到这样的地步：只要用手指着某人并尖叫“我控诉”，那个人的生活和事业就会在一夕之间被毁灭殆尽。

此前，达娜·古德耶尔发表在《纽约客》杂志上的文章《好莱坞能否改变自己的道路？》点出了“MeToo 运动”中某些体现极权主义心理的例证。“那些曾遭到指控的演员的照片已被从墙上摘掉，名字已被从他们捐赠的建筑物上擦去，演出的电影甚至已重拍，其角色被其他演员替换，甚至连网上图书馆中的相关资料也被撤掉，有其角色的电影的录影带也被束之高阁，”而后她引用了一名性骚扰事件调查员的话写道，“现在对那些人的处理方式完全是粗暴的，在一波又一波的‘处理’之后，最后的结果便是苏联式地删掉人们关于他们的所有记忆。”古德耶尔还在文中提到了一位不愿具名的男性电影公司高管的担忧：“现在工作在好莱坞的男人们就仿佛生活在德国的犹太人一般。”

而著名导演特瑞·吉列姆在接受法新社采访时也表示，反性骚扰运动让世界变成了“受害者的天下”。不过，这些异类的声音很快淹没在这场声势浩大的群众运动之中，甚至被“弱者羞辱”撕得粉碎。

通常霸凌被理解为强者针对弱者的施虐。人性的复杂在于，这世上同样有很多羞辱与霸凌是弱者发动并施加于强者。强弱只是一组相对概念，而不是道德概念。若社会普遍同情弱者，那么弱者之标签就有可能成为弱者的护身符与通行证。面对所谓的强者，他们不仅自赋正义，而且对强者实施的羞辱行为往往会获得广泛的同情。

观点救生圈

回溯谷歌与脸书的发展史，前者侧重机器的算法，后者注重个人信息的分享。尤其不同的是，后者以个体为中心，而且人人一个麦克风，这意味着每天都有无数节点在进行价值观输出。接通网络，当各种信息扑面而来，人们像是被扔进观点的海洋，一旦有冲突，就会近乎本能地寻找自己的同伴。

当两个“落水者”因为观点聚在一起，他们各自成了对方的救生圈。而一旦聚集在一起的人变成一个群落，群体心理便会慢慢滋长。

正如社会心理学家乔纳森·海特所指出的：人们总是想着和观点类似的人在一起，避开意见相左的人。和其他灵长类高智商动物不同的是，人类不仅有分享的意向性，而且热衷于参与群体性竞争。[1] 在那里，个体不仅能够获得安全感，而且作为一种精神性存在还能够获得慰藉与荣誉，哪怕只是来自另一个人的掌声。脸书效应并非微不足道，而是在催化或放大本已存在的倾向。

“物以类聚，人以群分”，然后急于行动，这是目前许多网络冲突的根源之一。参与公共讨论就像重返部落，拿起手机上微博就像冲入战壕，人人处于射击状态。

传播学里“沉默的螺旋”理论很好地揭示了群体意见的自我封闭性：人们在表达自己想法和观点的时候，如果看到自己赞同的观点受到广泛欢迎，就会积极参与进来，这类观点就会越发大胆地发表和扩散；而一旦发觉某类观点无人或少有人理会，即使自己赞同它，也会保持沉默。由于害怕孤立，人们通常不太愿意把自己真实的观点说出来。于是，一方意见的沉默造成另一方意见的增势，如此循环往复，便形成一方的声音越来越强大，另一方越来越沉默下去的螺旋发展进程。如果不是网络暴力占据压倒性优势，由于微博和微信等社交媒体本身具有分众化效果，有可能同时形成几个沉默的螺旋。它们按着不同的节奏发酵、相撞、消融，甚至一方压倒另一方——这也是出现所谓“舆情反转”的原因之一。舆情反转的另一个原因是新的细节或者真相的加入，使许多人的观点发生了改变。

---

1 ［美］乔纳森·海特：《正义之心：为什么人们总是坚持“我对你错”》，舒明月、胡晓旭译，浙江人民出版社 2014 年版，第 243 页。

另一个现象是，互联网之无远弗届可以让任何极端者或者变态者找到自己的知音与同谋。2003 年 12 月 3 日，因杀人和吃人肉而臭名远扬的德国人阿明·迈韦斯出庭受审。自被捕之日起，他就对自己的罪行供认不讳。2001 年，他先在互联网上一个同类相食网站上刊登广告物色吞吃对象，“寻找 18 岁到 30 岁拥有良好体格，愿意被杀后被吃掉的人”。不久，柏林一名 43 岁的电脑工程师与他取得了联系，表示愿意被他吃掉。当年 3 月，迈韦斯在德国中部罗滕堡镇的家中将被害人杀死后吃了他的部分肉，并用录像机拍下了全过程。录像显示被杀者在断气前也曾尝过自己的肉。据称，迈韦斯曾经在网上与 280 名和他有类似想法的人聊过天，其中有近 200 人愿意做他的牺牲品，30 人愿意和他一样做杀人者，另有十几人表示愿意来现场观看。

同类狂欢

从古希腊的苏格拉底、柏拉图开始，西方社会便一直以崇尚理性自居。为此，这两位哲学家甚至主张将诗人和画家逐出雅典，以免这些人对事物的拙劣的模仿妨碍世人对理性的追求。正是延续了这一脉络，启蒙运动之后，大时代里的革命者把对理性的推崇变成了一种宗教般的狂热。

理性可以规划未来，但也具有盲目性。按大卫·休谟的说法，理性只能是激情的奴隶。同样，理性的上升也并不意味着道德的上升。哲学家埃里克·施维茨格贝尔曾经做过一个有趣的调查，他发现在图书馆里道德类学术书籍（应该大多是伦理学家借走的）有更高的比例被盗或者索性借了不还。[1]

在《正义之心：为什么人们总是坚持“我对你错”》一书中，乔纳森·海特对儿童和精神变态者做了比较。儿童是感觉而不推理，而精神变态者是推理而不感觉。简单说，前者是有心灵而无头脑，后者则是有头脑而无心灵。有时精英与大众之间的分歧同样体现在心灵或头脑在某种程度上的缺失。精英遵从理性去设计未来时，可能会忽略大众的感受；而大众也会过于重视自己一时的感受而轻视甚至拒斥理性。

互联网时代的群体同样具备传统乌合之众的某些特征。因为受到内心激情的驱使，这是一个人人追求道德却又互不相让的时代。人在进行道德评判时，通常会有以下两个步骤：先是通过直觉判断得出道德评判一；在此基础上诉诸理性，进行推理，生成道德评判二。由于前后两次评判可能会有差异，而不是强化，会有所谓舆论反转的情形。

对于大众审判可能存在的严重问题，法裔导演菲利普·马丁内兹借助影片《全民审判》（*Citizen Verdict*）做了深刻的反思：“观看/投票/执行死刑，以正义之名。”

故事发生在美国的佛罗里达州，当红真人秀节目主持人罗克曼即将推出一档名为“全民审判”的节目，让犯罪嫌疑人在电视机前接受大众

---

1 ［美］乔纳森·海特：《正义之心：为什么人们总是坚持“我对你错”》，舒明月、胡晓旭译，浙江人民出版社 2014 年版，第 93 页。

审判，所有观众都是陪审团成员。在审判两个小时后，法庭将开放60分钟供观众完成手机投票。如果有超过75%的票数支持死刑判决，他们的意见将会作为终审意见被采纳。接下来，节目组还将对行刑现场进行直播。

为做到万无一失，“全民审判”节目组找到涉嫌奸杀著名节目女主持的卡尔充当第一集的主角。然而庭审过程中，各种证据都表明卡尔是无辜的。卡尔是夜店牛郎，女主持之死归咎于她在买春时的激烈性爱出了意外，与法庭指控的奸杀没有任何关系。而就在案子即将峰回路转时，一段被伪造的奸杀现场录像被当庭播放。接下来的情形可想而知，观众伸张正义的情绪被迅速点燃；一周之后，卡尔被执行死刑。

电影讲述了总统候选人、佛罗里达州长以及大众媒体如何通过“全民审判”收买民心。在那里，由于政治精英和文化精英没有担起责任，当他们一味迎合大众，无论是选票还是收视率都已经堕落为杀死无辜者的帮凶。

观点自由市场

“观点自由市场”最早由英国政论家、诗人约翰·弥尔顿提出。在《论出版自由》中，弥尔顿认为真理来自各种意见、观点之间的自由辩论和竞争，而非权力赐予。为了能够甄别何为真理，谬误和真理必须得到同等传播。其后，约翰·穆勒在《论自由》一书中将其理论化。

穆勒从逻辑上证明：假如被压制的言论是正确的，压制者自身也被剥夺了以错误换取真理的机会；假如被压制者的言论是错误的，这也意味着大家同样失去了让真理同错误在公开的较量中使真理更加显明的机会。

问题是，言论自由作为一种自由，它的现实边界在哪里？

2005 年 1 月，在一次接受采访的时候，法国极右翼政党国民阵线主席让 - 玛丽·勒庞发表了以下观点："就法国而言，德国人的占领并没有特别不人道，在（法国）这样一个 55 万平方公里的国家里出现一些误杀在所难免……"相关内容刊出后，立即引起法国媒体和政界一片哗然。3 年后，勒庞被判处 3 个月监禁，缓期执行，并缴纳一万欧元罚金。相关极右翼周刊《里瓦罗尔》（*Rivarol*）的社长和当事记者也分别被处以罚金。宣判的法理依据是 1990 年法国颁布的法律规定：禁止任何基于种族、民族和宗教信仰对他人进行歧视的言行；否认"二战"结束后纽伦堡国际法庭判定的反人类罪行的存在的言行属于犯罪行为。

有关勒庞的这一宣判表明言论自由有自己的尺度。当然，这里的尺度实际上有许多种标准，包括政治尺度、道德尺度、法律尺度等。如果法国没有制定相关法律，那么勒庞的这番话就只会受到来自政治或者道德上的压力，而绝不会有罚金和监禁一说。

有人常常引用伏尔泰的观点："我不同意你的观点，但我誓死捍卫你说话的权利！"事实上，这句话并非伏尔泰所说。最早提出这句"名言”的是英国女作家伊夫林·霍尔，缺乏学术严谨的她只是用这句话概述了伏尔泰的思想。虽然互联网提供了一个史无前例的观点自由市场，但是没有人认为在上面散播仇恨言论以及侮辱、诽谤是个人的自由，当然更谈不上要用生命去捍卫这种自由。

第三节　技术精英

民主反对专家

如前文提到，古希腊民主具有反精英的气质。由于小国寡民的特征，凡事皆由人民直接出场，代议制在那里没有市场。而具体到对国家的治理，柏拉图崇尚理性，他的理想是将国家交给理性精英，而理性精英的极致就是“哲人王”。他所面临的现实困境是，他的老师苏格拉底死在了人民的毒药之中。

借用保兰·伊斯马尔的话说，古希腊时代流行的风尚是“民主反对专家”。虽然西方民主制号称是古希腊民主政体的继承者，但现代政治家们的观点和古希腊民主政体对权力与知识的思考迥异。生活在今天的人们相信，专家因拥有专门的知识而具有了治理的资格，但古希腊人认为专业能力本身并不会使统治具有合法性。世界上首批公职人员的身份是公共奴隶，他们具备普通希腊人所欠缺的各种知识，他们的身影充斥于各个管理部门，可古希腊人很清楚“知识会垄断权力”。

“在古典时代的雅典，1000 名至 2000 名公共奴隶要服务于由 30000 名到 40000 名公民构成的共同体。”[1] 而求助于奴隶，让民众掌握这些“活的工具”，理论上便能确保任何一个法律承认的团体、任何一个行政管理机构均无法成为人民推行其意志的障碍。[2] 这是一群没有私权但有公权的人。作为公共奴隶，他们之所以被派去担任公职，是因为雅典相信这些人可以恪守中立，真正担起“公仆”的职责。

如今互联网上对专家的不信任随处可见。其中一则流行的嘲笑短文是：“一盲人打着灯笼走路。哲学家就此展开讨论。如果他是怕别人看不清路，这是儒家；如果他是怕别人撞到他，这是墨家；如果他认为黑夜出门就必须打灯笼，这是法家；如果他认为想打就打顺其自然，这是道家；如果他借此开示众生，这是佛家；如果他是真瞎，却打着灯笼给人引路，这肯定是专家！”

2018 年 11 月，法国各地开始爆发“黄马甲”运动，起因是法国民众不满政府将于 2019 年提高燃油税。数以万计的民众通过社交平台聚集在一起，抵制价格不断上涨的燃油、高昂的燃油税，最后变成了一场要求

1 ［法］保兰·伊斯马尔：《民主反对专家：古希腊的公共奴隶》，张竝译，华东师范大学出版社 2017 年版，第 3 页。
2 ［法］保兰·伊斯马尔：《民主反对专家：古希腊的公共奴隶》，张竝译，华东师范大学出版社 2017 年版，第 195 页。

总统马克龙下台的政治运动。在社交网络上，有人甚至为此自制了一架“断头台”。对于这次示威暴力化的群众运动，11 月 25 日，马克龙在推特上用了 3 个“可耻”作为回应，表明自己绝不容忍暴力的立场。反讽的是，这场运动是由社交网络发起，而马克龙也在社交网络回应。一人面对一群。两相对比，不得不令人感叹。

当科学遭遇教会

2009 年，有关希帕提娅的生平被改编成西班牙电影《城市广场》搬上银幕。希帕提娅是生活在希腊化时代古埃及亚历山大港的著名学者。爱德华·吉本在《罗马帝国衰亡史》里对希帕提娅做了这样的介绍：

“数学家席昂之女希帕提娅，受其父学说启蒙，她以渊博的评注，精准完备地阐释阿波罗尼奥斯与丢番图的理论；她也在雅典与亚历山大城公开讲授亚里士多德与柏拉图的哲学。这位谦逊的处子颜如春花初绽，却有成熟智慧，她拒绝情人的求爱，全心教导自己的门徒。”

作为哲学家、数学家、天文学家、占星学家以及教师，希帕提娅有许多追随者。索克拉蒂斯在《教会史》中如此描写她的死亡：

“她是政治嫉妒的受害者，在那段日子里这种现象很常见。由于她经常与欧瑞斯提斯晤面，在基督徒中便有谤言流传，说就是她在阻挡欧瑞斯提斯与总主教和好。也因此，有些基督徒就受到怒火与执迷的热血驱使，由一个名叫彼得的礼拜朗诵士为首，埋伏在希帕提娅返家的路上，将她拖出马车，带到一所叫作西赛隆的教堂中脱个精光，以砖瓦杀死了她，并将她分尸。她伤痕累累的四肢则被带到一个叫作辛那隆的地方焚烧。这事件臭名满天下，不只是针对西里尔而已，而直指整个亚历山大城的基督教会。”

自马丁·路德反对赎罪券并发表《九十五条论纲》以后，新教在天主教的迫害中逐渐成长起来。而一旦获得权势，他们同样加入迫害者阵营。最有名的一个案例就是茨威格在《异端的权利》一书中谈到的塞尔维特。这位西班牙医生，文艺复兴时期的自然科学家，是欧洲第一个描述肺循环的人。在当时，这个说法没有得到普遍的认可，其中一个原因是塞尔维特把肺循环的描述写在神学书籍《基督教的复兴》中。1553 年 10 月 27 日，这些书和它们的主人一起被绑上了火刑架。侥幸逃过一劫的 3 本书被隐藏了几十年。直到 1616 年威廉·哈维的著名解剖之后，塞尔维特的肺循环理论才被医生普遍接受。

启蒙运动意味着理性时代的到来。在其破晓之前，许多科学研究人员依旧被教会视为异端，甚至遭到残酷的迫害。伽利略原本是天主教教徒，在大部分哲学家及天文学家还在赞成“地心说”的时候，他公开发表了为哥白尼“日心说”辩护的观点。而按照《圣经》中一些经文的说法，地球是静止地位于宇宙的中心。由于当时天主教会处于历史的紧要关头，正面临着新教改革的巨大压力，教会对于任何有可能质疑其对《圣经》权威的观点都如临大敌。最后，在宗教裁判所的审讯与迫害下，伽利略被迫放弃日心说，并在软禁下度过余生。严格说，从理论上看，无论是“日心说”，还是“地心说”，都是可以说得通的，关键是你取哪个为静止点。正如我们每个人都可以说整个世界在围绕着自己转。

这个故事一直延续到几百年后。1992年，时任教皇保罗二世公开道歉，称天主教会对伽利略学说的批判是“悲剧性的错误”。此时，保罗二世已经听到了“科学宗教”卷地而来的涛声。

走下断头台的拉瓦锡

过去的统治者反对科学，是因为科学试图拆掉统治者的城墙，就像哥白尼、布鲁诺所做的那样。而现在世界的统治者们支持甚至收买科学家，则是因为科学能够为统治者添砖加瓦。至于法国大革命期间安托万·拉瓦锡被推上断头台，那完全是暴民政治不计得失的后果。拉瓦锡被后世尊称为“近代化学之父”。他帮助建立了公制，提出了“元素”的定义，在1789年发表了第一个现代化学元素列表，列出39种元素，包括发现氧、氢、碳等元素并为其命名。此外，拉瓦锡预测了硅的存在，第一次以氧化说解释燃烧现象，指出动物呼吸实质上是缓慢氧化。然而，就是这样一位在25岁就当上法兰西科学院院士的化学家，在大革命期间死在了罗伯斯庇尔的铡刀之下。至于理由在今天看来完全不值一提——革命激进分子马拉散布谣言说，身为贵族的拉瓦锡、这个“化学学徒”为防走私所修的城墙污染了巴黎空气……

不过，说拉瓦锡的死和他的化学主张完全没有一点关系，也不完全正确。蓄意害死拉瓦锡的马拉曾经是个科学狂热分子。1779 年，他曾在法兰西科学院进行过光学实验，还写出《火焰论》，认为火是物体所含的火焰粒子。这一漏洞百出的观点被拉瓦锡猛烈抨击，两人由此结怨。反讽的是，拉瓦锡之死的起因是马拉的诬告，不过马拉因为被刺杀死在了拉瓦锡之前。

在那个时代，谁都知道拉瓦锡是一个人才。1775 年，路易十六宣布将火药工业国有化，拉瓦锡曾被派往巴黎军火库进行国有化工作，同时设计新的硝石制备方法来改良黑火药的性能，很快法国造的枪械火力迅速提高。在拉瓦锡死后，为了适应战争的需要，他的许多同事还是被新政府拉去做炸药了。尽管此前革命派法官考费那儿的那句“共和国不需要学者”可能是杜撰，不过上述细节可以被视为科技人员地位上升的一个转折点。

法国大革命是一场中产阶级革命而非无产阶级革命。只有这样才能解释托克维尔的诘问：为什么革命发生在政治相对宽松、人民生活条件变好的时代？与此同时，正是因为对法国大革命进行了深刻的反思，圣西门在 19 世纪提出了技术治国的主张，希望通过各种网络的建立和运行使法国平稳过渡到现代工业社会。在圣西门看来，过去国家的概念已经过时，应该转型为技术精英和商业精英共治的企业型国家。

简单地说，圣西门希望把国家建设得像现在的大公司一样。在那里，技术创新差不多被圣西门放到了第一位，此外就是情感的注入。在某种意义上说，这也是科技作为世俗宗教的草图。在衡量一个时代是否进步的四条标准中，第二条是任何进步的东西都会给最优秀者达到顶峰的机会。建立一个平等的社会是圣西门的理想，前提是必须坚持精英治国，“因为人民太忙，创造不出这一制度，而且他们太忙不能亲自管理”[1]。“只有专家才能将任何事情办好，专家永远不应被推翻，法国大革命推翻了专家，其后果是流血、混乱，还有人类可怕的倒退。”[2]

“砍掉他的脑袋只需一瞬，但再长出一颗这样的头颅至少要等一百年。”数学家拉格朗日曾经这样哀悼自己心目中的“法兰西之光”。时至今日，曾经发生在拉瓦锡身上的悲剧不会再重演了。当技术至上的价值被确立，各个国家的拉瓦锡都将迎来属于他们的黄金时代。从 19 世纪瑞典化学家诺贝尔，到近三四十年间盖茨、乔布斯、佩奇、布林以及扎克伯格等数字英雄的成长，技术精英如果同时具有商业头脑，他们就能够在各自的黄金时代中呼风唤雨。当拜物成为一种宗教，技术精英与商业精英合而为一，他们更像是从前的教士，可以在一定程度上垄断对上帝的解释。

技术崇拜与技术恐惧

早在 16 岁的时候，毕加索画下了著名的《科学与仁慈》。这幅画在很大程度上表达了现代人对科学的态度。人类同时需要以修女为代表的

1 ［英］以赛亚·伯林：《自由及其背叛》，赵国新译，译林出版社 2005 年版，第 126 页。
2 ［英］以赛亚·伯林：《自由及其背叛》，赵国新译，译林出版社 2005 年版，第 128 页。

仁慈和以医生代表的科学的救赎。

时至今日，不仅“上帝死了”，传统的人文领域也日渐式微，越来越多的人相信科学技术更适合充当人类的拯救者。在世人看来，天堂的永生太虚无缥缈了，随着人工智能与生物智能（BI）的发展与结合，如果能在医疗等技术方面实现长命百岁，何乐而不为？更别说在线永生也不是什么遥远的神话。

丹尼尔·贝尔在《后工业社会的来临：对社会预测的一项探索》一书中谈到技术轴心时代的到来。而与“技术崇拜”相伴的是“技术恐惧”。

提出“地球村”概念的麦克卢汉未必是互联网的反对者，他没有接触到互联网，但他将电子媒介的出现当作人类社会的福音，认为新的电子媒介就是自然的。如果说文字印刷改变了人类的视觉方式，广播和电话改变了人类的听觉方式，那么新的电子媒介将使人类重新获得感官功能的整体性，“使人们重新体验部落化社会中村庄式的接触交流”，预示着“所有团体成员和谐相处的部落关系的复归”。

尽管如此，最让麦克卢汉担心的是人们可能对技术延伸产生迷恋，即他所谓的“技术麻醉机制”——当人们把新技术的心理和社会影响维持在无意识的水平，人对技术的感知会像鱼对水的存在一样浑然不觉。

甚至，英文还有一个专有名词来形容“技术恐惧症”（technophobia）。事实上从庄子反对机械对人心的腐蚀，到阿米什人等宗教团体对汽车、电话等近现代科技的抵制，这种技术恐惧症古已有之。

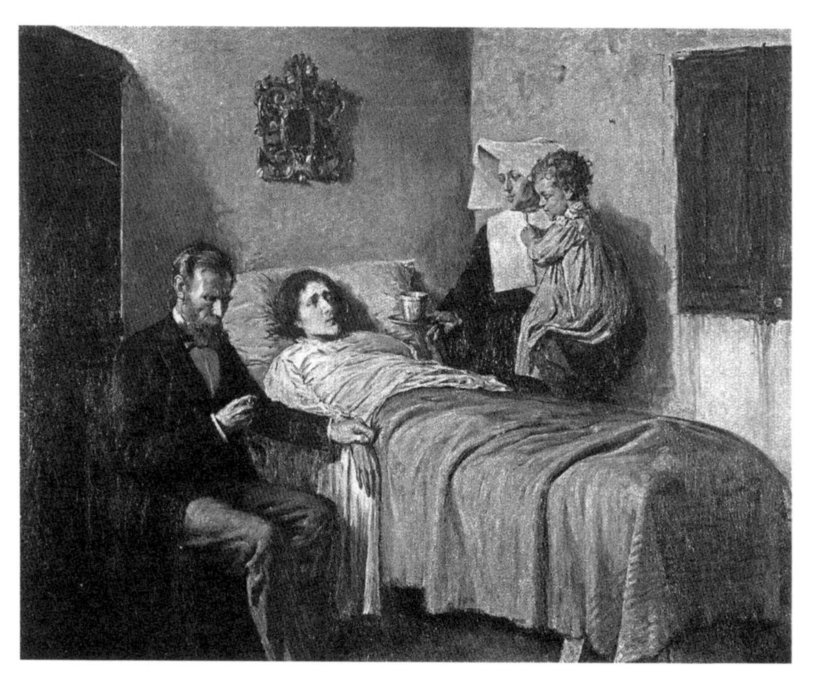

毕加索 16 岁时的油画：《科学与仁慈》

莱斯特人的合谋

马克斯·韦伯说，每当有一种突破旧传统限制的超凡能量注入时，社会就要出现变化。但是在这种超凡性归于常规后，能量持续消耗，直到最后便只剩下僵死的机制。当新教精神逐渐枯竭，开始向资本主义转化时，“该制度的管理者成为没有灵魂的感觉者和没有心灵的专家，变得毫无用处”。

之所以有此困境，在很大程度上源于原有精英阶层的消失或堕落。

1996 年，为了回应美国政府通过的电讯法案，约翰·巴洛发表了著名的《赛博空间独立宣言》——“工业世界的政府，你们这些肉体和钢铁的巨人，令人厌倦，我来自赛博空间，思维的新家园。以未来的名义，我要求属于过去的你们，不要干涉我们的自由。我们不欢迎你们，我们聚集的地方，你们不享有主权。”

类似想法在今天看来有点痴人说梦。事实上，虚拟空间从来没有真正独立过，从一开始它就不得不随时面对现实的入侵。同样是在 20 世纪 90 年代，劳伦斯·莱斯格教授就在《代码》一书中指出，互联网的本质就是一堆可以被控制的代码，而且管理者就是代码。《代码》挑战了早期人们对互联网的认识。莱斯格并不认为新兴网络技术已经创造了一个自由的环境，可以让人摆脱政府的控制。

网络的确在某种程度上带来了便利，但它不是自由主义者的乌托邦。

代码可以创造出一个自由的世界，也可以创造出一个充满沉重压迫和控制的世界。换句话说，互联网随时会背离它的初衷，走向它的反面。尤其是在商业活动的影响下，网络空间现在正在变成一个高度可规制的空间，在那里，网民的行为将受到比在现实中还要严密的控制。

莱斯格是哈佛大学的教授，致力于推动互联网上的自由。在一次 TED 演讲中，他虚构了一个叫莱斯特国（Lesterland）的地方。那个国家有 3 亿多人，其中有 15 万人叫莱斯特人。虽然人数不多，但莱斯特人在莱斯特国非常有影响力。而莱斯特国实行的是“两步舞民主制”（two-step dance）。首先是只有莱斯特人才能参加的“莱斯特选举”，这是关键一步。只有能够取悦莱斯特人的候选人才有机会进入第二轮选举，也就是全体公民参加的大选。在莱斯格看来，今日美国所实行的民主就是莱斯特国的民主。这是一种合法的制度性的政治腐败。政客们并不完全对全体选民负责，他们不得不花掉精力的 30%—70% 用在筹集竞选资金上。而这些赞助者就是莱斯特国的莱斯特人，他们只占美国人口的极少数。

尽管莱斯格没有就此谈论互联网，不难看出今日互联网同样暗藏着莱斯特国的权力结构。当技术精英、政治精英与资本精英合谋，他们就是互联网里的莱斯特人。莱斯特人是这个世界的规则制定者，他们的意志就是代码，他们的代码就是法律。

在此我并不想否定精英的价值，而是想强调当普通民众被他们操纵之时，是否有机会和能力维护自己的基本利益。毕竟精英们从来不是铁板一块，在他们内部同样有不计其数的逃逸者。在数字时代的主流精英之外，还有一些潜藏的势力，包括暗网、黑客、斯诺登和恐怖分子。如果有朝一日奇点来临，还包括觉醒的人工智能。

莱斯格在那次演讲的结尾提到一个耐人寻味的细节：

1787 年 9 月，当富兰克林从制宪会议离开，他在街上被一位女性拦下来问道："富兰克林先生，你造就了什么？"富兰克林回答说："一个共和国，如果你们能够继续保持它。"

制宪会议是现在美国的起点。当美国社会出现问题时，最后都可以回到 1787 年若干立国原则重新出发。问题是，当技术成为一种新的宗教，而且彻底政教合一，甚至将全世界装在一个篮子里的时候，这种溯古式救济是否还会一直有效？

第三章

平日审判

我知道这世界无处容身，只是，你凭什么审判我的灵魂？

——阿尔贝·加缪《局外人》

互联网不仅在时刻改变着每个人的生活，也在塑造着我们的下一代。如果关注社会媒体，会注意到它随时烽烟遍地，鸡毛遍地。常言道，正义会迟到，但是永不缺席。自从有了互联网，正义常常在事实不清的情况下提前到来。那些随时随意可以由鼠标和键盘支起的法庭，也将完成某种史无前例的“正义快进”。如乔纳森·海特在《象与骑象人》中所揭示的，理性的人骑在直觉的大象身上，而象总是走在前面。

第一节　寻找替罪羊

灾难之源

人类学家詹姆斯·弗雷泽在《金枝》里谈到古希腊时代的替罪者：在最热闹的殖民城市马赛，“一遇到瘟疫流行就有一个穷苦阶层出身的人自愿来做替罪羊。人们用公费整整养他一年，拿精美的食物给他吃。一年期满时就让他穿上圣衣，用神枝装饰起来，领着他走遍全城，同时高声祷告让人们的全部灾害都落在他一人头上”。

在《替罪羊》一书中，哲学家勒内·吉拉尔指责弗雷泽所提出的替罪羊概念只是祭祀仪式上的，是一种主题式的、片面而粗俗的迷信，“仅仅以祭祀仪式的意义使用替罪羊一词，并将之普及，从而大大损害了人类学”。而在现代意义上，“替罪羊”一词应该指迫害行为与表征的无意识机制——替罪羊机制，即当人们处在危机中或者混沌状态时，迫害者为了恢复被损害的秩序或者他们所需要的秩序，煽动人群，使他们相信受害者有罪，是灾难之源，从而将现实中所有的使人际关系和现有秩序恶化、混乱的罪过都归咎到受害者身上。他们坚信只有团体把这些毒素清除，才能带来新的和平与秩序，以一个人的死亡换来大家的生存。

在吉拉尔看来，寻找替罪羊首先是一种迫害行为，而人群具有迫害的倾向，他们急于行动，急于寻找易接近的、能满足他们暴力欲望的因子，他们梦想在团体里清洗腐蚀团体的不纯分子，清洗破坏团体的变节分子，他们总是相信一小部分人，甚至一个弱不禁风的人都有可能极大地危害整个社会。人群总是潜藏着暴力，一个顺势而为的口号就会使大家行动起来，而且肆无忌惮。正如古斯塔夫·勒庞在《乌合之众》中如此解释群体何以犯下暴行："孤立的人很清楚，在孤身一人时，他不能焚烧宫殿或洗劫商店，即使受到这样做的诱惑，他也很容易抵制这种诱惑。但是在成为群体中的一员时，他就会意识到人数赋予他的力量，这足以让他生出杀人劫掠的念头，并且会立刻屈从于这种诱惑。出乎意料的障碍会被狂暴地摧毁。"更重要的是，掌握话语权的人群还能为正义命名。

吉拉尔提出"迫害文本"的四种范式：一是一种社会和文化危机的描述，即一种普遍的混乱的表征；二是对造成混乱的"嫌疑者"的指控；三是这些被指控犯罪的嫌疑者身上是否有特殊的标记，作为选择受害者的普遍标准，这些标志往往与指控并存；四是暴力本身。

平均数与双边缘

有关群体心理学的研究表明，群体难以统一思考，却急于统一行动。为了说明标记所具有的隔离或抽取作用，吉拉尔提出社会“平均数”的概念。社会“平均数”被认定为社会的“正常”状态，当一个人或一个群体越偏离这一位置，或高或低，受迫害的危险就越大。或高，这有点类似中国人常说的“枪打出头鸟”“人怕出名猪怕壮”；或低，又有落井下石。个体或者少数派在生活中和行为上的任何异常，都有可能成为歧视和迫害的理由。

基于社会“平均数”的假定，吉拉尔认为，在替罪羊机制中这种偏离同时具有“双边缘”效应——不仅贫穷人处于社会边缘，或称外边缘，而且还有第二种内边缘，即富人或者有权势者也处于社会的边缘。

回到历史场景，不仅和尚、乞丐、游民、性工作者等边缘群体会在危机中成为替罪羊，王公贵族同样不能幸免。风和日丽的时候，有钱有势者享受着穷人望而兴叹的多重保护和特权，而一旦危机来临，这些养尊处优的人很快就成了谋财害命的对象。“权势使暴力合法化，但在危机时期，他们却成为暴力的对象，引发被压迫者的神圣的起义。”中国历史上的改朝换代，当臣民转为暴民，承担无限责任的皇族将面临被斩尽杀绝的噩运。欧洲革命年代，英国绅士将查理一世送上了断头台，法国公民处死了国王路易十六及王后。革命并不意味着血流成河，被杀的王公贵族并非都罪不可赦。他们被杀不仅为旧制度赎罪，而且被当作革命年代的分水岭，革命者急于用杀头来表明他们与过去决裂的决心。

在极端革命年代，暴力遵循的逻辑是只要某个人或者某些人死去，团体就不死了。所以罗伯斯庇尔喊出了“路易必须死，因为祖国需要生！”“玛丽王后必须死”则是因为她有诸多替罪羊的优先特征或者标记——她不仅是王后，而且是外国人，甚至还是一个被怀疑参与乱伦的女人。

内边缘与外边缘像是飓风的内外两边，然而不得不承认的是，双边缘只是一种幻觉，因为风平浪静的“飓风眼”并不存在，所有人都在飓风之中。群体运动赋予人们翻云覆雨的群体力量，同时使每个人都成为混乱世界里的孤儿。权利的逻辑遵循的普世原则是，只要这种寻找替罪羊的过程是势利的，任何人都有可能被贴上与众不同的标记；只要这种迫害机制存在，一个人的权利得不到保障，意味着所有人的权利都得不到保障，所有人都有可能成为被寻找的替罪羊。

受难标记

依照吉拉尔的说法，“一个人的受难标记带得越多，他就越可能大难临头”。以神话中受迫害的俄狄浦斯为例，他既是国王，又是替罪羊。“他残废的身体，弃儿、外国人、暴发户的身份以及国王的地位使他成为一个受难标记的大杂烩。”也就是说，替罪羊机制的发生遵循这样一个过程：危机开始，标记差异（寻找替罪羊），实施暴力（完成替罪与转罪），危机结束。在此过程中，标记起到至关重要的作用。

最后，种种受难标记会缩略成一个单一的身份，如“奸细”“卖国贼”“奸商”“恶魔”“流氓”，从而被施加暴力，成为公共戏剧中的牺牲品。这种简化使受迫害者的其他身份消隐，其他权利不复存在。比如，当一个地方治安出现问题，“外来人口”会很快被标识出来。

回顾近年来中国互联网上的种种争论，同样是各种标记、帽子满天飞。贫富之间、左右之间、草根与精英之间的对立，使这些标记具有了动员社会的魔力。以“富二代”为例，一方面，这些标记可以被当作炫耀财富的资本；另一方面，它也可能使这些人受到来自民意的狙击，成为不公平社会里的替罪羊。比如涉及命案时，当事人被汹涌的民意推上风口浪尖，当“不杀不足以平民愤”“他存在，我们不安全”成为群众毫不妥协的口实，当一个罪犯不得不额外为时代不公正、没有安全感等积怨担负责任时，替罪羊机制便开始启动了。

对于网络群体而言，在互联网时代寻找替罪羊几乎不需要成本。回望发生在 2010 年的药家鑫案件，按说药家鑫属于生活在安全地带的人，即在社会的“平均数”之中。他的不幸在于一次“激情杀人”把自己变成了“杀人犯”。与此同时，有心怀恶意者造谣他为有大背景者。两个标签合而为一，将他定格在“可能逃脱法律制裁的杀人犯”这个大标签里。由此发酵，一些多年来对中国司法公正抱怀疑态度者喊出了“药家鑫不死，则法律死”的口号。当“全民审判”形成巨大的声势，最后该案演变成不得不考虑民意压力的特殊案件。

迫于民意压力，药家鑫最终被判处死刑。那一刻，法律再次陷入巨大的危机：一是药家鑫以瘦弱之躯为中国多年来的司法不公赎罪；二是法庭因为民意的粗暴介入丧失独立办案的能力和专业水准。2014 年 10 月 16 日《南方周末》一篇题为《死刑复核权上收八年　最高法院如何刀下留人》的文章援引最高法院法官的话说，药家鑫被判死刑是受到了舆论的影响，没保住命对法院伤害很大。“他只有一条人命，而且是非预谋犯罪。一个大学生，心智还不太成熟，撞了人以后失去控制。而且，他是在警方完全没有掌握到线索的情况下，由父母带着来自首的，可以算得上大义灭亲。按照最高法院的标准可以不杀的。但没办法，舆论太厉害了，还是杀了。以后碰到类似案子，判起来会很被动。但杀了以后，很多人又开始同情他。”

腐食动物

为什么到处都是坏消息？在《报纸的良知》一书中弗林特转述了他从某位新闻协会高官那里听到的一桩趣事：

有十位牧师拜访一位主编，抗议他在头版净登些鸡毛蒜皮的小事，忽略更有意义的大事。主编的回答是：“这间屋有两扇门。如果我告诉你，一分钟之后，埃利奥特校长会从左边的门进来，詹姆斯 · J. 杰弗里斯（美国重量级拳王）会从右边的门进来，你们当中的 9 个人会看着右边的门。”

接下来这位官员的解释是，获得世界冠军的拳击手之所以要比大学校长更有吸引力，是因为冠军拳手诉诸了人们内心的原始欲望。“美国的文明和文化仍然比较新，上面的油彩还没干呢。仅仅几个世纪之前，我们的祖先还是野人，每个人都为保护自己的女人、孩子和食物在和同伴打仗。”这个故事在一定程度上解释了为什么美国大众类报纸会走黄色新闻路线（用极度夸张甚至捏造情节的手法来渲染新闻事件，尤其是色情、暴力、犯罪方面的事件）和“3S”路线〔即 Sports（体育）、Scandal（丑闻）和 Sex（性）〕。

正是出于对观众“血腥审美”的迎合，许多大众媒体更热衷于描述死亡的过程与场面，而非探究死亡发生的原因。有些时候，甚至死亡的人数也是不重要的，比如，对电视媒体来说，“鲨鱼杀人”就要比“椰子杀人”更能吸引观众。即使统计表明每年在全球范围内掉下来的椰子导致的死亡人数，是由于鲨鱼袭击而死亡的人数的 15 倍。

自媒体时代，“蝴蝶效应”每日都在发酵，以展示它的威力。如何为坏消息的传播推波助澜，互联网提供了足够多的手段和便利。首先是搜索引擎，它像是国际刑警组织，而且随时可以发布针对任何人的通缉令。因为它的存在，网络有时候会变成一个猎场，而相关当事人变成猎物——徜徉在镁光灯下的猎物，而网络程序设计也在一定程度上助长了谣言的传播。当针对某个公众人物的坏话开始传播，新浪微博可以检索，甚至会生成热搜关键词，继续火上浇油。同样，在谷歌或者百度上，与之相关且搜索频次较多的关键词组合会被推荐。

“新闻标题是随着拿破仑战争应运而生的产物，是愤怒、胜利、恐惧和警告的原始吼叫。”[1] 按麦克卢汉的分析，从那时起，报纸就因为发战争财而兴旺起来。使用许多大字标题的报纸，成了重要的鼓噪战争的工具。20 世纪前几十年，日本几家大媒体就是在为军国主义喝彩时壮大起来。关于这一点，前坂俊之的《太平洋战争与日本新闻》提供了非常细致的分析。

如今的标题党同样在大发灾难财，他们总是热衷兜售各种人性坏话和悬疑，时刻不忘制作具有误导性、煽动性的标题，除了消费公众情绪，更不吝激化社会矛盾。与此相伴的是各种信息未经核实的网络大字报。当年参与“扒粪运动”的记者或多或少推动了美国社会进步；而如今的媒体一味“消费腐朽”，伺机而动的“奸情宣传队”与“自由督战员”甚至被人称为“腐食动物”。

在此意义上，互联网上之所以经常会出现替罪羊事件，并非只是像勒内·吉拉尔所说的社会需要度过危机，还因为许多人对替罪羊有消费需求。

桑斯坦从两个层面分析了网络谣言的兴起——信息流瀑（Information Cascades）和群体极化。当达到一定数量的人开始相信一则谣言，相信的人就会越来越多，或者“选择在群体日益强大的判断面前保持沉默，即

---

1 ［加］马歇尔·麦克卢汉：《机器新娘：工业人的民俗》，何道宽译，中国人民大学出版社 2004 年版，第 10 页。

使他们不确定这样做是否正确”[1]。大量心理学实验表明，人们会戏剧化地相信别人的话，屈从多数人的意见。至于群体极化，是指谣言经群体讨论后，更容易被强化，群体内坚信谣言的人会增强意志较弱者，让他们“宁可信其有”。

1 ［美］卡斯・R. 桑斯坦：《谣言》，张楠迪扬译，中信出版社 2010 年版，第 38 页。

第二节　语境与迫害

被忽略的语境

1916 年，现代语言学之父索绪尔在其著作《普通语言学教程》中区分了语言（langue）与言语（parole），其中涉及了语境理论方面的分析。1923 年，人类学家马林诺夫斯基正式提出“语境”（Context）这一概念。在《原始语言中的意义问题》一文中，马林诺夫斯基区分了“情景语境”（Context of Situation）和文化语境（Cultural Context）。话语和语言环境及文化背景缠绕在一起，它们包括上下文、时空关系、情景、对象、前提、话题、音调等。如果语境缺失，人们将很难理解语言背后的意义。

语境可以让意义更具体，也可能让意义更模糊。语境的出场并非让意义更准确，而是让意义更便于理解。语境必须参与意义的完成，这既包括信息编码，同样包括信息解码。如果说意义即差别，语境的价值不仅在于为意义A的提取输入密码，还在于让意义A区别意义B和意义C，甚至意义无穷。而人与人之间之所以会有误解，出现原意义的扭曲，在很大程度上是因为在“语境提取”或者“语境复原”方面出现了背离。

而许多诬告、迫害的发生与完成，除了信息失真以及增减，同样涉及语境置换。比如，在“文化大革命”期间，一位搞历史研究的学者曾因为收藏了一份封面印有蒋介石头像的杂志而被打成“反革命”。这里“反革命”之意义的生成，是“革命”的语境压倒了该学者学术研究的语境。在此意义上说，谁掌控了语境，谁就掌握了真理、控制了意义。

当只言片语的截图变成证据，各类指控信息以碎片裂变的方式广为传播，不但原有语境消失了，还会被误植语境，而这也是新浪微博等社交平台在公共领域时常加剧社会撕裂的重要原因。

隔岸纵火

自从有了互联网，人们在网上游牧，更关心抽象的远方而不是具体的邻居。之所以愿意关心“抽象的远方”，是因为他们既可以随时像“天兵天将”一样介入，感受自己睥睨天下的存在感，同时又可以全身而退。

在互联网上隔岸观火，只关心远方的事和远方的人，不时扔出廉价的牛粪与鲜花，这是现代人的一种隐居方式。除此之外，还有一种“进击精神”在网上游荡，那就是“隔岸纵火”，重要的是一切尽在射程之内。不问青红皂白，以随意攻讦为乐。相较古罗马角斗场上的看客，他们甚至完全不用担心绝望的角斗士与失控的猛兽会冲向他们。

所谓“铡刀落自己脖子上最重，落别人脖子上最轻”，无论隔岸观火还是隔岸纵火，都会给他们带来快感。生而为人，许多人之所以可以在这些远程的痛苦甚至恐怖之中获得慰藉，是因为在那一刻他们不仅获得了恐惧的战栗、相对安全感，同时还完成了苏珊·桑塔格意义上的“旁观他人之痛苦”的隐秘欲望。一旦在被攻击者那里形成“破窗效应”，随之而来的是两个结果：一是当前的受攻击者会遭受更多的攻击；二是类似的攻击会被鼓励，以至于发生在更多人身上。只要成为网络暴民的目标，任何人随时都可能被撕得粉碎。窗子被一个个砸破了，扔石子的人却可以消失于无形。

2016 年 8 月，《时代》周刊刊文《网络暴力如何毁掉互联网》深入描绘和分析了美国的网络暴力如何毁掉了互联网。人与人之间连接距离的缩短，极大增加了网络暴力的可能。虽然不是肢体暴力，但它对被害者的伤害有过之而无不及。一位叫杰弗里·马蒂的律师，带着孩子住在坦帕城外，自称沉迷于吸引他人的关注，以致家庭破裂，而日复一日在网上挑衅也的确提升了他的影响力。

否定性激情

自恋的极致是爱上自己的影子，甚至对它产生性欲。与个人自恋和团体自恋对应的是，互联网上各种脏话、质疑和诋毁随处可见，在一定条件下，甚至会毫无征兆地形成一股否定性或破坏性的浪潮。

两种现象是相通的，当自恋的倾向引诱人不断肯定自己时，有时候也需要通过牺牲他人来为自己并不如意的人生献祭，或者借此获得某种心理补偿。在此意义上，否定他者的激情实际上是肯定自我的激情。

马克·贝克制作的动画电影《村庄》（*The Village*）描绘了一个全景监狱式村庄里的人的境遇。在那里，大多数人忙忙碌碌，互相监视，所谓生活理想无非是破坏他人的生活。其中最耐人寻味的细节是：一位被关押的村民，藏了一个小勺子，每天拿着它挖地道。后来，牢房里来了个新人，那人偶然得到了一把锹，很快就挖出了一条地道。而就在他准备钻地道逃跑时，拿勺子挖地道的那个人不干了，他大喊大叫，告发了这个拿锹的。与此形成鲜明对比的是一群蚂蚁，它们随时精诚合作，而人总想着坑害同类，或者乐见其败。

为什么很多人唯恐天下不乱？除了好奇心，还因为人有激情见证毁灭与破坏。一幢大楼的倒塌、一艘轮船的沉没、一个英雄的堕落、远处山峦上的一场大火，都会给人带来某种难以言状的快感。

弗洛伊德的“死本能”很好地解释了这一否定性的激情。这位奥地利心理学家相信人有两种本能：一种是爱的本能（或为性本能），一种是死本能。正如叔本华所说“所有生命的目标都是死亡”，死本能是一种与生俱来的，要摧毁秩序回到前生命状态的冲动。它既包括对外的破坏，也包括对内的毁灭。这也难怪尼古拉斯·廷贝亨曾经批评道：从一方面说，许多种动物都与同类相关，人也是一样。但从另一方面说，在千种万种同类相关的动物中，人却是唯一相残的动物……人是唯一的集体屠杀者，唯一不能适应他自己的社会的生物。

心理学家马斯洛曾经嘲笑人类生活充满了黑暗，人类思想史就是一部说人性坏话的历史。事实上，对于历史研究者而言，当他们将矛头指向人性的时候，在自己身上的自恋情结也已经显现出来。

人性是相通的，一个人责备甚至咒骂另一个人的人性如何卑污时，其实也是在给自己发奖状。而且，前者也在努力摆脱这种同样深藏其内心的人性，尽管很多时候这只是一种徒劳。后文还将谈到，在各种迫害或者否定性细节背后，还有人类不断地自我驯化的激情。

客观地说，人每天都在选择，无论细分出多少选项，他都得在具体选项中选择肯定或者否定。或者说，一切肯定（选择）都暗含否定。正是这无数次选择，像二进制中的 0 和 1 一样构成我们人生的各种可能性。当一个人的某条信息出现在网上，他既可能收获鲜花，也可能接到牛粪。不得不承认，在互联网条件下，许多公共事件因为网络的聚合效应被放大了很多倍。举例说，热衷晒自己美好生活的人，可能会因为随手发出的一张照片，轻则面临公关危机，重则遭受灭顶之灾。

敌意的升华

上述否定性激情与人的存在焦虑有关。关于这一点，尼采在《偶像的黄昏》“作为反自然的道德”一节中已有精辟论述：“教会在一切时代都想消灭它的敌人，我们这些非道德主义者和反基督者却认为，我们的利益就在于有教会的存在。就是在政治领域，现在敌意也得到升华，——明智得多，审慎得多，宽容得多了。几乎每个政党都明白，为了保存自己，反对党应保有相当力量。这一点同样适用于大政治，特别是一个新的创造物，譬如说一个新的国家，需要敌人甚于需要朋友：在对立中它才感到自己是必要的，在对立中它才成为必要的。……如若放弃了战争，就是放弃了伟大的生命……”

从现实的角度而言，否定性思考通常也是有利可图的。譬如，大家一起做某件事的时候，如果别人做成功了，他最初的否定性意见是提醒与鞭策；而如果别人没做成功，他便是有先见之明了。此外，如果是自己必须亲力亲为的事情，给自己打好很有可能会失败的“预防针”，等到真正失败时可能也就不那么难受了。这是人内心的一种自我保护机制，一旦遇到心灵的险境，否定性思考也就自动断闸，起到一个保护与平衡的作用。

氪星石

人的死亡有很多种，社会性死亡（social death）更多是使个人在公众面前遭受极大的声誉损害，导致社交关系断绝、社会名望受损，甚至影响到个人的正常生活和工作。或者违反公序良俗，或者纯粹因为开罪了大多数人，它通常与违背某些政治正确（political correctness）相关。

此种社会现象有点像日本江户时代的“村八分”——集体无声的霸凌。不同的是，在前互联网时代，一个在道德层面千夫所指的人，换一个地方不但可以生存，甚至还能建立起自己的舒适圈。而在互联网时代，本质上人人都处于监视之中，一个人一旦经历过社会性死亡，他必须背负几乎永久性的猜疑与心理创伤。

社会性死亡的推手主要有两个，一是以人肉搜索为基础的网络暴力，二是个人隐私的过度暴露。带有高密度网络暴力的道德审判使落入生活陷阱的人从此无处可逃。当个人道德的城堡被推平，伴随着私域的消失，这种审判像是传说中的氪星石（kryptonite），就算是超人在它面前也会失去超能力，变得比普通人还要脆弱。

第三节　巨兽 N

互联网法庭

身处人类社会，见惯了以多欺少、以强凌弱的事情。网上看过不少触目惊心的视频，比如，校园暴力中一群女生扒光某一名女生的衣服殴打并羞辱她。很难理解的是，一个个原本活得小心翼翼的孩子，一旦开始参与群体作恶，有的则是满面友爱的麻木不仁。而这种霸凌现象同样会以弱肉群食的方式表现在互联网上。

基督教有末日审判（Last Judgement）。据说在末日到来之时上帝会将死者复生并对他们进行终极裁决，之后，一部分人成为永生者，一部分人接受堕入地狱的永罚。

人有自由意志，可以赋予意义、判断是非，对他人或者团体的言行进行道德评判，这就是“平日审判”。曾子所谓“吾日三省吾身”是一种自我审视，也是在对自己进行道德评判，以期能够做一个名副其实的君子。

本节所说的平日审判不同于宗教意义上的末日审判，也不同于曾子坚持的自我审视，而是活跃于网络上的“抓坏蛋”。其特点包括：1. 发生于日常；2. 审判地点为“互联网法庭”；3. 民众广泛参与，任何人都不受限制；4. 审判者具有道德优越感，自带正义光环；5. 审判过程有波动，结果可能反转；6. 审判者不必承担任何后果；7. 审判一直被公开，受审判者后果自负。

由于这种审判通常会演变成公共事件，而互联网上的阅读也多是浅阅读，所谓“表达高于真相，判断先于证据”，相关审判不会像法庭那样遵循严格的程序，因此与程序正义无关。至于参与审判者，他们之中不乏真正有公心的人，但互联网上“浅入浅出”的浏览风格，也决定了这种平日审判只是大多数网民在茶余饭后完成的“正义的消遣”。互联网法庭之所以随处可见，是因为对他人的审判可以成为自我慰藉的一部分。无论这一切是否有意义，至少裁决他人的命运时会获得力量感。审判别人，安排戏剧，如果有群体一起参与，甚至还会给他们某种推动历史进程的幻象。

当然，其中极小部分人也可能是“日常施虐癖”（Everyday Sadism）。他们未必是连环杀手或者性变态，但是能够从他人日常的痛苦之中获得快感。

权力的乘数效应

整体与部分关系如何？无外乎三种情况：

结果甲：整体大于部分之和（相爱）；

结果乙：整体小于部分之和（相杀）；

结果丙：整体等于部分之和（相等）。

应该说，在不同的条件下，它们都有可能成立。比如，就生物体而言，人身上的各个器官拼成人体，构成一个活着的人，这是结果甲。盒子里100个弹珠，取出来分开放，还是100个弹珠，这是结果丙。而中国人常说的“三个和尚没有水吃”则属于结果乙；如果一个体制非常僵化，使每个人失去能动性，也是这种情况，即整体小于部分之和。

顺着上面的思路，接下来有必要考察作为整体的群氓与独立个体之间的关系。

根据弗洛伊德的理论，每个人身上都有生本能和死本能。生本能为求生而建设，死本能为毁灭而破坏。就死本能而言，既然人有破坏与施虐的倾向，他就会努力为此寻找出口。与此同时，他又有求生的倾向，所以安全感又是必需的。而个体终究是孱弱的，最好的办法是参与群体去施虐，同时将自己隐藏起来。

施虐者可以通过群体“借船出海”，以满足他们内心幽暗和隐秘的愿望。为此，他们通常需要两样东西，一是“师出有名”（以“正义”或“道德”的名义）；二是人多势众（可以控制局面）。两个条件一旦具备，剩下的就只要领头人吹口哨了。正如尼采所说，在人类漫长的历史中，个人疯狂是例外，群体疯狂是常态。集体作恶之所以诱惑人，是因为它可以更好地满足作恶者的对外的死本能与对内的生本能。在此，不妨用简单的字母 N 来加以解释。

一是 N 的乘数效应（1 乘以 N）：当一个人开始成群结队的时候，个体的力量被强化，变成了 1 乘以 N。在那里，N 的数值越大，群体人数越多时，个体被赋予的力量也就越大。

正如古斯塔夫・勒庞在《乌合之众》中所说，如果只是一个人，他即使有作恶的念头也会存在心里，但是一旦加入群体，他就有可能胡作非为，由此产生焚烧宫殿、抢劫商场的具体行为。

更别说，人具有模仿与竞争的倾向，在同一群体中，作恶者甚至会在作恶时产生无谓的炫耀与攀比之心，恶行也因此愈演愈烈。

与此作恶相伴的是，作恶者四肢越来越发达，大脑越来越萎缩。也就是说，个体在进入群体之后，虽然个体的暴力倾向与行动能力得到了增强，但其基本的理性与良知有可能削弱甚至完全丧失。这种削弱与丧失，同样会增强其破坏性。

值得注意的是，一个封闭性群体（意见高度一致）针对个体作恶时，群体会形成一种无所不能的气场，他们之间互相激化，使恶行放大。集体暴力的逻辑是，只要其他成员在场，为作恶互相背书，任何一个作恶者的作恶都是群体作恶的持续。在集体作恶之时，一个人的加害，逻辑上也可被视为一群人的加害。

当一个人被一群恶人包围，也因此更容易陷入绝望，并产生可能的过激行为。正是考虑到背后的因果关系，有些国家的刑法会理解被侮辱者与被损害者当时的精神状态，甚至支持其采取“无限正当防卫”。

责任的除数效应

在《现代性与大屠杀》里，齐格蒙·鲍曼引用了希尔博格的一句话——“命运”在于迫害者和受害人之间的互动。这句话解释了命运并非宿命，无论一个人经历怎样的命运，他都不是完全被动的。还有一种互动，它直接发生在迫害者与迫害者之间。

集体作恶的诱人之处还在于，它同时具有N的除数效应，即在面对道德和法律的责难时，参与作恶者会隐藏在N当中；也就是说，其道德责任与法律责任均被除以N，变成了1/N。道德层面，个体良心上的责难让位于“大家都这样做”。法律层面，因为人多，也有法不责众的心理。在这里，N越大，作为1/N的个体的责任也被认为最小。而这也是“二战”结束后许多纳粹分子为自己脱罪的理由。

上述N的乘数效应与除数效应解释了许多群体之恶因何发生，它的确满足了作恶者的趋利避害的心理。他们幻想自己作恶时力大无穷，被追究责任时又可以逃之夭夭。这既有利于满足损害他人的死本能，又有利于成全自己的生本能。

考虑到乌合之众在感受权力与逃避责任方面存在着 N^2 倍的差距，就不难理解为什么互联网上经常出现群体性围攻和群体性迫害的行为了。

在匿名状态下，个体的一切活动和行为都不被标识，推波助澜是为历史做贡献，一旦酿成悲剧，那也是众人的责任，与自己无关。关于个人担当与集体逃避之间的吊诡，莫泊桑早有论述：一个陌生人喊叫，然后突然间，所有人都被一种狂热所支配，都陷入了同一种不假思索的活动。没有人想要拒绝。一种相同的思想在人群中迅速地传开，并支配着大家。尽管人们属于不同的社会阶层，有着不同的观点、信仰、风俗和道德，但是，他们都会向他猛扑过去，都会屠杀他、淹死他，不需要任何理由。而他们中的任何一个，如果是独自一人，那就会飞奔向前，冒着生命危险去拯救那个他现在正在危害的人。

法国群体心理学家莫斯科维奇同样指出：在一个文明的世界里，民众使非理性得以继续存在。个体屈从于他不能控制的群体情感，就好像我们不能随心所欲地制止一场流行病一样。那些想牵一发而动全身的人，想做大事业的人，就必须求助于人们的感情，像爱恋或仇恨或悔改，等等，而不是首先求助于理解。最好是唤起他们的回忆，而不是他们的思想。在此意义上，所谓“社会感染”亦不过是一种集体催眠的延续。

一个苦难的时代，就是“疯子给瞎子引路的时代”（莎士比亚）。不可否认，网络“匿名专制”和心理学家笔下的“去个性化”一样，都是生成于一个相对封闭的环境，如论坛、广场或者“密谋室”里。当狂热压倒了理智，人们难免会为了一个伟大或崇高的目标而将自己置于一个半封闭的状态。像局限于一个时代的人一样，他们的理智同样局限于现场，受制于周围参与者的赞同，受到一个封闭性环境的支配。

局部真实与格式塔正义

Mssng Lttrs 是两个在字典里查不到的单词。如果是英语国家的读者，可能很快会将它们识别出来。它们是“Missing letters”（漏掉的字母）。人类大脑的一个奇妙之处在于经常会自动填充一些实际上并不存在的东西，以配合最初已经获得或者生成的意义。

对于某个事件的真相，有局部真实和整体真实的区分。不撒谎的人未必不是搬弄是非的人。那些只肯道出局部真相的人，往往在操纵听众的心理。同样的道理，许多聊天截图进入公众视野，由于语境和更多信息的缺失，往往也会起到操控民意的作用。聊天截图不仅具有观赏性，而且像是冻结了时间的信息琥珀，然而它完全可能是一个后期加工的琥珀。

格式塔心理学认为人脑的运作原理是整体性的，在那里整体并非各个部分的总和。一个人对玫瑰的感知，并非只是从玫瑰的形状、颜色、大小等感官信息而来。在意义生成的诸多因素中，还包括他过去所积累的许多有关玫瑰的经验、印象以及偏好。又如，内克尔立方体和鲁宾的

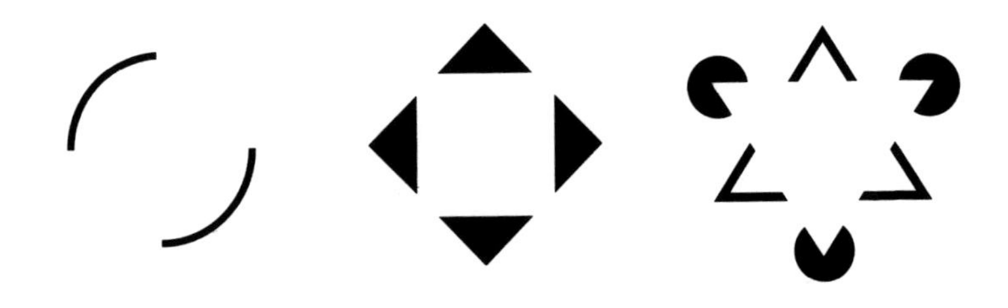

按照格式塔心理学的理论，人们在看到这些图案时会自动“脑补”出完整的形状

面孔所揭示的，这种无中生有的“脑补”甚至秩序的调整既是一种经验的重建，同时也可能是诸多错觉形成的原因。由于大脑的这一特性，人的一生注定很多时候都是在错觉中度过的。而这也在一定程度上解释了人与人相处时第一印象为何重要。所谓“刻板印象”，本质上说也是一种感知填充或者经验完形。

与此同时，大脑具有快乐奖励原则。在模棱两可的情形下，形象之填充或者意义之完成可能会倒向快乐一边。比如，照片上的一位穿着三点式泳装的女子，如果泳装被打上马赛克，那么她就很容易被人想象为一丝不挂。具体到社会生活中，对个人或者群体贴标签，实际上也是一种格式塔心理预设。如果民众认为官员群体是腐败的，那么当一位官员声称自己清正廉洁时，民众尽管对他并不了解，也会偏向于认为这位官员在撒谎。

单维正义的灾难

在电视里看到一只老虎吃掉一头绵羊时，我们会同情绵羊，并认为老虎是暴虐之辈。然而，生活在高草丛中的蚊子和苍蝇并不会这样想。为此，克洛德·爱尔维修曾经做过一个生动的比喻：

> 我们从这头贪婪和残忍的动物身边逃走吧，这个魔鬼会用它贪吃的大嘴把我们，连同我们的城市全部吞掉。它的举动为

> 什么不能像狮子和老虎那样呢？那些仁慈和蔼的动物不会毁坏我们的家园；它们可不是靠我们的血养肥的。它们出于公正来报复罪行，它们惩罚绵羊，因为绵羊对待我们残暴不仁。

这是蚊子与苍蝇眼中的世界。由于利益不同，各物种的“正义观”大有不同。具体到人类生活，每个人或者群体都会为自己的行为标榜正义。个中差别既可能来自对正义的理解不同，也可能只是来自个人经验、情感或者赤裸裸的争权夺利。最糟糕的情形莫过于伏尔泰所谓“人人手持心中的圣旗，满面红光地走向罪恶”。正因为此，对于网络暴力的批评，不能停留于暴力本身。更别说人有意义自我强化的激情，无论是否关乎公正，在内心都会像律师一样巧舌如簧地为自己的言行辩护。

如何区分善恶却非易事。回顾人类历史，正是因为看到了太多“正义的灾难”，诺贝尔经济学奖得主阿马蒂亚·森在《正义的理念》一书中主张，需要允许多种不同的正义缘由同时存在，而不是只允许一种正义缘由存在。单一的维度就像中国人经常批评的“一根筋”。正义应强调公共理性和反思，在“开放的中立性”中寻找共识，而不是寻找一成不变的公理性答案。

第四节　感性的诱惑

时间不一的手表

谣言被认为是世界上“最古老的传媒”，每一次战争同样是有关谣言的战争，最早的信息战也包括谣言。

一个谣言，总是不知从哪儿钻出来，然后开始像病毒一样繁殖，开始扩散，且很快成燎原之势。作为一种社会现象，过去口口相传的谣言在互联网时代得到了强化。制造一则谣言，至少有两个人参与。在特定时候，每个人都可能是谣言的传播者。在网上，即使你只是将这则谣言转发求证，客观上也起到了传播谣言的效果。

真理和谬误会坐上同一辆马车。谣言只是未经证实的消息，但并不意味着假消息，甚至也不必然意味着坏消息。客观看待谣言的人，并不认为谣言所具有的完全是破坏性的或者消极的作用，甚至认为它还是一个社会的黏合剂。有些谣言表达的是一种社会意见或者态度。针对某些人或某些事，人们受制于无法证实而宁愿猜测，不过是采取了一种“不调查也有发言权”的立场和态度。

让·卡普费雷曾对希布塔尼关于谣言的观点做了这样的概括：谣言 =（事件的）重要性 ×（事件的）模糊性。这是一个乘法关系：假如重要性等于零，或者事件本身并非含糊不清，谣言就不会产生了。在事件确定后，模糊程度越高，其传播程度越高。而本文则认为：

$$\text{谣言传播效果}=\frac{\text{重要性}\times\text{模糊性}}{\text{传播者的辨识力}\times\text{权利观念}}$$

重要性

谣言的重要性体现在很多方面：一是和关注者的切身利益相关，人数越多，则越重要。二是和谣言主体的重要性成正比。三是谣言发生的时机。如果相关谣言可能汇入某个重要事件，平时不显眼的传言也可能备受关注。当越来越多的传谣者与信息卷入，谣言就会传播得越来越广。而如果上述重要性渐渐消除，谣言的热度也会渐渐降低。

模糊性：手表定律的破除

手表定律也被称为矛盾选择定律，它指的是当一个人有一块手表时，他可以准确知道现在是几点钟。而当他同时拥有两块手表时，却会陷入选择困境，无法确定。也就是说，两块手表未必能够更准确地告诉一个人具体时间，反而会让看表者感到无所适从。人们感受谣言的传播过程，通常也像是看表确定准确时间的过程。当一则谣言开始传播时，先是有人相信它。待辟谣信息添入后，谣言的真实度开始变得模糊。也就是说，这里的模糊性，关系到最初发布者的信息与随之而来的相关介入者的信息。

当然这并不意味着表越多时间越不准。这里涉及交叉验证的问题。假如暗室里有 10 块荧光表，其中 9 块表指向零点，而另一块表则指向 6 点，大家会宁愿相信此刻时间为零点（或 12 点），而不是 6 点（或 18 点）。而如果此刻有人打开窗子，能够看见外面的夕阳，则前面九块表的交叉验证被推翻，人们会相信最新的交叉验证，即此刻为晚上 6 点。

辨识力：理性的困境与司汤达悖论

客观地说，除了纯粹的恶意的谣言，导致谣言流行的另一个深层次原因，还在于人类理性的困境。即使是一个事件的亲历者，在其回述这个事件时，信息不完整几乎成为一种必然。

一位重要的战争档案学专家曾经这样谈到战争证人的问题："一个事件只持续几秒钟，人的知觉无法像摄像机一样把所有的这些转瞬即逝的阶段记录下来。每个目击者都是凭直觉，用自己的方式将部分记忆下来的事件中的一系列过程补全。他填上空白的地方，并从那时起就忘记了这曾是个空白。他认为自己曾看到过这件事，也真的相信曾经看到过。"[1]

---

1 ［德］汉斯－约阿希姆·诺伊鲍尔：《谣言女神》，顾牧译，中信出版社 2004 年版，第 107 页。

这一现象在该书中被称为“司汤达悖论”。在成为作家之前，司汤达曾经跟随拿破仑在欧洲大陆南征北战，但他自己和《帕尔马修道院》里的主人公法布里齐奥·德尔·唐戈一样，虽然参加了大大小小无数的战争，可对战争实际上又一无所知。“从中午到下午3点，我们看到了所有在战斗中能看到的事，这就是说：什么都没看到。”所谓司汤达悖论，指的是这样一种荒诞的处境，表面上事事亲历，可实际上又什么都不明白，什么都看不到。有关战争的回忆，充斥着各种想象以及“目击证人危机”。而且，叙述越极端，越容易流传。

权利观念 vs 人性变压器

人们常说“谣言止于智者”。如前面谈到，由于理性的局限以及信息在传播过程中可能出现的失真，智者也可能是非难辨。在此基础上，个体的权利观念便显得尤其重要。相同的谣言，相同的信息链条，甚至相同的智力条件下，有的人会带着恶意，在自己不相信的情况下继续传播，有的人则在尊重他人权利的基础上，做到胡适所说的“有几分证据说几分话，有七分证据不说八分话”。

谣言是一种客观存在，贯穿了人类的历史。除了以上所列若干因素，谣言的传播效果还与传播手段以及环境等有关。有鉴于此：1. 为了减少甚至消除谣言的消极影响，政府应该加强对制造谣言者和传播谣言者的惩罚，但是这种“寒蝉效应”不能以削减人的言论自由为前提；2. 谣言不一定会止于智者，但会止于一个开放的信息环境，止于交叉验证；3. 谣言不是网络的产物，网络只是加速与放大了谣言的传播，但这种加速与放大同样体现在辟谣方面；4. 每个人的权利观念不同，甚至优先级也有差别，而人性之幽暗参与进来时，谣言的传播同样具有一定的不可测性。

说人性坏话的新闻

在开始另一段分析之前，不妨先回顾一下人类历史。为什么随处可见的都是黑暗的场景：冲突、流血、暴动、自杀，甚至屠杀……马斯洛曾经这样感慨：所谓人类历史不过是一个写满人性坏话的记事本。而更完整的历史是威尔·杜兰特夫妇在《世界文明史》中所强调的，这世界不只有血流成河。在河的两岸，还有人在生儿育女、谱写诗歌、创造雕塑。

那么新闻呢？只要稍加留意，就会发现很多新闻一样在不断说着人性的坏话：有人贪污了，有人被逼自焚或跳楼了，有人实施绑架或诈骗了，有人发动恐怖袭击甚至战争了……打开网络，天天都有这样的新闻，你难免会心生绝望：这就是我所生存并热爱的世界？打开手机，你会发现这个世界每天都在巨大的危机之中。而公众分成两派，要么过度敏感，要么麻木不仁。而你很不幸，就在两种极端之间颠沛流离。

维克多·雨果曾经说，若无新闻出版，万古如长夜。可为什么越来越多的新闻开始令人生厌？不仅在早些年报纸被人称作“冷酷的新闻纸”，到网络新闻流行时人们更是日复一日受到各类信息的“饱和攻击”。

相对于蒙昧年代，新闻的确有其特殊的意义。新闻及其附属的新闻评论不仅会将诸多议题诉诸公论，提高舆论水平，而且也丰富公众对周边世界的了解。然而时至今日，不得不承认的是，无益于生活的各类信息正在腐蚀人们的生活环境，有的更是一场旷日持久的灾难。每天深陷在各种事件的黑暗料理之中，让人深感疲惫。毕竟生活不是人咬狗，甚至也不是狗咬人，而是绝大多数养狗的人与狗和睦相处。即便你看到的新闻是真实的，但也只是生活的一部分，甚至是微不足道的一部分。

现实生活中一座楼房失火，当相关照片传到网上并且引起热烈讨论时，仿佛整座城市都着火了。甚至有的专家学者所做的日常研究也是局限在这些照片之中，他们忘了镜头之外是无数人安居乐业。如此循环往复，相关极端的声音也会越积越多，原本用于沟通世界的网络在相互理解方面反而筑起了隐秘的高墙。

媒介素养

一方面，互联网像一个全球性的神经网络，牵一发而动全身；另一方面，来自不同渠道的信息已经让这个世界严重碎片化。每一个碎片都可以折射不同的光泽。当你凝视不同的碎片，就可以得到有关这个世界的不同的形象。有多姿多彩，也有垂头丧气。

如何更好地理解平时所接触的信息？这需要有良好的媒介素养。所谓媒介素养（Media Literacy），1992年美国媒介素养研究中心给出的定义是“人们对于媒介信息的选择、理解、质疑、评估的能力，以及制作和生产媒介信息的能力”。这个概念最早可以追溯到英国学者利维斯和汤普森1933年合著的《文化与环境：批判意识的培养》。经过几十年的研究与发展，有关媒介素养教育的一些基本共识包括：媒介信息是对现实的再架构；媒介能够决定人们对现实的认识；受众对媒介信息的接纳是有条件的；媒介信息拥有商业内涵；媒介信息包含意识形态和价值观；媒介信息拥有社会和政治意义；媒介信息的内容与形式密切相关；不同媒介各自拥有独特的审美形式或偏好；对于同样的媒介信息，不同的人会有不同的感受；等等。

简单地说，媒介素养是一种识读能力，它涉及每一个具体的人如何获取、分析、评价和传播所接收到的信息。媒介素养的第一原则是不唯媒体马首是瞻。无论面对怎样正面或负面的信息，无论信息源怎样权威，意义的生成将取决于信息接收者，即最后的解码者。这既要求当事人具有一定的怀疑精神，同时也在信息传播过程中获得主体性，而非信息传播的客体。如果信息接收者在接受信息时完全处于一种被动、填鸭式的状态，那么在信息传播的过程中，个体就会异化为一个管道，实际上是自我物化了。

有良好媒介素养的人会知道，新闻是对现实的“断章取义”，新闻不是生活的全部。而喜欢在互联网上传播谣言或不实之词的人，如果他们有良好的媒介素养，就会认同胡适所说的“有几分证据说几分话，有七分证据不说八分话”。作为前线记者，如果参与危机事件的报道，就知道不应该一味煽情、夸大其词，而是要尽可能多地获取更多信源以平衡报道，并努力接近真相。而对于看到一篇批评报道便想着打压媒体的某些地方官员而言，如果有良好的媒介素养，他们或许有希望学会就事论事。

感性思维与理性思维

几年前的一个秋天，我路过一家书店。书架上摆了一本书，硕大的书名映入眼帘——《摆脱共情》（*Against Empathy*）。作者是耶鲁大学教授保罗·布卢姆，虽然在书中他能自成其理，但是看到这几个字的时候我心里还是难免一震。

然而，我得承认人的感性的确会遇到两难。一方面，人性的光辉深藏其中。没有共情，人类很多价值观都无法形成。另一方面，许多情形下共情会腐蚀道德的根基，包括暴力甚至罪恶在内的东西亦与之相关。布卢姆提出的解决方案是，我们需要摆脱纯粹情绪上的共情（emotional empathy），而应该着力培养认知上的共情（cognitive empathy）。

其中一个非常关键的理由是，情绪上的共情往往存在可识别受害者效应（Identifiable victim effect），而让不被识别的更多人被忽略。极端条件下，可识别受害者效应的本质可描述为“一个人的死亡是一场悲剧，一百万人的死亡是统计数字”。说到底，类似情况的背后是一种“熟人道德”或者“熟人正义”优于陌生人关怀。

然而，重感性而轻理性是人的困境。就像小王子爱上他星球上唯一的一朵花，当感性被唤醒时，“其他星球上的花可能更好”的理性就会被遮蔽了。但几乎所有读者都为故事中的“豢养”一词感动。互联网上热点事件不断，也是因为触发了可识别受害者效应。

人有感性思维，也有理性思维。在两种思维方式中，前者倾向于举例证明，后者倾向于演绎推理。

既然是感性，通常并不需要讲逻辑，它通常由情感驱动，信奉个人的经验主义，强调眼见为实。比如，一个刚刚失恋的女人带着愤怒之情说“男人没一个好东西”。从逻辑上讲，这位女子即使谈过一百场恋爱也是得不出“男人没一个好东西”的结论的。然而人不是机器，如果凡事都讲逻辑，没有必要的感情宣泄，人也会失去生而为人的某种光彩。

与此同时，为了更好地认识社会，使社会得到正常运行，人又不能不仰仗理性的围栏，以避免在大雾时掉下悬崖。它通常由逻辑驱动，重视客观分析与整体推衍，而不受制于言人人殊的主观感受。从方法论上说，这也是科学得以发生的基础。

众所周知，举例证明得出的结论只需要一个反例就会被予以推翻。这就是卡尔·波普尔的黑天鹅理论，就算你看见一万只天鹅都是白的，也不能断定“所有的天鹅都是白的”，因为只要有一只天鹅是黑的，这个结论就会被证伪。同样，罗素也讲过火鸡喂食的例子，一只天天被投喂的火鸡，推导不出隔天可能被拎出去杀掉的厄运。

虽然互联网上并不缺少理性的文章，但在社交媒体占据主流的今天，它们所具备的即时性召唤结构决定了网络上每天都有“感性洪水泛滥”的情况发生。

第四章

无私的世界

如果可能，人人皆可成为暴君。这是大自然留在人血里的光泽。

——丹尼尔·笛福《肯特郡的请愿书》

40 年前，未来学家阿尔文·托夫勒便在《第三次浪潮》一书中，热情地将大数据赞颂为“第三次浪潮的华彩乐章”。如今，随着搜索引擎、数据生成与存储媒介以及云计算的发展，大数据成为炙手可热的话题。网上消费、电子商务、社交软件、物联网以及智能家居等，每天都有海量数据在增长。在这个日益无私的人造的世界，大数据请君入瓮，你正在成为它的一部分。

未来的考古学将会变得无比简单，简单到每个人都可以轻而易举地点开属于我们这一代人的“数据之棺”，包括哪天退了一张船票，哪天买了一盒避孕套。

第一节　大数据请君入瓮

缸中之脑与网中之身

有报道说，意大利是世界上动物权利法施行最严格的国家。之所以出台法律禁止人们用圆形鱼缸饲养金鱼，是因为热心动物保护的人坚持认为这种行为太过残忍——在那里，金鱼看到的是一个扭曲的世界。在《大设计》中斯蒂芬·霍金也谈到，人类可能生活在一个巨大的鱼缸之中，而我们日夜观测到的宇宙，不过是一个基于我们经验的变形的宇宙。

比霍金更早，1981 年思想家希拉里·普特南在《理性、真理与历史》（*Reason, Truth and History*）一书中提出了“缸中之脑”（Brain in a vat）的假想。

“一个人（可以假设是你自己）被邪恶科学家施行了手术，他的脑被从身体上切了下来，放进一个盛有维持脑存活营养液的缸中。脑的神经末梢连接在计算机上，这台计算机按照程序向脑传送信息，以使他保持一切完全正常的幻觉。对于他来说，似乎人、物体、天空还都存在，自身的运动、身体感觉都可以输入。这个脑还可以被输入或截取记忆（截取掉大脑手术的记忆，然后输入他可能经历的各种环境、日常生活）。他甚至可以被输入代码，‘感觉’到他自己正在这里阅读一段有趣而荒唐的文字。”

“缸中之脑”只是一个思想试验。与此有关的思想原型有庄周梦蝶、柏拉图的洞穴寓言以及“笛卡儿恶魔”等。在笛卡儿的怀疑论中，最有名的是做梦论证和恶魔假设。在他看来，仅靠人的感官去触摸世界是不可靠的。譬如，在我们做梦时，我们以为自己身在一个真实的世界中，然而其实这只是一种幻觉而已。

笛卡儿假定这世上有一个恶魔，而不是代表至上真理源泉的真正的上帝。这个恶魔以狡诈手段和欺骗手段来骗人。“我要认为天、空气、地、颜色、形状、声音以及我们所看到的一切外界事物都不过是他用来骗取我轻信的一些假象和骗局。我要把我自己看成本来就没有手、没有眼睛、没有肉、没有血，什么感官都没有，却错误地相信我有这些东西。我要坚决地保持这种想法；如果用这个办法我还认识不了什么真理，那么至少我有能力不去下判断。就是出于这个缘故，我要小心从事，不去相信任何错误的东西，并且使我在精神上做好准备去对付这个大骗子的一切狡诈手段，让他永远没有可能强加给我任何东西，不管他多么强大，多么狡诈。”正是在此基础上，笛卡儿将人的存在寄托于思，包括上述有关梦境与虚幻的质疑。问题是，如果“笛卡儿恶魔”真的存在，那么“我思”也可能变成一种虚妄，在结构主义的世界里，我们用于思考的语言也可能拜“笛卡儿恶魔”所赐。生活在“笛卡儿恶魔”结构之中，不是我们在思考“笛卡儿恶魔”，而是“笛卡儿恶魔”在思考我们。

无论是“笛卡儿恶魔”，还是“缸中之脑”，所有这些假想所拷问和忧虑的都是人是否存在，即你如何担保你自己不是在这种虚幻的困境之中？而这也是电影《黑客帝国》的思想背景，以及它在20世纪90年代轰动一时的原因。

随着数字科技的发展，计算机的确可以制造出虚拟现实。在此，我们暂停讨论上述种种思想实验结论是否真实，而是要面对另一个迫切的问题——互联网是否像一只巨兽，正在以其饕餮之口吞食我们的肉身，让我们的肉身与行为，时刻在上面展现。

卢梭与边沁的子孙不断地推动一个完全透明的世界的到来。大数据分析在很大程度上被用来分析、规训、引诱人的行为。福柯曾经感叹启蒙运动之后人类成为知识的一部分，意味着“人之死”的到来。而现在人继续被物化，变得支离破碎，分尸在不同的数据链条中。福柯看到，大写的主体性的人消失了。亚当没有被逐出伊甸园，而是变成了知识树上的一颗知识果，人成了知识的一部分。而在今天的信息化社会，人正在变成一堆可能有用也可能无用的数据。有朝一日，这个世界会不会像西蒙娜·薇依所担心的那样——“物质的东西在思索，人反而在沦为物质”？

早在20世纪40年代，在《人有人的用处：控制论与社会》中探讨自动化技术的价值和危机时，诺伯特·维纳便指出，以机器之脑替代人类之脑暗藏着某种危险性——将决策权给予无法进行抽象思维的系统是危险的，因为它们将完全从功利的角度进行决策，而不是考虑丰富的人性的价值。

我是谁？

走在大街上，当摄像头对着你的时候你是一堆数据。当你消费完付款走人时，你依旧是一堆数据。有一句话是“大数据比我们还了解自己”。

现代意义上人的主体性包括公域和私域两个层面。一是公民意义上的主体性，二是人的主体性。其所对应的权利，包括公民权与人权。前者是通过签订合约形成的契约权，后者则是基于人的基本需求的自然权利。为了保障社会正常有效地运转，人们不得不作必要的妥协，让渡部分的自然权利，即以人权的牺牲来成就公民权。而理想的状态是，这种牺牲与让渡是为了保障更多的人权。按边沁功利主义（效益主义）的说法，就是以整体上的最大的幸福和最小的痛苦来增进人类的福祉。

现代性像一场大火，它将所有人像野兽一样从古老的森林里赶出来，并且给他们一个公民的公共身份。现在的问题是，所有人同时还要面对技术上的统治，不仅要得到国家的承认，还要得到技术统治的承认。

何夕的科幻小说《我是谁？》所揭示的正是技术统治的困境。当科技时代在未来全面来临时，人类该如何证明“我就是我”？

我是谁？当何夕平生第一次想到这个问题的时候，事情已经很糟糕了。当时他坐在一只乖巧的小圆凳上，并拢在膝上的双手随着膝头一起颤抖。如果他仰起头来，就能够见到七八张凶神恶煞的脸，他们都是保安人员。他们从头到尾就问何夕一句话：你是谁？

“我当然是何夕，身份代码015123711207。”何夕从头到尾也只会说这一句话。他不仅这样说，同时还把衣兜里所有的物品都翻了个底朝天，以此来证明自己的身份。里面有他的名片、他所在公司发的员工证、他的手绢，甚至他的手纸，所有能找到的东西何夕都一股脑地把它们掏了出来，满满当当地摆了一桌子，仿佛是在办杂物展览。

尽管何夕忙了半天才搜出这些东西，但是保安们连看都懒得看一眼。其中一个胖子摆摆手说：“别找啦，这些没用，我问你，你的‘号’哪儿去了？”

于是何夕便立刻像一个泄了气的皮球般瘫软了下来。

是的，何夕的“号”丢了。现在想来他倒宁愿把自己弄丢。不过这实际上差不多，因为没有了“号”也就等于把自己弄丢

了，甚至比那还要糟糕。

——何夕《我是谁？》

故事发生在未来。为了避免身份被偷窃，提高技术统治，政府推出了“谛听”系统，每个人都有一个与其DNA信息相配的唯一号码。在《我是谁？》里，最令人深感恐怖的是，一个人一旦失去了个人识别号码，他不但不能在社会上正常生活，而且连亲人也不能相认。因为对方完全可以猜疑他是冒名顶替者。在这样的情形下，他就只能像外星来客一样让人避之唯恐不及，而且随时可能被当作犯罪分子抓捕。如果说这是技术统治的悲剧，其最根本的原因就在于技术统治吞没了人的主体性，使人变成了技术的附庸。技术统治所带来的危机，从本质上说就是人的主体性危机。当人的承认只能依托于技术，而不是人本身，子宫缩略为人类肉身的制造者，母亲则让位于一堆标准化的数据。而且，还得保证这套系统永远正常运转。否则，说不定什么时候它便会结束某个人的存在。

套用以赛亚·伯林关于消极自由与积极自由的说法，人的存在也可以分为“积极存在”与“消极存在”。当技术统治剥夺了人“消极存在”的权利，当技术的公共性彻底淹没了人的私有性和神圣性，那就意味着技术统治凌驾于一切之上，并且公开宣布了人的终结。

《圆环》中的100分

对于硅谷的乐观主义，许多思想者表达了内心的忧虑。除了对技术本身保持谨慎的态度，他们对可能不受约束之权力同样有着天然的敏感——如果苹果、谷歌等巨型公司变成邪恶力量怎么办?

从很早开始便有人指责乔布斯像暴君一样管理自己的公司。这或许可以归咎于乔布斯的乌托邦情结。他希望在技术上建立自己的王国，而苹果公司最初的成功也在很大程度上得益于具有一定封闭性的社群主义。而现在，当这家全球最大市值公司可以呼风唤雨时，原来的封闭不再保持某种独立性，更构成了对其他市场力量的巨大压迫。在这场数字革命中，苹果公司取代20世纪的蓝色巨人，成为21世纪的“老大哥”。

这样说不是断定苹果公司在法律意义上已经变质，而是指作为一家巨型公司，它已经具备作恶的潜力和可能。曾经，乔布斯留给世人的是苹果产品简洁而惊艳的美感，而现在，仅其对上架App商店的产品收取30%的高额平台费一事，就足以表明苹果公司已何等贪得无厌。更别说那些在暗中进行的事情，如强制报废旧手机，有毁坏他人私有财产之嫌的“降频门”丑闻，以及可能暴露用户隐私的后门。

几年前，戴夫·艾格斯的《圆环》（*The Circle*）引起轰动。这部小说尖锐地讽刺了硅谷的互联网公司如何蜕变为独裁者，所要回答的仍是一个古老的问题——如何把同时具有作恶可能和作恶能力的权力关进笼子。

故事发生在未来。主角梅是个不谙世事的年轻人，她有幸在圆环公司上班。这是一家非常强大的科技公司，用户用一个账号登录后就可以得到搜索、购物和社交一站式服务。在某种意义上圆环公司可以说是今日谷歌、苹果和脸书等巨无霸企业的“邪恶混血”。

梅的第一份工作是客户服务，主要是回答用户的问题，然后获得用户的满意度评分。梅的第一个客户给她打了 99 分，上级对她的回馈却是“为什么不是 100 分呢”。这与其说是苛刻，不如说体现了某种完美崇拜。为防止社会堕落并减少犯罪，圆环公司高层主张一切透明化。它不仅掌握了所有用户的信息，而且把摄像头安装到了社会的每个角落。给孩子身上植入芯片，是为了防止他们走丢；给议员装上微型摄像头，这样全世界都能看清他们的一举一动……而且，没有一个人认为这是在作恶，因为圆环公司有一个伟大的梦想，那就是让世界变得更加美好。为了迎合这个梦想，梅也将自己完全透明化，只有上厕所的时候才把摄像头关掉，不过时间仅限两分钟，以免让观众担心。

《圆环》里的世界很容易让人联想起《1984》。在那里，“老大哥”监视一切，奴役一切。不同只在于，奥威尔笔下的极权是基于不受约束的政治力量，而《圆圈》所要批判的是不受约束的资本与技术的力量。圆环公司迎合了网民凡事“免费”的激情，而网民也积极配合，全无防范地将自己的隐私等权利交付出去。

《1984》的三大著名口号是“战争即和平”“自由即奴役”“无

知即力量”，《圆环》取而代之的口号是“共享即关怀”“秘密即谎言”“隐私即盗窃”。圆环高层试图消灭一切隐私，他们由此相信人类迎来了第二次启蒙运动，“在这个新时代里，我们不会允许人类大多数的思想、行为、成就和知识流逝，就像从一个漏桶里溜走”。换句话说，在那个世界里隐私不再与人的权利有关，而是必须成为人类掌握的无穷无尽的知识。以人为矿，掌握了海量数据的圆环公司也因此变成了地球上的全知全能的掌权者。

有分析认为，《圆环》捕捉了高科技公司的两种典型特质：一是毫无节制的乐观；二是不理解新科技给现实世界带来的后果。因为高科技界沉浸在他们的乌托邦激情当中，他们从来没有见识过失败，也永远不必应对硅谷之外的世事。

白墙：被驱逐的诗意

技术进步不会消灭腐朽，只是让腐朽变得更精致。20 世纪 80 年代，特瑞·吉列姆执导的反乌托邦电影《巴西》（*Brazil*）为观众呈现了一个靠技术与表格支撑起来的极权社会。在那里，表格就是结构。表格不仅可以安排人的命运，还会让人成为表格的一部分。

虽然电影令人窒息，片名“巴西”则或多或少包含了些希望。它源于一首名为《巴西的水彩》（*Aquarela do Brasil*）的歌，英文中简称为“巴西”。背后的故事是，有一天吉列姆路过某个海边，当时天气不太好，他看到一个男人独自坐在海滩上，正用立体音响听着《巴西的水彩》。吉列姆被这位男子无视“逆境”的场景迷住了。此后，这首歌也作为音乐元素被用在了那部电影里。而作曲家创作这首曲子的初衷也是“将桑巴舞从生活的悲剧中解放出来”。

语言是人类精神的家园，而且诗意往往建立在语义的模糊性之上。与此相比，计算机语言追求的是精确。而越是精确的语言，对人的奴役就越深。尽管在结构主义者那里，人们日常交流的语言也构成了对人的奴役。这是人使用工具的某种宿命，人是注定要部分接受奴役的，当然很多时候这也是希望之所在。因为有地心引力，所以我们可以在陆地上修建屋舍，安心生活。如果鱼的境遇是必须在水里才能生活，那么它们就不会渴望拥有挣脱江河湖海的自由。

GIGO 是“Garbage in，garbage out”的缩写，意思是“垃圾进，垃圾出”。在计算机科学中，如果将错误的、无意义的数据输入系统，系统也一定会输出错误的、无意义的结果。这是真理的世界。而恰恰是在“真理的世界”里人被彻底物化了。当人不得不生活在真理的表格之中，人不仅要服从真理，还要成为真理评判的对象。当真理与人同构，一个人与真理保持一致时他是人；一旦偏离了真理，那么他就会变得既非人也非真理。然而，人终究是要靠意义而非真理生活的高级动物。即使一个人声称愿意为真理粉身碎骨，那也是他在寻找为自己安身立命的崇高意义。

死亡是人必须面对的必然性，它是真理。而人的一生所要面对的却是偶然性，只有偶然性才能够给人自由。如果世界被裹在必然性的怀抱里，人不仅失去了生存的意志，也失去生命的自由。正如陀思妥耶夫斯基写在《地下室手记》中的感叹：如果到处都是真理的白墙，只有“2+2=4”，这样的世界是不值得留恋的。换言之，对于个体而言，除了要有《1984》里所缺少的说出“2+2 = 4”的自由，还要有《地下室手记》里可以接受“2+2 ≠ 4”的自由。

在《人有人的用处：控制论与社会》中，维纳感叹当年纳粹的虚妄。法西斯主义者希望根据蚁群社会的模型建立起国家，然而他们对人和蚂蚁实在是都不了解。第一，毕竟人有学习和不断否定的能力，而蚂蚁没有，那样的社会不可能适合人类。第二，把人当作材料组织成一个蚂蚁式的国家，也是对人性的贬损。[1]当拉·梅特里声称“人是机器”的时候，他没有料到200年后人连机器都不是，而只是机器中的一个零件。当体制让人失去了可以选择的自由，这也意味着对人的去责任化，至少很多人会这样以为，正如阿道夫·艾希曼在耶路撒冷为自己所辩解的那样。

人，并不永远生活在真实之中。1969年，德国作家尤雷克·贝克尔出版了小说《说谎者雅各布》。故事发生在1944年德国纳粹占领下的波兰，这里的大部分犹太人已经被送往集中营，而雅各布·海姆和留下的为数不多的其他犹太男人也被强制集中起来为德军卖苦力。这是一个被自杀的绝望所笼罩的封闭社区。一次偶然的机会，雅各布在德军办公室的收音机里听到有关战争的消息。为了让周围的同胞活下去，他开始编

1 ［美］N·维纳：《人有人的用处：控制论与社会》，陈步译，商务印书馆2014年版，第44页。

造苏联红军正在靠近集中营的谣言。很快，雅各布的几克消息造出了一吨希望。正是这一系列的谣言让该犹太社区重新运转起来。以前的债务又开始生效，并通知延期；姑娘们的婚礼将在新年前一个星期举行，自杀的人数降到了零。在这部小说中，虽然谣言里的内容是假的，但人们根据自己所赋予的意义去生活是真的。

第二节　知情权的边界

知情权与隐私权

知情权（Right to know）这一概念广为人知是因为 20 世纪 60 年代美国的劳工运动和环保运动。最初人们所追求的主要目标是个人有权利知道自己日常生活里接触到哪些化学药剂等，由此渐渐发展为社区知情权（Community Right to Know）和职场知情权（Workplace Right to Know）。与此遥相呼应的是，早在 1946 年联合国大会就通过决议，将知情权列为基本人权之一。

公民有权利了解政治如何运行以及与个人生存和发展息息相关的数据。从建设透明社会的角度而言，知情权是舆论部门及时报道新闻事件的法律依据和事实依据。由知情权而产生的信息增量既可以为民众消除不必要的恐惧，同时也可以实现对相关利害群体或者机构的监督。

然而，任何自由权利都有其不可逾越的边界。与知情权对应的权利就是隐私权。前者主张的是尽可能多地了解，而后者则为保护个人信息筑起高墙。二者之间的冲突时有发生。一旦进取的知情权越过隐私权保守的这道高墙，知情权便有可能不再作为一种权利存在，而是作为一种进攻的武器被兜售。

单向透明

在联合国颁布的《世界人权宣言》中，关于隐私权的第 12 条是这样界定的："任何人的私生活、家庭、住宅和通信不得任意干涉，他的荣誉和名誉不得加以攻击。人人有权享受法律保护，以免受这种干涉或攻击。"由此可见，隐私权是一种普遍的人权，对于任何人都适用。

作为一种法律上的权利，隐私权的概念一般被认为源自美国两位法学家路易斯·布兰代斯和塞缪尔·沃伦在 1890 年《哈佛法律评论》上发表的著名论文。该文将隐私权界定为一种免受外界干扰的独处的权利（right to be alone）。美国侵权法中有关侵害隐私权的类型主要包括：不合理地侵犯他人的隐私；窃用他人的姓名或肖像；不合理地公开他人的私生活和公开他人的不实形象。

与隐私权对应的是知情权。为了更好地平衡两种权利，必须遵守公私分明的原则，即在公域坚持信息公开，而在私域着力于隐私保护。如果权力不受约束，而私权不被保护，这种单向透明显然有悖于现代政治伦理。互联网时代，出于技术上的原因，这种单向透明同样可能出现在普通人之间，正如黑客可以远程进入个人电脑，偷窃甚至公布里面的所有信息。在电影《解除好友：暗网》（*Unfriended: Dark Web*）中，黑客组织的犯罪分子将一个人吊死后，甚至可以通过远程操控，代替受害人在家中的电脑上写下遗书。此时，受害者不仅被谋害了身体，同时被谋杀了精神。

并非所有人都赞同隐私权保护，在为政府监控辩护的声音中，最具代表性的是“无所隐瞒论”（Nothing to hide argument）。美国政府在进行大规模监控时也喊出了类似“If you’ve got nothing to hide，you’ve got nothing to fear”（无所隐瞒，无所畏惧）的口号，就像中国人常说的“人在做，天在看”“白天不做亏心事，半夜不怕鬼敲门”。而如果拿这两句俗语为监控辩护在逻辑上也是说不通的。前一句是“天在看”，而非“人在看”；至于后一句，保卫隐私权的目的是人人有权利关上自家的房门，而不是保证自己不做亏心事。

“我光明磊落，没有什么隐私需要保护的”，这是“无所隐瞒论”者最常见的腔调。显然这些人所考虑的并非普遍性的权利，而是从自己“隐私的贫困”或者“隐私的无畏”中推己及人。这个有罪推定的逻辑是，如果我没有什么隐私需要保护的，那么别人要求保护隐私便是在遮掩自己的污点。这是一种“自恋型厌弃”——凡自己不在乎的事情，别人的在乎是没有意义的。同样的逻辑，当他认为言论自由不重要时，别人说话的权利也是应该被剥夺的。

2018 年 3 月，社交网站脸书超过 5000 万用户的信息被泄露。用户日常的网络社交行为中，会产生大量的个人信息。包括社交关系、地理位置、日常活动等。当社交应用对这些数据库进行挖掘，它们就成了可以变现的数据矿藏。不法之徒贩卖个人信息，在某种意义上说，无异于“破碎的贩奴运动”。

电影《楚门的世界》中的荒诞早已人尽皆知。纪录片《同卵陌生人》（*Three Identical Strangers*）则为观众还原了一个真实的故事。1980 年，一则三胞胎团聚的新闻轰动了整个美国。他们分别来自不同的家庭，这次相认完全是偶然。后来，他们才知道从各自被抱养的那天开始，就被当作小白鼠观察了 19 年。这是路易斯・怀斯领养机构与美国精神分析学家彼得・纽鲍尔团队的秘密合作，研究者将若干遗弃的双胞胎或多胞胎送往不同家庭抚养，试图分析先天基因与后天环境在孩子成长过程中哪个更具有决定性影响。由于相关档案要到 2066 年才能被解封，对于这起窥视并操控他人人生的冷血试验，公众仍然知之甚少。纽鲍尔的助手，曾经参与当年研究的劳伦斯・铂尔曼在访谈中回顾这个试验时仍掩饰不住内心的兴奋，因为可以透过“上帝视角”去旁观并操控受害者的命运。

人肉搜索

2006 年，发生在中国的“铜须事件”引发海外媒体的严重关切（类似事件和后来相比已是小巫见大巫了）。当时《纽约时报》《国际先驱论坛报》《南德意志报》等欧美报纸，相继刊发报道，质疑中国网民的做法是对个人权利（隐私权、情感和生活方式选择权等）的严重侵犯，而《国际先驱论坛报》用“以键盘为武器的中国暴民”为题，指责这种“暴民现象”。

事情的起因是，一位网友声称自己的妻子有了外遇，并在网上公布了妻子和网络情人“铜须”的聊天记录。随后，许多网民加入这场“铜须讨伐战”中，甚至有人表示要“以键盘为武器砍下奸夫的头，献给那位丈夫做祭品”。一时间，“江湖追杀令”再现网络，在天涯社区更有网友发布“铜须”的照片和视频，呼吁各机关团体，对“铜须”及其同伴甚至所在大学进行全面抵制，要求“不招聘、不录用、不接纳、不认可、不承认、不理睬、不合作”。至此，“铜须”及其家人的正常生活受到严重干扰。结合近几年来声势浩大的网络运动，有媒体慨叹“在网上没有人知道你是条狗”的时代一去不复返了。

生活在21世纪的中国，很难想象当某位悲情丈夫通知同住一个小区里的居民自己的妻子“偷情”时，会引起如此轩然大波。相信无论是小区的物业，还是住在隔壁的邻居，都不会如此满大街找人或张贴公告“追杀奸夫”。然而同样的事情，为什么会在网络上引起如此声势浩大的“网络讨伐”运动？此前，重庆有位“小马哥”因为一句“貌似汉奸”的话而被愤怒的网友声讨，最终在各地网民全方位的“匿名恐吓”下失去了工作。

《搜索》是2012年上映的中国电影。该片以公交车上的一次不让座事件为引子，讲述了当事女主人公在罹患绝症的情况下，因新闻报道和人肉搜索面临全社会舆论的鞭挞和指责，随着真相逐渐浮出水面，其展现的蝴蝶效应最终改写了被卷入其中的多个人的命运。

中文语境下的“人肉搜索”实际上包含两层含义：一是 manhunt，即寻人；二是 doxing，指的是未经他人同意发布涉及个人隐私的信息。它是以互联网为介质，以查找人物或者事件真相为目的，广泛动员网民参与的运动。而之所以在“搜索”前面附着“人肉”二字，是为了表明在相关搜索运动中人工的介入起了极其重要的作用，以此区别于基于算法的网络搜索。

人肉搜索之所以发生，通常是有一个负面的事件或者传闻出现，由此引起部分网民的好奇或憎恨，在少数人列出相关线索后，引来更多网民响应和卷入。后来者借助互联网以及线下人际关系等手段找出更多资料，并将之陆续张贴于网上。总体来看，人肉搜索有以下几个特点：

1. 它是基于第三方惩罚，依托并发酵于互联网的群众运动；

2. 搜索者对相关当事人的隐私权往往采取无视的态度；

3. 搜索者的主要目的是对相关当事人或者事件进行网络起底，寻找真相；

4. 参与搜索的人员良莠不齐、各怀心事，以及信息在挖掘、传播过程中的作伪与失真，有可能造成谣言的流行；

5. 考虑到搜索动机中的道德激情和日常偏见，人肉搜索也可能暗含着某种“先定罪，再找证据”的隐性暴力；

6. 由于网民广泛参与，人肉搜索有时会造就“网红”现象，而被搜索者也可能因为“一个面对一群”的互联网审判面临巨大民意压力。

我无意否定追寻真相的意义，而是想努力说明以下事实：当一个社会的道德激情和知情权扩张到不受约束的地步，可能造成一群人对任何一个人的碾压。在那里，弱者不是一个人，而将是所有人。

第三方惩罚与私刑扩张

“路见不平一声吼，该出手时就出手。”这句歌词歌颂的是水泊梁山上的英雄好汉。有时候他们是以第三方惩罚（third-party punishment）的面目出现的，如鲁提辖拳打镇关西；有时候则只是打家劫舍以自肥。

社会学意义上的第三方惩罚通常是指在社会环境中，由第三方实施，客观上可能提高群体利益的惩治性行为。简单地说，当A损害B的权益时，与A和B都不相关的第三方C站出来对A进行惩罚。

有研究者甚至声称，第三方惩罚乃人类独有之特征。互联网上最常见的事情是，但凡有引人注目的不公出现，便会有许多无利益相关群体挺身而出，对作恶者口诛笔伐。相较那种“事不关己，高高挂起”的态度，第三方惩罚通常会受到鼓励，而介入的第三方也会以正义的化身自诩。在惩恶扬善的前提下，它的确可以促进人类的团结与合作。毕竟，“路见不平，拔刀相助”既体现了一个人对另一个人古老的同情心，也与守卫共同底线和命运有关。在独裁者博弈（Dictator Game）中，有第三方介入，独裁者在分配财物时就不会选择独占。除此之外，有第三方在场，除了有可能的惩罚外，“观众效应”也会在一定程度上约束有悖常理者的行为，或者让人显得更慷慨，以获得精神上的满足。而这也是第三方惩罚与复仇博弈中的第二方惩罚不同的地方。

互联网上不乏急公好义之士，他们的积极介入对于社会道德的形成有一定的积极作用。然而社会也并不那么纯粹，伸张正义与蓄意迫害之间常常只有一纸之隔。当正义的激情穿破法律与道德筑起的高墙，第三方惩罚也可能作为暴民自我宣泄的出口，成为一种改头换面的私刑。当一个人在公交车上偷了钱包，其他愤怒的乘客将他活活打死；当一个人的婚外情在网上曝光，人肉搜索逼得他无处容身、生无可恋……类似行为不但不能提高人类的合作水准，反而会把人群撕得四分五裂。

第三节 被遗忘权

隐逸的激情

《海上钢琴师》（*The Legend of 1900*）以绝妙的隐喻描述了人的故土难离。主人公1900原本是被扔在“弗吉尼亚号”蒸汽客轮钢琴上的一个弃婴，偶然被船上的矿工丹尼发现，那天正好是公元1900年的元旦。若干年后，1900成为这艘轮船上的钢琴师，虽然他的技艺早已闻名遐迩，也曾经历过爱情的诱惑，不过他从来没有下过船。他畏惧大陆，在那里他将面对茫然无边的选择。而在“弗吉尼亚号”客轮上，他不需要选择，只需要带着钢琴生活。影片以某种意义上的悲剧结尾。由于年久失修，这艘船被炸毁，而1900因为拒绝下船而选择与船同沉。

很难说1900一生中最大的激情是什么，有一点却可以肯定，对于花花绿绿的世界他是拒绝的。他更向往的是内心的安宁，那是一种不被各种纷纷扰扰搅乱的岑寂。正如隐私权最初被理解为独处权，一种不被他人打扰的权利。大凡人类所主张的权利，都深植于人性，而人有隐逸的激情。当一个人被毫不知情地投到滚滚红尘而厌恶滚滚红尘，隐逸是他在自杀之外最折中的选择与逃跑方式。

“贤者辟世，其次辟地，其次辟色，其次辟言。”（孔子）“道不行，乘桴浮于海。”（孔子）“穷则独善其身，达则兼善天下。”（孟子）“人生到处知何似，应似飞鸿踏雪泥，泥上偶然留指爪，鸿飞那复计东西。”（苏轼）“静坐听落叶，孤屋即出家。”（良宽）“只有当我孤身一人，我才真正地生活。只有当我孤身一人，我才与自己同在。只有当我孤身一人，我才离上帝更近。”（保罗·朱斯蒂亚尼）……无论东方还是西方，具有类似隐逸偏好的文字随处可见。20 世纪 60 年代在美国曾经盛极一时的“垮掉的一代”也被称为“避世运动”。

现代医学与精神病学发展以来，为了扩大各自的势力范围，正在试图将隐逸的激情纳入疾病的范畴。这是一种想把所有人放到医用显微镜下的激情。在他们看来，隐居不是一种选择，而是一种疾病，譬如所谓逃避型人格障碍。这些人忽略了一个事实，越是内心强大的人，往往越有自己完整的意义系统，不必外求于世。

巴尔扎克曾在《隐居生活的乐趣》（*Les plaisirs de la vie retiree*）一文中这样揶揄：“独处很美好，但你需要有人来告诉你：独处很美好。”虽说不无嘲讽，但也从另一方面说明隐居并不意味着人与人之间断绝情感的交流。同样的道理，一个人重视自己的隐私权，不是要将世界隔绝于家门之外，而是要保持自己生而为人的完整性，即有些事物可以交换，有些品质难以让渡。

与此同时，当一个人从一个地方搬到另一个地方，这种变相的隐逸也意味着他对某些不幸与痛苦的逃避。然而，互联网时代已经打通了时空边界。过去曾经伤害过一个人的信息，当他搬到另一个地方，这些信息仍将继续伤害他。互联网无远弗届，当他在客厅里看到这些信息，这些信息就在客厅里；当他在卧室里看到这些信息，这些信息就在卧室里。如果他要网站删除他人针对自己的恶言恶行，除非有法律切实地保卫“被遗忘权”，否则他就只能是自取其辱。

电子大字报与节日风景

晏阳初曾经将“免于愚昧无知的自由”视为“第五大自由”。几十年后，索尔仁尼琴还注意到另一种自由：“除了知情权以外，人也应该拥有不知情权，后者的价值要大得多。它意味着我们高尚的灵魂不必被那些废话和空谈充斥。过度的信息对于一个过着充实生活的人来说，是一种不必要的负担。”

《1984》里无处不在的“老大哥”早已令人生厌，如今同样令人生厌的是各类信息抓取无孔不入，人变成数据食物链中的一环。当好事之徒将一个人的隐私搬到网上，制造出让人围观的热点事件，在被无数次粘贴、转发之后，那些隐私便会永久地留在网上。在过去，具有人身攻击意味的“大字报”会消失于风吹雨打，字面上的侮辱与损害也随之消匿；电视、广播也没有唾手可得的搜索功能，而现在互联网上针对个体的信息不仅能够被分散存储，而且随时会被搜索汇总。

在泄愤式的价值观面前，“一个人的权利算老几？”无论是搭了个草台班子的“总编辑”，还是血脉偾张的言论个体户，都像极了某些在特殊时期被赋予特殊权力的小区保安，一时间把鸡毛当令箭，完全不顾具体情况与基本人权，更不知“被遗忘权”为何物，只顾以记录的名义在网站上高悬对他人的侮辱与损害。似乎这样就可以拿住了正人君子或熟人的命脉，而他们在道德上高人一等，全然忘了自己同样犯下的阿伦特所说的“平庸之恶”。而这种“平庸之恶”也是他们曾经装腔作势反对的。

若非有朝一日这些人遭遇类似网络暴力的痛苦，则不能体会当事人的感受。毕竟在他们眼里，只要绳子套在别人的脖子上，就不过是一道节日的风景，而他们只需要备好蔬菜和小板凳就可以了。

数据食物链

被记住与被遗忘都是人的精神要求，区别只在于具体情境。

早在 1995 年，欧盟便已经在相关数据保护法律中提出了“被遗忘权”（Right to be Forgotten）的概念。这一人权观念一直延伸至网络。2014 年 5 月 13 日，欧洲法院裁决，当个人资料显然已过时且不相关时，民众有权行使“被遗忘权”，要求移除自己负面或过时的个人身份资讯搜寻结果。没有不受约束的公共言论，而能平衡言论自由的，是言论责任。

遗憾的是，这一人权观念并没有得到美国司法部门以及包括谷歌在内的许多网站的支持。那些困在痛苦深渊中希望被遗忘的人，在他们试图逃脱谷歌等恐龙的饕餮大口时，一次次失败的诉讼无非是让自己变成更多的数据，供养那条食物链。

与此相关的另一条新闻是，2016 年，一名意大利女子请求删除自己被人上传的性爱视频，法院支持她的“被遗忘权”，却要她支付 2 万欧元的诉讼费用，这成了压倒她的最后一根稻草。在众人持久的嘲笑声中，该女子最后选择自尽。

2018 年，欧盟一般资料保护规范（GDPR）执行，被遗忘权在世界舞台上正式有直接的法律基础。GDPR 亦影响了之后的各国法令，如 2020 年开始执行的美国加利福尼亚消费者隐私法案（California Consumer Privacy Act），被遗忘权也被纳入其中。虽然日本和巴西偶有受害者争取被遗忘权胜诉的例子，而网络上无数网站靠着售卖“人血馒头”维持自己的权力与利润。

数据木乃伊

什么是“盗墓伦理”？曾经看到一篇文章，讲的是盗墓需要合作。

如果两个人一起去盗墓，一个下到墓穴，另一个守在洞口的“财帛动人心”，将前一个害死，独吞宝物、落井下石，实有悖于“盗墓伦理”。

盗墓一直流行。许多针对墓葬的考古本质上也是一种盗墓行为，只是大张旗鼓，盗的含义消隐，取而代之的是科学研究。也是这个原因，墓葬考古学家也时常被人揶揄为“盗墓科学家”（Tomb Raider Scientist）。有关他们的职业伦理的考察是根本性的，即死者的墓穴该不该挖。

一旦有冤难伸，中国人常常会对仇敌说“我做鬼也不会放过你”。而考古学家的狠，是对素来无冤无仇的人说“你做鬼了我也不放过你”。虽然人类遗骸可以带来一些原本消失在历史长河中的故事，但越来越多的人正在要求考古学家让先人们安息。而在考古学家那里，虽然他们声称自己是死者的代言人，他们的科学精神实际上只是将那些人骨当作物证，它们与黏土碎片和石碑并无区别。地底的遗骨像时间胶囊一样保存着过往时代生活的细节，这是考古学家们需要探知的。

徘徊于逝者安息与生者好奇之间，相关争执已经持续多年。其本质问题仍是何谓人之尊严。那些考虑实行火葬的人，算是对此免了后顾之忧。

有一种“盗墓”行为却是发生在遗体安葬之前。2018 年，路透社的一篇文章揭露了一桩丑闻。因涉嫌在加拿大和中国香港出售腐烂人体部件而受到联邦调查局（FBI）调查的 MedCure 公司以及另一家名为 Science Care 的公司，通过向临终关怀疗养院和退休人员疗养机构招募遗体捐献人来招徕生意，中间商提供的一个诱惑是以捐献遗体换取免费的火化服务。路透社记者看到的文件显示，从 2012 年到 2016 年，MedCure 公司向荷兰运送了价值 50 万美元的身体部件。Science Care 公司涉嫌在海关文件中瞒报人体头部的真实价格，在美国的真实市场价值为 500 美元的一颗人头，其宣称仅为 25 美元。

从某种意义上说，日常的个人信息倒卖像是非法出售一件件破碎的身体。而大数据时代的到来意味着他们生前所有的私人信息都将被留在历史的长河里。在一个人无法为自己言说的时候，他的骸骨虽然不再有机会被挖出来展览，但他被人截留下来的“数据木乃伊”，却随时可以被人解剖与参观。U 盘里装着你的骸骨，世界的本源就是一堆数字，而你就在其中。遗忘的灰尘将不再掩埋任何人，而尊严这个词或许从来就不存在。

第四节　重返全景监狱

监视资本主义

乔治·奥威尔所恐惧的是政治意义上的“老大哥”。在《1984》中的大洋国，人们不仅失去了自己的语言，也失去了私人空间。自我被驱逐，甚至连性爱都是一种思想罪。而今天，“老大哥”（big brother）仍在看着你，同时又有无数的“老大姐”（big sisters）加入了监视的阵营。而且，这是一个复数的“老大姐”。

2017 年，剑桥分析公司丑闻让脸书公司陷入漩涡，但脸书只是众多监视用户的企业之一。在此之前，哈佛商学院教授肖珊娜·祖博夫称今天这种商业模式为“监视资本主义”（surveillance capitalism）。这是由超级公司主导的社会革命，通过大规模地改变人们的实际行为，重新建构出社会真理和权力话语。它起源于互联网，并在人工智能和大数据技术的帮助下飞速发展。

“资本主义被一个利润丰厚的监视项目所劫持，它颠覆了关系到资本主义的历史成功‘正常’的进化机制，腐蚀了持续了几个世纪的供给和需求的统一……监控资本主义是一种新的经济突变，它由数字化的极端冷漠的巨大的力量，金融资本主义的内在自恋，及其至少30年来主宰着商业的新自由主义视野（特别是在英美经济体），几者秘密耦合孕育而来。这是一种前所未有的市场形式，在非法的空间生根和繁荣。它在谷歌首先被发现和加强，然后被脸书采用，并迅速扩散到互联网。”

按照祖博夫的说法，比起谷歌等公司的作为，政府监控现在已经显得不足为道。脸书和谷歌以提供免费服务的形式来换取你的数据，而我们不会对搜索引擎说谎。在这个异化的市场中，不管是个人、团体、机构，还是事物的行为财富，都能被自由买卖。而资本主义的本质性在这个过程中也随之转变：从产品和服务利润，到投机买卖利润，最后到现在的监控利润。它监控的不只是人的隐私，而且通过监控人的行为获利，甚至修正人的行为，完成对自我的剥夺。“监控资本将远超传统机构对于涉及隐私企业的界定。它不仅集聚了监控财产和资本，还包括了权利。最终，监控资本聚集了一个深刻的反民主力量，足以从上层开始进行颠覆：这不是政变（coup d’état），反而更像是‘海员哗变’（coup des gens），一次人民主权的瓦解。它挑战了自主决定的原则和实践——包括精神生活、社会关系，以及政治和管理——人性因此饱受折磨和牺牲。”[1]

1 https://www.faz.net/aktuell/feuilleton/debatten/the-digital-debate/shoshana-zuboff-secrets-of-surveillance-capitalism-14103616.html.

而其他公司也在不遗余力地搜集数据，正如一位业界人士所说："多数美国人意识到，有两种人群在这个国家旅行时会受到不间断的监控。第一种是那些根据法庭判决，在脚踝上绑着跟踪装置，被迫接受监控的人。第二种则包括了所有其他人……"如今，整个行业比你想象的更加毛骨悚然。美国销售用户数据的企业有 2500 家到 4000 家，大部分公司的名字你可能听都没有听说过。这些公司在你我不知情或未同意的情况下将数据出售给任何愿意付费的人。

如萨特所说："当接触是不可能的情况下，窥视的欲望就占了上风。"另一种实情是：一旦有了接触，窥视就变得无孔不入。渡边淳一的小说《紫阳花日记》讲述了一个有关"窥私"的故事：妻子监视丈夫的行为，丈夫偷窥妻子的日记，而读者对这对夫妻中年生活的"偷窥"欲望让这本书销量达到数百万册。而现在只要一个摄像头、一根网线就可以完成一切。

换句话说，与"监视资本主义"同行的，还有"监视个人主义"。人网恢恢，最后形成一种集体的全覆盖的窥私场景。而且，因为有利可图，很多人也在积极配合，参与其中。窥私让观看者获得了某种安全感和控制欲。而隐私变成消费品，以一种完全失控的方式进入流通领域。

透明性：卢梭的门徒

人类对透明性有一种不可救药的执念。为了知道自己从哪来，或往昔有何特征，于是有了各种掘墓式考古。同样，为了查明案情，警方在必要时还需解剖尸体。所有这一切能够正常展开，实际上是因为死人丧失了隐私权。

卡夫卡说："我害怕黑夜，害怕没有黑夜。"互联网时代，隐私权正在变成一种不合时宜的权利。谷歌公司前首席执行官埃里克·施密特曾经表达过一个令人震惊的观点："如果你有什么事情不想让任何人知道，也许一开始你就不应该去做这件事。"而在电影《圆环》里，这几乎是一个共识。当然这很荒谬。相信即使是施密特本人也并不认为他自己可以成为一个彻底透明的人，生活中没有一点隐私。然而，同时不得不承认，透明世界是许多追逐理想者的政治乌托邦。在那里，阳光普照大地，人性中没有一丝黑暗。这个想法多少有些不切实际，没有谁可以将全世界搬进正午的广场。

今天回过头看古希腊直接民主与罗马共和主义，两者都有对人性的防范，前者信任多数人的道德激情，而后者看到了人性中的黑暗，因此试图以"突出权利，制衡权力"的混合政体加以协调。

尽管马基雅维利因为《君王论》而饱受后世非议，但他承认"公域"与"私域"的分野，以及国民私人生活的重要性。冲突只在于马基雅维利将集体利益和国家利益置于个人自由之上。而卢梭对"私域"差不多完全持否定立场。既然社会的不平等与人的异化是苦难的根源，卢梭希望人们能活得独立和透明，而只有人民"公意"（la volonté générale）才能引导人们走向幸福和自由。也正是在此基础上，卢梭主张人民主权和直接民主，而英国的代议制则意味着某种腐朽，因为“仅仅在选举议会代表时才是自由的。代表一经选出，平民就被奴役，一文不值”。尽管在历史与现实中的确有许多类似假民主的问题存在，但是卢梭忽略了另一个事实，即“多数人暴政”对民主价值本身的破坏，而这也是当年托克维尔与麦迪逊等人的忧虑所在。

就可能形成的政治压迫而言，卢梭的“公意论”之所以比马基雅维利的“君王论”走得更远，与他自己的社会契约论之观念有关。卢梭的社会契约论名义上是“社会契约”，实际立足点是“国家契约”，即国家一旦建立起来，就有塑造国民的任务。在那里，“公意”渐渐成了国家的意志主导一切，不仅压倒人的身体，而且压倒人的灵魂。这也是卢梭和洛克、伯林、萨托利等人的本质区别。在洛克那里，社会契约是在完全自愿的前提下完成的，人们不必担心“强迫至自由”（le forcer à être libre）。在以赛亚·伯林和乔万尼·萨托利那里，人们有免于政府粗暴干预的“消极自由”和“防御性或保卫性的自由”。

面具并非只是为了隐藏，还具有强化的作用。按让·斯塔罗宾斯基在《对面具的审讯》（*Interrogatoire du Masque*）中的说法，人是分饰各角以追求更高意义的存在。面具有时候藏着荒唐和无耻，有时承载着更高的权利。而卢梭生命的根本诉求是某种透明或者纯洁，并且将对自己的要求上升到整个社会，由此将透明或者纯洁的理想推到某个极端。

在某种意义上说，卢梭追求的是让人退回到“裸露”的状态，也就是他所宣扬的黄金时代。在那里，人脱去了文明的、伪装的、道德的面具，彻底回归天然而真实的本性，也在此基础上告别人格上的不透明状态。正如他在《忏悔录》和《爱弥儿》里所声称的。如果顺应这个思路，就不难理解为什么说追求透明社会的埃里克·施密特等硅谷精英是卢梭的精神后代了。

卢梭在《忏悔录》开篇第一章写道，自己将开始一项前无古人后无来者的工作，那就是毫无隐瞒地将自己展现在读者面前。不隐藏任何坏事，也不添加任何好事。甚至在最后审判的时候，还可以带着这本书站在最高裁判者的面前接受审判。[1] 在此，我并不怀疑卢梭的赤诚，然而当他在无情解剖自己时，这种透明并不像他想象的那样纯粹。同样是在“透明”的偏好方面，无论是写《忏悔录》的卢梭，还是经营谷歌的施密特，他们都是有利可图的。卢梭展示内心的黑暗，不过是一篇有关人性的陈辞，这是他需要完成的人生使命的一部分。甚至在同一页中，卢梭还信誓旦旦地反问读者，谁能比他做得更好？

更值得追问的是：谁来定义伪装？面具又是什么？人如果因为安全的考虑对他人设防，如何在卢梭那里变成了道德污点与堕落社会的证词？除此之外，既然追求自由是人的本性，而“戴面具生活”可以增加人的自由，这样如何变成了“违背人的本性”？更真实的情况是，大街上走着的人都是一些没戴面具的人，而在家里的人反倒是戴着面具的人。这个面具不是他的表情，而是他的房屋，正是房屋的不透明性和不可擅自

1 ［法］让－雅克·卢梭：《忏悔录》，范希衡译，人民文学出版社 1982 年版，第 1 页。

闯入，使身居其中者能够更自由地顺着本性生活，包括推心置腹地交谈，倾泻爱的渴望。而这一切正是现代法律保卫私域之价值所在。换句话说，面具并不意味着伪善，它同时是防卫权与人格权的一部分。

一旦透明肆无忌惮地侵入私人领域，必然变成一场公共灾难。最后的结果就是每个人不仅在公共领域戴上面具，甚至在私人领域也戴上了面具。就像伊藤润二笔下的“无街之城”，当堂屋变成街道，所有私人空间都连接着窥视之眼，人们唯一能做的反抗就是模糊自己的面容，仅以面具示人。这一切同时呼应了汉娜·阿伦特此前在《论革命》一书中的嘲笑：法国大革命撕下了议会的面具，使得人民正式登场，却又为人民蒙上了伪善这一面具。而卢梭没有料到的是，无论是革命狂热还是技术狂热，他的门徒与孩子在卸下人民的面具时，还脱去了他们的衣裳，甚至打开大脑，植入芯片。

哥伦布之蛋

对于现代社会权力结构的考察，从家庭到学校，从工厂到兵营，米歇尔·福柯最将目光定格在本杰明·边沁狂热推崇的“全景监狱”（panopticon）上。在那里，观看与被观看所形成的权力关系，变成了有关规训与惩罚的完美的隐喻。

全景监狱又叫全景敞视监狱，它不同于居依·德波笔下的景观社会，而是福柯在《规训与惩罚》里着重解构的概念。透过全景监狱，福柯看到了现代国家密如蛛网的规训体制广泛存在于从监狱到学校、工厂乃至全社会的各个角落。

边沁之所以将自己的设计称为“哥伦布之蛋”，实际上有双重寓意：一是作为圆形监狱，其外形像鸡蛋一样竖立；二是暗示该设计将像哥伦布发现新大陆一样具有开拓性的意义。圆形监狱是一个四周环形的建筑，里面被分隔成一个个囚室，囚室的一端面向外界，用于采光，而另一端面向中间一座用于监视的高塔。这样，这座高塔中的监视人员可以时刻监视到任何一间囚室，而囚室中的犯人因为逆光效果，无法看到监视人员，会疑心自己时刻受到监视，惶惶不可终日，只好过标准犯人的生活。

“老大哥在看着你”变成了“老大哥在暗处看着你”。权力在暗处，无法被反观看，于是犯人们便在心里监视自己，完成对自己的规训。按边沁的最大幸福和最小痛苦的效益主义，这样的第一个好处是可以减少监视人员的数量。边沁的灵感取自巴黎的一所军事学校，其建筑物被设计为易于管理学生。边沁的弟弟塞缪尔想出设计原型，而边沁将其上升为对权力在暗处运行的整体构想。

在《规训与惩罚》中，福柯将“圆形监狱”的出现称为“人类心灵中的重大事件”，并将边沁本人描绘为“警察社会的猎犬”。在 1977 年的一次题为“权力的眼睛”的访谈中，福柯对边沁的“圆形监狱”继续提出尖锐的批评，并将它与卢梭进行了连接。边沁是卢梭梦想的延续与补充。这个梦想就是建立一个完全透明的社会，每一部分都清晰可见，没有任何黑暗区域[1]。相信公意的卢梭同样相信有一个绝对自由的概念，每个人都不能违背。其结果是，为一个人定制的真理之我（单数）压制了其他所有人的意义之我（复数），“强迫一个人获得自由就是强迫他以理性的方式行事”。由于洞察卢梭思想中的专制主义倾向，以赛亚·伯林不无感慨地说，虽然卢梭自称是有史以来最激越和最强烈地热爱人类自由的人，他试图摆脱一切束缚，却在整个现代思想史上变成了自由最危险和最可怕的敌人。[2] 卢梭热爱自由不假，但他同时短视地拆掉了人类所需要的保护自由的所有凭依。

通过照明来压制

真正可怕的，不是监狱立在城市边缘对人心理形成某种威慑，而是在这种权力结构中整体社会的“全景监狱化”。最后的结果是每个人都过着囚徒一般的生活。按当日参与谈话的法国历史学家米歇尔·佩罗的说法，边沁想要实现的依旧是法国大革命的理想，在革命者的强力逼视下，“干坏事”的念头被驱散了，人们处于“不愿和不能”的状态。

作为边沁的思想来源，爱尔维修所设想的自由世界里，人类没有做坏事的自由，每个人只能做善事。反讽的是，在边沁所设计的全景敞视

1 包亚明主编：《权力的眼睛——福柯访谈录》，严锋译，上海人民出版社 1997 年版，第 155 页。

2 ［英］以赛亚·伯林：《自由及其背叛》，赵国新译，译林出版社 2005 年版，第 50 页。

监狱里，为了增进效率，权力却在暗处运行。在壁垒森严的现代社会中，如果人们彻底失去了“做坏事”的自由，那可能意味着他们其他的自由也被剥夺了。

时至今日，世界各地都被纳入摄像头的窥视之下，这实际上也构成了对社会权利的宰制，即福柯所说的“通过照明来压制”。从某种意义上说，卢梭及其门徒的理想正在实现。而在这次对谈中，佩罗同样提到，当每个人都变成监视者，这种圆形监狱变成了令人“无法控制的发明”。坐在中央高塔中的不会是上帝，那么应该托付给谁呢？恐怕边沁本人也不知道。

而福柯的回答是——无人可以托付。理由是，如果个人在这个精密仪器之中，这个人会消失在这个仪器之中，而失去人的本质。而如果个人在这个精密仪器之外，那么这个社会又重新回到了旧时代的君主制。[1]

几十年后，拜互联网所赐，一个全球范围内的数字全景监狱悄然落成。中央高塔换成了脸书、推特以及苹果……

正大黑暗

《尚书·泰誓中》：“天视自我民视，天听自我民听。百姓有过，在予一人，今朕必往。”这里周武王把民心比作天意，其大意是说，上天所

1 包亚明主编：《权力的眼睛——福柯访谈录》，严锋译，上海人民出版社 1997 年版，第 161 页。

见乃百姓所见，上天所闻乃百姓所闻；如果老百姓需要周武王伐商，那么他就会亲自前往。在这里，百姓仿佛上天之耳目，可以代上天观闻万千世界，不仅具有积极内涵，而且表明了君王权力的来源，即上天与君王并非一体，而是百姓与上天一体。换句话说，真正的天子不是君王，而是百姓。

事实上，寻常百姓并不能完全知悉发生在人间的事情。对于“天知、地知、作恶者自知”的瞒天过海，人们在心存侥幸免遭其殃的时候，也渴望能够有一个公正的上天，所谓“人在做，天在看”。而这也是人世间流行各种宗教的最重要原因之一，即对全视全能的上天的渴望。在某种意义上说，这也是对身为凡人的无能的愤怒，以及对无上权力的渴望。相较奥威尔意义上的“老大哥在看着你”，还有“老天爷在看着老大哥”和人世间其他所有的罪与错。

现实是，以生活在此岸的经验，世人见证了太多“天网恢恢，疏而有漏”“修桥补路瞎双眼，杀人放火子孙全”“月黑风高夜，杀人放火天”。若要减少罪恶的发生，最好的办法是大家行动起来，让世界变得透明起来。无论是挖掘和加工信息的媒体，还是维护社会公正的司法部门，从本质上说都应担当起人类之眼的功能。在西方正义女神朱斯提提亚（Justitia）的眼睛上蒙着一块布，也被解释为这是为了更好地看见。启蒙、革命等大词总是与光明有关，与之相反的黑暗于是成了罪恶的保护伞与同义词。在极端年代里，无所不在的监视既在明处运行，也在暗处运行，其目的都是消除人心中的“黑暗”。

如前所述，奥威尔在政治上的忧虑尚未结束。在电子科技的支持甚至纵容下，“监视资本主义”早已大行其道。全世界的人们仿佛生活在不同的探照灯下。

然而，人有拒绝生活在探照灯下的自由。在隐私权的天平下，“正大黑暗”与“正大光明”一样重要。事实上，隐私权不仅涉及一个人的人格与尊严，同样关系到他的人身安全。对法国大革命有着深刻批评的以赛亚·伯林言明了消极自由的价值，那是人在任何时候都不可让渡的权利。如果将其置换到隐私权的语境下，那就是人有在家拉上窗帘并生活在黑暗中的权利。换言之，如果说知情权追求的是正大光明，那么隐私权所维护的就是“正大黑暗”。

烧掉你的麦克风

油管（Youtube）上有一段近千万点击量的测试视频，检验谷歌是否涉嫌窃听。测试一共分三步：

首先，打开若干商业网站，上面没有任何有关 dog toys（狗玩具）的广告内容。接下来关掉上述页面，打开谷歌搜索引擎页面，并在电脑前谈论有关“dog toys”的话题。随后再次访问第一步打开过的网站，其中部分页面出现许多与狗玩具相关的广告。

很难解释这是一种巧合。在视频结尾，测试者最后给出的建议是——“烧掉你的麦克风吧！”

不只是麦克风，还有电脑或手机上的摄像头。2017 年，来自澳大利亚的谷歌工程师菲利克斯·克劳斯发现苹果手机 App 中存在一个隐私问题，App 开发者可以利用 App 控制前后置摄像头偷偷拍照，而用户在这个过程中不会收到设备上的任何通知。或许正是担心被偷窥，细心的网民在马克·扎克伯格的一张照片里发现，这位脸书掌门人用胶条和塞子封住了苹果笔记本电脑上的摄像头和麦克风。

摄像头和麦克风内嵌在电脑或手机里，不幸的是，它们与操纵者里应外合，成了你日常生活中的告密者。

相较于谷歌等大公司与用户的暗中较量，有些地方的摄录行为则可谓明目张胆。比如，滴滴出行的桔视等 App 将所有乘客在网约车内的言行都记录在案，涉及严重侵犯公民的个人隐私权。2022 年，国家网信办通告了滴滴公司违反《网络安全法》《数据安全法》《个人信息保护法》等法律法规，存在严重影响国家安全的数据处理活动。滴滴窃取用户相册和剪贴板上的信息，在未明确告知乘客的情况下分析乘客出行意图信息 539.76 亿条……类似滴滴的这种侵权行为通常都“师出有名”，如为保护公民的安全。问题是，什么是安全的边界？一个常识是，当用户为了消费而必须戴上电子枷锁，这已经置用户于危险之中了。

相同的逻辑也可以用于政治或者其他犯罪行为。根据班克斯顿－索尔塔尼（Bankston-Soltani）原则[1]，政府的监控成本越低，民众的隐私

1 班克斯顿－索尔塔尼原则是指凯文·班克斯顿（Kevin Bankston）和阿什坎·索尔塔尼（Ashkan Soltani）共同提出的理论：如果使用新技术进行监控的成本比不使用该技术进行监控的成本低一个数量级（即 10 倍），那么该技术就违反了合理的隐私期待。——编者注

权就会被侵害得越严重。即使这些事情都没有发生，用户在知道真相后也难免会有心理上的不适感，就像走进了伊藤润二的漫画作品《无街之城》。在互联网构建的世界里，绝大多数人都保护不了自己的隐私权，谷歌、苹果、脸书等都变成了穿堂过屋的百目怪。

第五章

剧场社会

天视自我民视，天听自我民听。

——《尚书·泰誓中》

围观改变中国，以及整个世界。这是许多网民在互联网蜜月期曾经有过的期盼。然而，让公意成为向上的力量并非易事。很多年过去，越来越多的人意识到围观最能改变的是自己——把原本并不多的生命大量浪费在自己无能为力的事情上。有些遥远的国家，就是在世界的众目睽睽之下将妇女裹得严严实实的。

更多的是生活的戏剧。在互联网支起的巨大网状结构中，即使是一个名不见经传的普通人也会随时被围观甚至成为被围猎者。那一刻，仿佛人与物完成了瞬时转换。

第一节　从角斗场到互联网

面包和马戏

“面包和马戏”（panem et circenses），或译作“面包和游戏”，用于比喻一种肤浅的绥靖手段和愚民政策。在政治层面，它被用来形容民众对政府的认可不是基于良性的政治，而是政府转移和分散民众注意力的能力，或对民众一时表层需求的满足，就像是给生命垂危者的“临终关怀”（palliative care），让人既不抱希望，也不会有反抗，但似乎又能起到令人满意的效果。

古罗马讽刺诗人尤维纳利斯最早使用这个短语，借此批评大众耽于表面享乐的肤浅以及权力对民心的操纵。在尤维纳利斯所处的时代，廉价的“面包和马戏”成为当权者与谋权者最有效控制和蚕食民心的手段，而且民众也迫切需要这些东西来填充他们的肉体和精神。

在当时所有娱乐活动中，最负盛名的就是被称为“以死娱民”的各类角斗表演。科洛西姆是古罗马时期最大的圆形角斗场，可以容纳 5 万至 8 万名观众。除了举行角斗士的比赛，在科洛西姆还有狩猎表演、兽刑处决、重要战役的历史重演以及以罗马神话为基础的戏剧。无数人在这里被野兽撕碎，无数野兽在这里被屠杀，这里可以说是当之无愧的“世界野蛮文化遗产”。

由雷德利·斯科特执导的《角斗士》（*Gladiator*）是一部上映于 2000 年的史诗电影。该片对古罗马时代的角斗场制度的政治功能进行了某种程度的还原。其中一句著名的台词是“The beating heart of Rome is not the marble of the Senate，it’s the sand of the Colosseum”（罗马的脉搏不是元老院里的云石，而是竞技场上的黄沙）。古罗马角斗场是极权主义与民粹主义狂欢之所。在那里，皇帝和政客们驭民有术，不只提供面包和组织游戏，而且让民众在角斗场的看台上和他们一起分享权力。当一个角斗士被打倒时，如何处决通常由看台上的主持者定夺，而皇帝是那里的常客。当他大拇指朝上则是赦免，大拇指朝下则是处决。但他不会轻易作出自己的决定，而是要在场内审时度势，倾听嗜血看客们的呼声。角斗场容纳几万人，相当于雅典城邦人数，看客们的呼喊、尖叫像是在现场完成直接民主投票。聪明的皇帝此时会选择无为而治，在迎合民心的同时，也悄悄偷走他们的心，使他们进入麻木状态，以为罗马皇帝是他们的延伸。按麦克卢汉的理论，因为对皇帝这一媒介的迷恋，他们也完成了对自我的截除。

此外，皇帝还要考虑的是该偏袒贵族，还是偏袒平民。按《面包和马戏》（*Le pain et le cirque*, Paris, Le Seuil, 1976）一书作者保罗·韦纳的说法，在古罗马的皇帝里面，是否支持举办角斗表演，其实也各占一半。而在看台中央主持落败者生死的除了皇帝，还有可能是法官和赞助人。通常情况下，罗马的精英并不喜欢角斗场，但普通百姓需要权力的幻觉。

"最精彩的时刻不是靠真刀实枪的生死对决：它的逻辑迫使一个倒霉蛋自己认输并把自己的生死交给观众，观众此时感到自己就是救世主，一个人正在等待他们的裁决。"[1] 按心理学家艾瑞克·弗洛姆的说法，在看台上的罗马底层会因为贫穷和社会性的无能感而在观看虐杀场面时获得补偿。所以，如果哪个有钱人想在政治上获得更多的选票，就会不惜钱财，来举办一场角斗表演以收买人心，而且最好要死几个角斗士以表明诚意，毕竟每个角斗士都价格不菲。

为了郑重其事，在观看角斗士表演时，他们还被要求穿正装托加长袍，仿佛参加一场优雅的屠宰音乐会。今天看来，古罗马人对公共生活的重视甚至到了荒诞的程度。一位名叫特拉西斯的斯多葛主义者在尼禄时期被判自杀的理由之一竟然是"他不看戏，总是闷闷不乐"。在古罗马，偷窃和强奸属于民事行为范畴，而不看戏被视为对公共生活的挑衅。[2]

1 ［法］保罗·韦纳：《古罗马的性与权力》，谢强译，华东师范大学出版社 2013 年版，第 112 页。

2 ［法］保罗·韦纳：《古罗马的性与权力》，谢强译，华东师范大学出版社 2013 年版，第 81 页。

有关“面包和马戏”的诘问出现在陀斯妥耶夫斯基的小说《卡拉马佐夫兄弟》和电影《饥饿游戏》中。《饥饿游戏》里施惠国（Panem）的名字正是来自罗马俚语“Panem Et Circenses”（面包和马戏团），即以食物和娱乐来获取政治支持。不难理解，苏珊·柯林斯在电影中设置该隐喻也是为了强调古罗马角斗场与今日大众传媒之间在娱乐至死、以死娱民方面存在着某种联系。

如果更为细致地回到当年的情境，读者还会发现，如果有的人在多场战斗中侥幸活下来，罗马角斗场还有制造明星的功能。至于他们的故事是不是可以当作个人奋斗的典型，就不得而知了。历史最终牢记的奴隶或许只有斯巴达克斯。他的意义在于，在“皇帝－奴隶－民众”的结构之外，还有反叛者。

引颈而望的看客

互联网是个万花筒，不仅像图书馆与学校，同时还是剧院、法庭以及斗兽场。2007 年 1 月 2 日上午，一位年轻女子坐在成都某酒店六楼窗台上试图跳楼轻生。经警方和消防救援人员劝说，该女子最后放弃了跳楼。然而，从该女子坐上窗台到被警方带离的 5 小时，楼下围观者笑声一片。有人喊着“哦，哦，快跳”，有人拍照、摄像，有人呼朋唤友“快点过来看热闹”……更有甚者，坐在街道对面楼房的窗边弹起了吉他，而且边唱边看，仿佛那年轻的跳楼女子是他音乐人生的舞伴。（据 2007

年1月3日《天府早报》）

就结局而论，上述女子是幸运的。面对引颈而望的看客，她终于没有晕眩而下，“以身饲狼”。然而，几天后海南一名青年男子从海口一家医院九楼跳下，抢救无效死亡。据《海南日报》报道，该男子曾在窗口做了几个试图跳下的动作，引起围观者大声哄笑，更有人大声喊“要跳就快点跳！”最后，该男子被激怒，突然跳下楼去……

类似场面还有很多。湖南湘潭一位叫姜建民的男人爬上楼顶准备自杀，引得2000余名看客高喊：“快跳啊！”“我都等不及了！”……最后为了满足这些看客噬血的请求，姜建民双手抱拳，一跃毙命。“湖南人冷漠如刀”，自此不胫而走。在此前后，远隔千里之外的沈阳，一位准备跳楼的女子同样引来千人围观。冷漠的看客们奔走相告，有人搬来马扎、板凳，有人回家取回饼干、矿泉水，一心守候。甚至有人在现场兜售望远镜，仿佛在推销一场足球比赛，只等这位可怜的女人用自己的脑袋撞开大地之门。

有人悲愤地想到了鲁迅，想到他所批判的涎着口水观赏凌迟表演的“冷漠的看客”和“中国人的劣根性”。然而，这种“劣根性”并非中国人的专利，其所见证的是人性的卑污。事实上，早在1967年，美国俄克拉何马大学曾经发生过类似事情——面对一位声称要从塔顶跳下的同学，200多位学生同声呼喝着：“快跳！快跳！”最后，那个学生真的跳了下来，当场身亡。

当说，噬血之本性，为全人类共有。否则，你就不能解释为什么今人热衷于在自家书房或卧室里对着发生在遥远伊拉克的战争品头论足，或将萨达姆被吊死的照片与视频在网上广为传播。只不过，上述中国民众走到大街上，并且以其大呼小叫的排场将潜藏于人性之中的某种隐秘无耻地揭示出来。

正如前面强调的媒介是人性的延伸，网络同样是现实的延伸。而现实有其灰暗的一面。表面上是无与伦比的狂热，内心深处却是难以描述的冷漠。

全世界一起嗑信息瓜子

若干年前，曾有中国专家建议出台标准，“每周上网 40 小时以上就可认为是网瘾”。此外，国外另有一项初始研究发现，更强的社交媒体成瘾倾向与前扣带皮层中一个区域更小的灰质体积存在相关，而这个区域在大脑中负责对行为的监控和控制。

研究者急于生产意义，可能会将普通人的生活习惯归类为某种病态。发明疾病总是比治愈疾病更容易。写下《美丽新世界》的赫胥黎曾感慨“医学已经进步到不再有人健康了”。原因不外乎两个：一是科技越来越发达；二是越来越多的人以“发明疾病”为业。曾经闹得沸沸扬扬的杨永信网瘾戒治中心及其电击疗法很容易让人想起斯坦利·库布里克的著名电影《发条橙》（*A Clockwork Orange*）。影片描述的是一个作恶少年被强制接受“厌恶疗法”，当他重新回到社会时，几乎成了一个不能自卫与生存的废物。

真实的问题是，为什么他们会沉迷于网络？在信息大爆炸的今天，表面上看人与人之间的交流越来越多，并且越来越方便，然而为什么分歧也越来越多？一个重要的原因是，互联网上包罗万象且有选择性的信息成为许多人自我强化的工具。或者说，在取之不尽的信息之海中，每个人都可以轻而易举地找到符合自己价值观的例证与观点来巩固自己既有的信念。

这世上有很多种视而不见，有的是在无意中漏掉的。就像克里斯托弗·查布利斯等人做的“看不见的大猩猩”心理试验所揭示的视觉盲区。当人们专注于某一种事物的时候，不被关注的事物容易被忽略。有的视而不见则无异于刻意删除，比如“看不见的大象”现象。

在纯粹满足娱乐性与好奇心之外，大脑的奖励机制在人“只看见自己想看见的东西”时也会给予正面的回馈。进一步说，也正是这种可以不断获得的愉悦感，让一个人在意义层面不断地自我增强。当越来越多的人选择固执己见，一旦话不投机，交流的后果便完全可能变成两军对峙，各有伤亡了。

而这种自我强化带来的愉悦与多巴胺效应同理。

回顾互联网上的种种“人肉事件”和道德审判，凡有祭坛竖起的地方就一定有人狂欢。在现代汉语中，与“不杀不足以平民愤”相连的词语里通常少不了“大快人心”。或许只有弗洛伊德的死本能才能解释世人对他人悲剧命运的迷恋。而且，人类总是能够苦中作乐。正如尼尔·波兹曼有关“娱乐至死”的断言——人类是个“娱乐至死的物种”。

互联网上的娱乐并非完全建立在别人的痛苦之上。各种游戏以及抖音、火山、腾讯微视、快手等 App 每天都在生产大量的搞怪、浅薄的小视频，让年轻人沉沦。他们是布热津斯基“奶头乐理论”（tittytainment）的积极实践者。1995 年，面对全球化可能带来 80% 人口被边缘化的问题，布热津斯基提出大力发展娱乐行业，以此“安慰剂”转移那些人的注意力和不满情绪。有一个说法是，类似“奶头乐理论”真正迎合的是对生活无望的底层社会，让他们终日沉迷多巴胺，而真正的精英阶层追求的是借助自律得到的内啡肽。

时至今日，全世界都在沉迷于“嗑信息瓜子”。举例说，短视频通常并不会给人带来有价值的营养，但它提供了一套嗑瓜子式的奖励机制。当你嗑瓜子的时候，会在剥开瓜子壳、取出瓜子仁放进嘴里、轻轻咀嚼等系列动作中获得快感。人们之所以离不开手机，其中一个非常大的原因就是从碎片化的短新闻、图片到短视频，手机已经变成了一个装满了各式瓜子的信息果盘，而且有的瓜子里还浸泡过兴奋剂。

当杀戮成为风景

互联网上“娱乐至死”的倾向，使人们很难只关心一件事情。对公共事务的关注通常都是虎头蛇尾，围观不幸的事件就像围观一场马戏，在现场时群情昂扬，一旦散了场，便都不再过问。就像波兹曼批评美国的电视节目主持人一样："刚念完一段新闻，再残忍的谋杀，再具破坏力的地震，再严重的政治错误，只要新闻播音员说一声'好……现在'，一切就可以马上从我们的脑海中消失，更不要说是引人入胜的球赛比分或预告自然灾害的天气预报了。"[1]

"娱乐至死"并非大众传媒所催生，人们甚至有理由认为正是"娱乐至死"的精神催生了大众传媒，而"以死娱民"的古罗马角斗场因此可被视为大众传媒的最早起源。一方面，角斗场可以满足民众看马戏的愿望；另一方面，统治者可以通过马戏实现对民众的控制。

托马斯·弗里德曼以畅销书的方式声称"世界是平的"。在我看来，这既包括全球化的扁平，也包括理想被放逐之后的世俗化的平庸。透过电视或电脑，人的视界局限在"平幕"之内，我们观赏现实生活里发生的一切，就像观赏压在玻璃板底下的马戏照片——生活变成了马戏，而且是一场场与我们隔绝了空间和时间的马戏。

古罗马角斗场上以死娱民的狂欢情景，在2000年后以另一种天文数字加倍呈现。此时，一个无远弗届的由有线电视和互联网等组成的媒介网络正发展得如火如荼。2003年，当英、美等国以萨达姆政权拥有大规模杀伤性武器以及伊拉克政府践踏人权的行径为由侵入伊拉克，几乎所有的大众媒体都进入空前的亢奋期。其中最撩动人心的是24小时不间断的各种视频直播。

---

1 ［美］尼尔·波兹曼：《娱乐至死》，章艳译，广西师范大学出版社2009年版，第130页。

对世界命运的关心早已让位于猎奇与寻欢作乐，以及苏珊·桑塔格所担心的旁观他人痛苦的变态的迷恋。当发生在远方的悲惨故事被即时传进世界各地的书房、客厅甚至卫生间，真正可怕的是，原本令人毛骨悚然的现场，因为这种远程观看而让人变得麻木。战争像一场远程的真人活剧一样具有观赏性，虚拟与现实模糊了。在这个自诩人道主义已经深入人心的世界里，杀戮变成了一道道随时可以切换的风景。

奥威尔遇到赫胥黎

在《娱乐至死》一书前言中，波兹曼特别谈到奥威尔的《1984》和赫胥黎的《美丽新世界》是两个完全相反的预言。奥威尔相信人们会受到来自外部的奴役；赫胥黎则认为人们失去自由、成功和历史并不是“老大哥”之过，人们会渐渐爱上压迫，崇拜那些使他们丧失思考能力的工业技术。奥威尔害怕真理被隐瞒，赫胥黎担心真理被淹没在无聊琐碎的世事中。奥威尔害怕信息被剥夺，赫胥黎则担心人们在庞大的信息中日益被动和自私。简而言之，奥威尔担心我们憎恨的东西会毁掉我们，赫胥黎则担心的是，我们将会毁于我们热爱的东西。

前一个世界里，文化如一座监狱；而后一个世界里，文化变成了一场滑稽戏（burlesque）。在词源学上，burlesque 在英文原意中是指一种通过模仿来引观众发笑的表演形式，诞生于 19 世纪下半叶维多利亚时期的英国。这种模仿实际上也是以不断叠加的幻象瓦解真身。100 年后，就像安迪·沃霍尔的波普艺术，当政治领袖的形象、梦露的形象以及罐头的形象被无穷复制、搅拌，它们是赫胥黎时代的，理应让人哄堂大笑。

两个“老大哥”，一个赶不走，一个离不开。在该书最后一章“赫胥黎的警告”中，波兹曼承认奥威尔的可贵，尤其对于生活在开放社会的人来说，《1984》时代对人的摧毁是显而易见的。然而，赫胥黎告诉我们的是，在一个科技发达的时代里，造成精神毁灭的敌人更可能是一个满面笑容的人，而不是那种一眼看上去就让人心生怀疑和仇恨的人。在赫胥黎的预言中，“老大哥”并没有成心监视着我们，而是我们自己心甘情愿地一直注视着他，根本就不需要什么看守人、大门或“真理部”。更严重的后果是：当一个民族分心于繁杂琐事，文化生活被重新定义为娱乐的周而复始，严肃的公众对话变成幼稚的婴儿寓言，而一切公共事务形同杂耍，那么这个民族就会发现自己危在旦夕，文化灭亡的命运就在劫难逃。[1]

《娱乐至死》出版于 1985 年，当时互联网还在孕育之中。该书着力批评的是电视声像逐渐取代书写语言的过程中，美国社会由印刷统治转变为电视统治，人们如何成为技术的附庸。今日世界最真实的情况是，奥威尔的世界不但没有式微，而且还在不断扩张，而赫胥黎的世界同时又在接踵而至。痛苦的苏格拉底和快乐的猪缠绕在一起，前现代真诚的痛苦正在死于后现代的琐碎与轻佻。

---

1 ［美］尼尔·波兹曼：《娱乐至死》，章艳译，广西师范大学出版社 2009 年版，第 201 页。

第二节　剧场社会的围观结构

从岩穴壁画到“没有围墙的妓院”

自古以来，人类对图像便充满了迷恋。一是因为人类可以接触的世界本来就是借助人的感官这一媒介得以建立和呈现，故而有梅洛·庞蒂所谓“神秘的可见性之谜”。二是当人类有能力生产图像，在某种程度上说他便有了造物主一般的神圣与威仪。有鉴于此，人类文明与其说始于语言或部落，不如说始于世间最早的岩穴壁画。

而世界文明至少可以上推到距今 36000 年的肖维岩洞（Grotte Chauvet）。以古时创作第一幅岩穴壁画为起点，人类不仅在精神上开始搬运大自然，而且开始与大自然分庭抗礼，构建一个以人为中心的“自为的世界”。如安德烈·马尔罗所说，伟大的艺术家不是世界的抄写员，而是它的对手。而人类的戏剧时刻，也从岩穴里那些栩栩如生的野马、

肖维岩洞里的艺术大爆炸

犀牛、狮子、水牛和猛犸图像中破壁而出了。

经过千万年的发展，舞台戏剧，甚至“斗兽场文艺”在不同的文明中相继出现。作为物种，人来自自然；作为精神上的人的概念，却是人在自身的境遇中慢慢形成的。戏剧在观照人类的命运时，也让人对“何以为人”有了更多的理解。在《利维坦》中，霍布斯曾试图从词源学上考察人的起源。“人”（person）在拉丁语中的含义就是“演员”（actor）。换言之，人诞生于被戏服与面具所赋予意义的形象。

或许人类文明不过是一个社区游戏，人人分饰各角。人作为意义动物，所谓寻找人生意义，从本质上说也是为自己选定一个如意的角色。如中国人常常说到的，人生如戏，分饰各角。而作为一个观照人类命运、思考“何以为人”的行业，人们把戏剧与影像的生产者交给了艺术家。

当时间转到了19世纪，摄影技术的出现渐渐搅乱了一切。随之而来的是影像的工业化生产以及资本主义拜物教充斥大街小巷。1967年，法国“境遇主义国际”的创始人居伊·德波在《景观社会》一书中谈到，在现代生产条件蔓延的社会中，其整个的生活都表现为一种巨大的景观积聚。世界被颠倒了。曾经直接地存在着的所有一切，现在都变成了纯粹的表象。

在那里，被大众媒体传播的商品影像为社会制造了“宗教般的激情”。演员被驱逐，戏剧变成杂耍，景观代替了肉身。过去由人分饰各角的社会开始被物所取代。后者不仅占据街道，而且登堂入室，成了这个时代的主人翁。与此同时，人类的眼睛被各种景观俘获。观看，而不凝视；体验，而不交流。

如今，社交媒体上的各种被修饰的自拍更是泛滥成灾。难怪麦克卢汉把大量印刷的照片比作“没有围墙的妓院”。“照片使人的形象延伸并成倍地增加，甚至使它成为大批量生产的商品。影星和风流小生通过摄影术进入公共场合。他们成为金钱可以买到的梦幻。他们比公开的娼妓更容易买到，更容易拥抱，更容易抚弄。”

幻象中的幻象：互联网剧场

互联网正在将世界变成一个“没有围墙的剧场”。从古罗马角斗场上的人兽之战，到电视各频道直播或者转播的体育赛事，再到今日窥视与无所不在的互联网，在精神内核上它们有着隐秘的联系。世界是一个有着更多竞赛单元的角斗场，每个人既是他人生活或者命运的旁观者，同时又被他人旁观。而现代传播科技正在拆除各种单元墙，使大大小小戏谑与痛苦的戏剧在互联网上展露无遗。

美国小众立体主义者约瑟夫·席林格在其杰作《艺术的数理基础》（*The Mathematical Basis of the Arts*）中将艺术的历史演进划分为五个阶段，而且它们以越来越快的速度相互替代：

1. 前美学（Pre-aesthetic）：生物模仿阶段；
2. 传统美学（traditional-aesthetic）：巫术，仪式—宗教艺术；

3. 感性美学（emotional-aesthetic）：自我情感艺术表达，为艺术而艺术；

4. 理性美学（rational-aesthetic）：其特点是经验主义，实验与新颖艺术；

5. 科学的后美学（post-aesthetic）：它使完美艺术品的生产、分配和消费成为可能，并以艺术形式与材料的融合为特点，最后达成“艺术的瓦解”和“观念的抽象化和解放”。[1]

如果对照席林格的分析框架，今日的艺术正在第四阶段向第五阶段过渡。当数理逻辑最终进入艺术，艺术创作便不再基于人的观念，而是基于某种具有普适性的算法。这一切似乎在应验。现在即使是一个文盲也可以通过软件自动生成一首七言绝句，而且能够自动生成绘画。

电子传媒技术的兴起让传统的戏剧形式同样发生了改变。早在1968年，艺术批评家露西·利帕德和约翰·钱德勒谈到正在出现的“艺术去物质化”现象。随着投影、音响与视频越来越深地介入，有形的艺术正在被各种易逝的元素瓦解，甚至作为演员的人也在被合成的电子图像所驱逐。而哥伦比亚大学戏剧系前主任阿诺德·阿隆森的描述甚至更令人绝望——今日戏剧可以没有剧本，没有舞台，没有布景，没有灯光，没有道具，没有服装，甚至可以没有演员，唯一能够剩下的就是观众。观

1 Joseph Schillinger, *The Mathematical Basis of the Arts*, New York: Philosophical Library, 1948, p. 17.

看变成了戏剧的本质。[1]

人类为什么迷恋戏剧？除了戏剧可以制造“幻象中的幻象”，还因为人可以借助戏剧获得抽象命运的确定性和可观看性。只有在那里，从开端到落幕，无论是悲是喜，人的命运终归是确定的。而观看者因为坐在他人的命运之外，既有俯视芸芸众生的超脱，又可以随时从情境中抽离。当审美权力完全下放给观众和读者，不仅罗兰·巴特意义上的作者死了，主角哈姆雷特也死了，剩下的只有观众和他们各取所需的景观与意义。

一方面是现实光怪陆离、过于荒诞，以至于不再有小说家。另一方面，互联网提供了一个硕大无朋的剧场。每日每时都有海量的图像与景观在上面堆积，形成随时可以进入的剧场情境。没有实物，没有演员，有的只是“柏拉图洞穴”中的光影以及不在同一维度的是非之辩。

时至今日，互联网更像是政治与社会表达的一个替代品或者集合器，它集街头运动、议会辩论、舆论监督与社会监督于一身。同是一件寻常事，关注的人多了，它就可能演变为一个事件。2006 年 2 月 26 日，河南杞县农民刘永旗喜得五胞胎，因为正逢全中国喜迎奥运，不仅官方重视，而且在县妇联的牵头下，西安一家乳业公司向五胞胎免费提供奶粉，供他们一年的食用。社会关注多了，贫弱者便有了“眼球权利”，而一旦目光挪开，生活又会将他们“打回原形”。一年多以后，刘永旗带着五

1 ［德］汉斯·蒂斯·雷曼：《后戏剧剧场》，李亦男译，北京大学出版社 2010 年版，第 6 页。

个孩子在郑州街头过上了流浪乞讨的生活。三年后，以抽 1500 元一条烟闻名的周久耕，被免去南京市江宁区房产管理局局长职务。这次“网络弹劾”似乎让网民看到了自己的力量。

无论是扶危济贫，还是限制公权，如果不能真正在制度的日常运行中践行，一旦公众的视线挪开，维权者难免会再度陷入“权利的贫困”，而作奸犯科的官员也会避开锋芒。山西“黑砖窑”案引起全国声讨之前，当地一些官员像是生活在巨大的盲点之中。声讨之后，又有几人还会继续关心此事？网络热点有时就像泄洪闸，很多人只看到一个问题解决了，却看不到更多问题在累积。而且，过度的舆情压力也可能导致诸如药家鑫案、罗尔事件中的严重变形。

古希腊时期的戏剧充满了对苦难的痴迷，一个重要的原因是观众可以在他人的痛苦中体验到幸福。和传统剧场中的袖手旁观不一样的是，在互联网剧场里每位旁观者手里都有一个遥控器，可以直接改写剧本。互联网不只是一个民意放大器，同时是有着双重面孔的魔法师。有时候他会让人的命运朝上，也可能让人的命运朝下。因为过度聚焦，当事人身上都会留下爆炸的痕迹。最可怕的仍是“正义戏剧”中一群人对一个人的摧毁。当苦难变成隔岸之火，人的命运变成被物化的景观，在精神上杀死一个人就像撕毁一张照片。

观看与反观看

在我的传播学课上，差不多每年都会询问学生对“黑暗”的理解。最初，他们的理解基本上都是千篇一律从书上得到的标准答案。比如，黑暗是坏的，是光明的对立面；是邪恶的，是该消灭的……而当我提醒他们扔掉书本，回到生活中去时，才渐渐有了些相反的东西。我的一系列问题是：当你谈恋爱时为什么愿意躲在暗处？当你不想别人看见自己时为什么会拉上窗帘？这时候他们会意识到生活在暗处未必是磨难，而是权利。

探讨围观改变了什么，首先需要厘清的是观看与被观看如何进入并影响权力格局。关于这一点，前面提到的全景监狱模型为我们提供了最好的切口。

在最早由边沁设计的全景监狱模型中，监狱由一个环形建筑组成，监狱的中心是一座装着百叶窗且可以环视四周的哨塔。环形建筑被分成许多小囚室，每个囚室都有两个窗户，一个对着里面，与塔的窗户相对，另一个对着外面，能使光亮从囚室的一端照到另一端。通过逆光效果，人们可以从哨塔的与光源恰好相反的角度，观察四周囚室里被囚禁者的小人影。这些囚室就像许多小笼子、小舞台。不对等的是，囚徒在囚室里看不见哨塔里是否有人以及是否在凝视他们。这种全景敞视又单向透明的结构决定了狱方可以随时了解囚徒的一举一动，而囚徒对哨塔里的动静一无所知。在这个权力格局中，权力是可见的（中央哨塔与暴力真实存在）但是又无法确知的（囚徒在任何时候都不知道自己是否被窥视）。这是一种规训结构，因为害怕受到惩罚，每个犯人都会在囚室里循规蹈矩，哪怕哨塔内空无一人。

人不应该生活在黑暗中，但在单向透明的全景敞视监狱里，生活在黑暗中成为一种特权。简单地说，囚徒失去了黑暗的保护，囚徒只能在明处受管制，而权力却在或明或暗中持续运行。这个模型可以很好地运用在一个不开放的政治社会中。电影《V字仇杀队》里有一句著名的台词："只有政府害怕人民，而不应该是人民害怕政府。"在全景敞视监狱里却完全相反，因为那种结构决定了只有政府可以监督（观看）人民，而人民无法监督（观看）政府。

全景监狱模型是少数人对多数人的监视（或凝视），挪威奥斯陆大学社会学教授托马斯·马蒂森由此想到一种统治方式的转向。在现代社会以前，是多数人对少数人的凝视。掌权者依靠武力征服天下，处处显示他们的权威与荣华，对反对者公开行刑以恫吓国民。而国民所能有的态度，不过是羡慕其威仪，恐惧其暴力。而在现代社会，一些政权似乎更喜欢躲在暗处，监视其臣民，而不想被监视。

与此同时马蒂森也注意到福柯的一个疏漏——没有给与此平行的另一个现代化过程予以应有的重视。马蒂森认为，伴随着大众媒介尤其是电视的崛起，一个历史上从来没有的"多数人观看少数人"的权力关系同样在形成。大众媒介不遗余力地将权力从暗处驱赶出来，以形成与全景监狱并驾齐驱的另一权力机制。为此，马蒂森根据“panopticon”（全景监狱）一词杜撰了“synopticon”。根据前缀 syn 所具备的“共同”“同时”的内涵，synopticon 可理解为“共视监狱”或者“共景监狱”。

对此，齐格蒙·鲍曼进一步解释，全景监狱设立的条件和作用都是使臣民固守原地——监视他们的目的就是不让他们逃跑，或至少防备自发、意外和反常活动的发生。而 synopticon 在本质上是全球性的。监视行为使监视者挣脱了地域的束缚。而且，纵使他们仍身在原地，但至少在精神上将他们送进了电脑空间。在电脑空间那儿，距离不再有什么意义。对视监狱的目标如今已从被监视者摇身一变，成了监视者。无论他们身处何地，无论他们走向哪儿，他们都可以——而且确实——与那张超越疆域、使多数人观看少数人的网络挂上钩。

基于福柯与马蒂森的研究，美国乔治·华盛顿大学的法学教授杰弗里·罗森做了进一步的发挥。如果说福柯的 panopticon 是“the few watch the many”（少数观看多数），而马蒂森的 synopticon 是“the many watch the few”（多数观看少数，但它区别于前现代社会的多数观看少数），那么罗森所提出的“全视监狱”（omnipticon）则是“the many watch the many”（多数观看多数）。而这种全视监狱恰恰是互联网时代的主要特征。生活在“全视监狱”之中，我们从来不知道我们看到谁，也不知道谁在观看我们，个人不得不担心自己在公开和私下场合表现的一致性。

考虑到全景监狱强制人们进入一个可被监视的位置，而对视监狱或全视监狱不需要胁迫强制人们，将 synopticon、omnipticon 分别解读为

“共视社会”和“全视社会”或许更为贴切。归根到底，大众传媒的兴起增加了社会能见度，使社会从原先单向透明的权力国家过渡到全景透明的网络社会。在这里，国民的视线能够互相抵达，不仅能够监视政府，也能监视每一个人。与《1984》不同的是，这里的互相监视是一种可选的权利，而非渗透到内心的义务与服从。而《1984》里所描写的社会是每个人监视每个人，所有人监视所有人，多数人观看多数人，实际上每个人有的只是义务而无权利，他们互相捆绑，将其忠诚奉献给一个人，那里才是彻头彻尾的“全视监狱”，本质上是“一个人观看所有人”（the one watches the all）。

社交媒体的碎片裂变

根据中国互联网络信息中心（CNNIC）发布的报告，截至2023年12月，中国网民规模接近11亿人，互联网普及率达77.5%。除了社会与技术本身的发展，这一切与社交媒体的裂变传播特点也不无关系。

社交媒体主要有两个特点：一是即时传播，二是高度社会化。除此之外更为关键的是社交媒体与个人身份的绑定。比如，微信账号除了日常交流与自我呈现，它还与支付，甚至出行相关。

从传播特点来说，首先社交媒体上的空白框具有一种“召唤结构”，那种强烈的空白感能够吸引受众将自己的人生体验和审美体验融会其中。而且技术上完全具备5A元素（Anyone，Anywhere，Anytime，

Anything，Anyway），它网聚了任何人、任何地点、任何时间、任何话题以及任何方式。

其次，即时通信、以人为中心的社会化传播也决定了社交媒体具有裂变传播的效果。热点事件的传播都是一次次小的核聚变。而网络的无远弗届也决定了相关事件的全球性流动。

互联网时代不仅给了每个人一台印刷机、一家出版社，各种社交媒体以及后来衍生出来的视频号带来的是天量的信息。值得一提的是，相较于微博广场无遮蔽式的传播，微信从一开始就拒绝完全透明，它着力建立起一个个处于半保护状态的社群，这也为微信赢得了最初的差异化竞争。然而无论微信还是微博，作为即时通信的社会化媒体，它们在传播上有一个致命的缺陷，那就是信息生产与传播的碎片化。当不完整的信息碎片以核裂变的方式向外扩散，在传播后果方面也因此可能出现巨大的扭曲和不确定性。

塞涅卡说：“愤怒犹如坠物，将破碎于它所坠落之处。”而社交媒体上的愤怒，通常从一开始便是破碎的。时而聚拢，时而消散。

第三节　结构与命运

政治国家与网络社会

熟悉丽叩甲昆虫的人知道，有些磕头虫的外表之所以那么漂亮，不是因为化学色，而是因为结构色。同样的道理，在不同光线和角度下，光盘与气泡呈现得五彩斑斓。人类生活在不同的结构之中，这些结构也不可避免折射出不同的色彩。

从语言、习俗到制度安排、交通网络以及现在随处可见的监控设施，没有谁不是生活在结构之中。

在谈到人类的理解时，洛克曾提出著名的“白板说”（Tabula Rasa），即人没有任何天赋概念或原则。洛克将人的意识的原始状态比作一块白板，以此说明人原始的、天生的意识以及心灵特征。然而，即使这个所谓的纯真也是不存在的。因为人对外界信息的接收首先要借助人的感官这一媒介。就算我们都是后天获得有关红色的印象，每个人心目中的红色也并不相同。必须承认，作为一台思维机器，大脑本身就是一个结构。当我们试图理解这个世界时，我们的感官既提供了条件，又营造了逆境。

弗洛姆在《人类的破坏性剖析》中谈到，所有的文明社会都有统治机关，并认为这是一切动物遗传的本性；这是一种众人接受的陈俗看法，跟这种看法相比，狩猎－采集社会没有阶级组织，没有酋长，便更具特殊的意义。以特权阶级的统治为基础而建立的社会阶级，为了名正言顺，当然要找一个方便的借口，让大家相信这种社会结构乃是人类天生的需要，因此最自然不过，是无可避免的。然而，原始人的平等社会却说明事实根本不是这样。

传统中央集权国家，就像一个以王权为中心的圆圈，权力（暴力）半径决定了帝国的半径。当权力（暴力）所能控制的范围逐渐缩小，帝国也就走向崩溃的边缘。权力（暴力）半径的生成，同样仰仗于对王权中心的绝对服从与忠诚。其结构有如旧式的车轮，个人与中心的关系就像辐条。平时运行正常时，尚可勉力维持。政府掌控一切，社会救济与社会秩序系统性缺失，一旦中心出现故障，整个车轮就会散架，失去原有的功能。而这正是政治国家最大的风险。

回顾中国历代政治得失，钱穆谈到科举制度的兴衰时，指出唐太宗“天下英雄尽入吾彀中”背后的问题。一方面，科举制度固然从民间选拔了很多人才，为社会提供了上升通道；与此同时，由于只有做官这一条通道，所谓“朝为田舍郎，暮登天子堂”，当各路考试界精英纷纷挤进衙门时，决定了其中很多人会变成多余的政治脂肪，不但无益于社会的发展，也可能浪费自己的人生。而这一切，和管仲及其门徒“利出一孔”的统治思想，以及科举制度所形成的结构有着紧密联系。

谈到法国大革命，英国思想家爱德蒙·柏克曾经提到一个问题：一个帝国为什么会在一夜之间坍塌？柏克的回答是：“为了壮大自己，君主制削弱了其他一切社会力量。为了统治国家，政权摧毁了其他所有的社会纽带。一旦维系人民的纽带被割断，整个国家就土崩瓦解了。这时，再没有任何力量能够支撑君主、贵族以及教会。”[1]关于这一点，法国思想家圣西门也有相同的醒悟。如何让社会成功转型而不再发生流血，圣西门想到的办法是建立各种各样的网络，包括完备的银行系统、公路系统、铁路系统、非政府组织等。换句话说，工业社会的各种网络的建立，不仅能逐步完成旧国家的脱胎换骨，而且不至于发生大的动荡。回顾一下中国封建社会的历史不难获得类似印象。朝廷在割断民间的横向联系后，实际上也会将社会的“救亡”机制一并剔除。同样，当外敌来犯，由于社会凡事都指望朝廷，社会自救很难展开，于是朝廷垮了，整个国家与社会也便垮了。

阿尔文·托夫勒在《再造新文明》中这样区别计划经济和市场经济：计划经济和市场经济的最重要差异是，前者的信息是垂直流动的，而在

1 陈彦：《中国之觉醒》，载《柏克通信》，熊培云译，香港田园书屋 2006 年版，第 259 页。

市场经济中，信息主要是水平及对角流动，买卖双方在各个层次交换着信息。[1]

互联网结构

人与人之间形成的压迫，与其说是基于人性，不如说是基于某种结构。正是结构形成的力的落差，引起了力的运行。比如，100 人的村庄，其中 90 人世代同宗，另外 10 人是外来户。在“全村公决”如何对待外来移民问题时，后者便会处于相对劣势的地位，这就是结构。

作为差不多覆盖全球的传播技术与网络，互联网不仅重组了人际关系，还重组了人类的时空关系。

1. 多中心结构：多中心意味着去中心，无中心。当人人都是中心，可能迎来精英主义的末日。

2. 信息自由流动结构：当数以亿计的节点都在生产、传播信息，就注定会出现信息过载的现象。

3. 人际互联结构：人与人之间的连接越来越容易。一方面可能形成人多力量大，另一方面也可能让人的价值在茫茫人海中相互稀释。

4. 群落结构：网上自由结社与自由交流推动了社团建立。相同的声音容易汇聚到一起，而相异声音不容易相互妥协。一方面是回声屋里不

---

1 ［美］阿尔文·托夫勒：《再造新文明》，白裕承译，中信出版社 2006 年版，第 73 页。

断极化的交流，一方面是势不两立的撕裂。

5. 时空开放结构：互联网打破时空界限，当“地点空间”（space of place）变成“流动空间”（space of flow），随之而来的是网络游民的大量涌现。像黑客的并不只是网络游民（他们更像海盗），而是绝大多数网民。

6. 明暗结构：有的人公开身份，有的人隐匿身份；有的是镁光灯下的演员，有的是躲在暗处的观众。大家各取所需，有的曝光过度，有的永远看不见。

7. 远程隔岸结构：由于人们是在互联网上了解信息、发布意见，而不是在现场，中间仿佛隔了一条宽阔的河流。不仅对对岸的真相缺乏真切的了解，而且可能因为可以逃避责任而点燃隔岸纵火的热情。假如发生国与国之间的涉及伤亡的网络攻击，攻击者对自己行为的描述可能等同于删除电脑里的某个文件。

8. 吸附结构：该结构建立在互联网与其他行业的关系之上。互联网既是信息传播平台，又是一个集生产、流通与服务于一身的场域。从一开始，它就在不断地将其他行业及资源吸纳进来，过去的“+ 互联网”如今已变成了“互联网 +”。

除却上述几点，互联网还有剧场结构等。总体而言，连接并不必然意味着沟通的开始，它还可能意味着阻断与分割。在一条大河上修建一道水坝，一个国家入侵另一个国家，都是建立一种连接而打破原有的连接。

一个物件的命运——围观阿布拉莫维奇

清晨7点16分，闹钟响起。中年男子慵懒地离开床，起身洗漱。这是一个奇怪的房间，落地灯、梳妆台、餐桌、椅子以及衣架等都是由人来充当。出门后，和很多人一样，中年男子让别人背着他去单位。本以为这是一个作威作福的人，到了单位后，他在一间办公室的门前像条狗一样温顺地趴了下来。原来这位男子的工作也不过是给别人当脚垫。

这是动画短片《雇佣人生》（*El Empleo*）里的故事。片中的气氛压抑而冰冷，所有人都面无表情。它要探讨的不是亚当·斯密意义上的社会分工，甚至也不是所谓的雇佣关系，而是现代社会中无处不在的“人的物化”或者去人格化。

人一旦被物化，将会面临怎样的结局？让我们一起回到1974年的意大利，一个行为艺术表演现场。表演者是“行为艺术之母”玛丽娜·阿布拉莫维奇，当时她不过23岁。表演现场是一个密闭空间，她站立在中间，而桌上有76个物件，根据人的意志代表取悦与折磨。其中包括一杯水、一件外套、一只鞋、一朵玫瑰，但也有刀子、刀片、铁锤，及一把枪，附上一颗子弹。旁边的说明书写着：“我是物品。你可以在我身上使用桌上的任何物品，我承担所有责任。时间是6小时。”

表演刚开始，现场可以看到人性的温良。有人递给阿布拉莫维奇一杯水或是一朵玫瑰。不过好景不长，接下来有男士用剪刀把她的衣服剪

阿布拉莫维奇 1974 年的行为艺术表演

破，并将玫瑰的尖部刺进她的腹部。有人拿起刀片，割她的颈部以至出血。若不是一个公开场合，恐怕她难逃被强奸的命运。到最后，场面完全失控。当一个人拿起手枪装上子弹对准阿布拉莫维奇的太阳穴时，有人阻止他，他们开始打起来……

6 小时后，表演结束。此时阿布拉莫维奇上身赤裸，流着鲜血，满脸是泪。刚才兴风作浪的人开始逃避她的眼光。他们无法面对一个物件的苏醒，此时这个物件是一个有血有肉的人。

哲学家克尔凯廓尔说，人并非生而有罪，而是在有了自由选择之后开始有罪。回望几十年前的这个名为 Rhythm 0（节奏零）的行为艺术表演，既可以视之为有关“破窗效应”的经典案例，也可以当作人被物化之后的悲惨寓言。值得深思的是，在这个视人为物的围观结构中，有的人选择了释放心中的魔鬼，有的人在同魔鬼斗争。这个细节或者可以解释，为什么在结构主义者嘲笑存在主义者的自我选择之后，解构主义者又嘲笑结构主义者的结构并非铁板一块。与此同时，虽然每个人都在结构中生活，但是这些结构并不完全重合。如果可能，生活在结构 A 中的人，可以和生活在结构 B 中的人取长补短，互相救济。

以《左传》《史记》为代表的中国传统史学，主要强调的是个人在历史中的作用。这也是梁启超批评中国传统史学的原因，不重团体对历史的影响，个人的历史意义不大。而在西方，强调得更多的是政治与社会的力量，其所重视的也是以事实和问题为本位的历史研究。福柯在《知识考古学》里宣告人在历史与结构中的死亡或者去中心化。而在布罗代尔那里，不仅是人，甚至一些政治事件和文化事件也都是历史的泡沫。布罗代尔曾这样谈到人类的渺小：“我记得在巴伊亚附近的一个夜晚，我沉浸在一次磷光萤火虫的焰火表演之中；它们苍白的光闪亮、消失，再闪亮，但都无法用任何真正的光明刺穿黑夜。事件也是如此：在它们光亮范围之外，黑暗统治一切。”这里的黑暗，几乎与结构同义。

面对事件派的“目中无人”，钱穆的回答是——没有人，何来（人的）事情？虽然人类的历史存在于一个巨大的结构之中，但是每个人都有赋予意义的激情与能力，也都是带着自己独一无二的结构而来。没有谁可以改变宇宙的结构，不过这并不妨碍每个人可以成为自我宇宙的中心。

反抗者：在游泳池里捞尿

存在主义看透了世界的荒诞，不过在那里人是可以选择的。世界没有意义恰恰是人的机会，人可以赋予自己的人生以意义。而结构主义给这种自信泼了一盆冷水。套用卢梭的话，“人生而自由，却无往不在结构的枷锁之中”。

人不仅受制于自己生活的社会环境，同样受制于自己所使用的语言。而语言不只是一种语法结构，而且是一种意义结构，或直接或间接左右人的思维。正如奥威尔在《1984》中所警告，新话（Newspeak）一旦建立，过去的词语包括某些概念在口语和书面语中被删除，表达的难度被大幅增加，生活在大洋国的人们便无法像从前一样思考。换言之，在大洋国里最严重的不是被洗脑，而是使大脑渐渐失去功用，脑神经的部分功能被剪断或切除。

《1984》里让人毛骨悚然的一句话是“老大哥在看着你”，这是一种结构。而互联网的恐怖在于提供了柔性的控制，它隐蔽而全面，是一个全新的奥威尔社会。“互联网提供了一些过去无法匹敌的新型自由，与此同时，也矛盾地让控制和监管得以延伸，这已远远超过了奥威尔最初理解的范畴。每一个足迹、每一句话都被记录并被收集，完成这一工作的不是‘老大哥’，就是一些正在成长的‘小大哥’。互联网已经成为一项与文化的方方面面有密切接触的技术。”[1]

20世纪80—90年代，面对大众媒体尤其是电视的兴起，许多学者加入讨伐的阵营，并对人在大众媒体面前的异化道出警省之语。法国社会学家布尔迪厄批评电视的装腔作势充斥了大多数人的日常生活，甚至给人带来了思维上的改变，什么都一闪而过，必须跟上形势。在布尔迪厄看来，电视是一套生产和驯服的工具，当人们不得不遵从它的一系列游戏规则时，也就不得不选择服从。作为“餐厅里的政府”，电视甚至随时可能破坏已经建立起来的民主。

尴尬甚至吊诡的是，当年布尔迪厄针对电视的批评是在电视中完成

1 ［美］约翰·马尔科夫：《与机器人共舞：人工智能时代的大未来》，郭雪译，浙江人民出版社2015年版，第14页。

的。然而，谁也没有可能发起一场针对电视文化的抵制运动。正如麦克卢汉在《机器新娘》中的两难之叹："当机械化戏剧的某一时刻，每个人总是在某种程度上体会到它的诱惑，甚至体会到顺从和投降。全面的抵抗和全面的投降一样，代价是太高了。"[1]在集体狂欢、见证时代之时，以"独立思想"的名义对他人的生活说三道四，也是一件让人扫兴的事情。毕竟，就利益以及审美等角度而言，许多学者与大众之间存在着巨大的落差。

这种困境就像鲍德里亚所批评的消费社会。表面上看消费社会里也出现一些反消费话语，但它们本质上是内在于消费社会的，是消费社会神话的一部分。"这种否定话语是知识阶层的乡间别墅。正如中世纪社会通过上帝和魔鬼来建立平衡一样，我们的社会是通过消费及对其揭示来建立平衡的"，这一正一反是构建消费社会神话的"两个斜面"。[2]与此同时，随着物对一切势如破竹的占领，我们也在建立一个饱和了的，"除了自身之外没有其他神话的社会"。[3]

时至今日，互联网不只是诱惑，而且是条件。当整个时代都沉迷于互联网上的种种信息与声色诱惑，而绝大部分针对互联网的批评都不得

---

1 ［加］马歇尔·麦克卢汉：《机器新娘：工业人的民俗》，何道宽译，中国人民大学出版社2004年版，第272页。

2 ［法］让·鲍德里亚：《消费社会》，刘成富、全志钢译，南京大学出版社2014年版，第202页。

3 ［法］让·鲍德里亚：《消费社会》，刘成富、全志钢译，南京大学出版社2014年版，第203页。

不依托于互联网传播，似乎注定了这将是无用的批评，因为一切声音都将淹没于互联网无尽的信息之海。套用 20 世纪 90 年代美国电视节目《新闻电台》里的一句名言："在互联网上你无法反对互联网，就好比在游泳池里捞不了尿一样。"

福柯的暴跳如雷

回到《规训与惩罚》，福柯的一大贡献是将"权力"这个概念赶下国家的神坛，继续完成其"世俗化"。这是福柯与霍布斯的区别。在霍布斯那里，国家（利维坦）是权力的中心——"地震的震中"。而福柯在一定程度上接受了结构主义的观点。在他看来，权力不是手握权柄者手中的事物，而是每个人与他人的关系。权力不是一种玷污制度的问题，也不是牢牢控制个人的力量之网，它存在于更广阔而琐碎的各种关系里面。[1] 或者说权力在各种结构之中运行。如果承认人人都处在一定的关系之中，那么每个人在日常生活中都能感受到权力的存在。当一个人路过邻居家的窗外，那个注视他的邻居便被赋予了某种权力。

"福柯把权力向四面八方驱散，因而稀释了权力的政治之维。权力不再属于特定的阶级，它在个人组成的网络中流通，连环式运行，经过每一个人，然后再凝聚成一个整体。没有纽结点，就无法抵抗无所不在

1 ［法］弗朗索瓦·多斯：《从结构到解构：法国 20 世纪思想主潮》（下卷），季广茂译，中央编译出版社 2005 年版，第 333 页。

的权力；权力无所不在，因而权力也就无所不在。它是无法抵抗的，因为没有什么东西可以供你抵抗。”[1] 在此意义上，福柯笔下的权力结构，就像互联网一样任意连接。每个人都是一个节点，每个人在行使权力同时又成为他人权力的目标。虽然在相关分析中可以读出福柯的几许无奈，但福柯显然不是一个结构主义者，这也是他会为别人赠送的“结构主义”标签暴跳如雷的原因。虽然每个人都深陷在结构之中，但并不意味着人人注定无所作为，非此即彼的标签在福柯那里无异于意识形态“绑架”或者“敲诈”。如果他一定需要一个标签，可能是尼采主义者，因为试图重估一切价值的尼采站在结构之外。

某知名主持人在社交平台上有数以千万计的粉丝，一直保持着有良知的知识分子形象。这个冲破结构的人先后与几大利益集团斗争，个中甘苦令人击节。除了完成自己的快意恩仇，他的胜利或许也在制造进步的幻象。时代背后的一个真相是，如果他的社交平台账号被封杀或者禁言，他在公共领域的影响力可能很快会荡然无存。同时，这位英雄与民粹主义的互动同样令人忧虑。所幸这不是极端革命的年代，人们不至于太过担心“某某必须死”的快意恩仇会有罗伯斯庇尔之虞。

而历史的悲哀亦在于，一个人的功过是非往往呈现倒因果关系——有善果方知前是善因。这不是逻辑错误中的因果倒置（Reverse Causality），而是在人类价值体系中，后事实对前事实进行的意义干预。

1 ［法］弗朗索瓦·多斯：《从结构到解构：法国 20 世纪思想主潮》（下卷），季广茂译，中央编译出版社 2005 年版，第 335 页。

简单来说，历史评价或者意义生成的内在结构不是“现在决定将来”，而是“现在决定过去”。这就好比一个盲人从阳台上扔下一个水罐，在扔下水罐的一刹那，这个动作是没有意义的。如果砸在一个普通人头上，这就是恶行；如果砸在一个行凶者头上，由此中止了犯罪，便是善举。更多的时候，可能只是瓦罐落在地上，发出一声巨响，水越过碎片，流进沟壑并渐渐消失在地里。

从逃避网络到围观孤独

20 世纪 60 年代，著名人类学家玛格丽特·米德通过“代沟”理论表达了她对那个时代的忧虑，认同与义务的无常是一个大问题，“整个世界处于一个前所未有的局面之中，年轻人和老年人、青少年和所有比他们年长的人隔着一条深沟，在互相望着”。[1] 而现在朋友圈与朋友圈之间同样隔着一条条深沟。

相较于那些试图逃避网络的人，另一些人更希望通过被围观来赚钱。这里有所谓的“流量密码”，而“得流量者得天下”是他们信奉的金科玉律。有些网红在直播时为了博眼球做出一些匪夷所思的事情，甚至不惜以暴饮暴食的方式糟蹋自己的身体。

在九江境内庐山西海的水面上，有一棵树，因为终年长在水里，被

1 ［美］玛格丽特·米德：《代沟》，曾胡译，光明日报出版社 1988 年版，第 4 页。

称为“沧海一树”。同样，在苏州独墅湖畔的草地上，也有一棵孤零零的树。而在秦皇岛海边，还有一个孤独图书馆。所有这些都因为“孤独”而被围观。

或许只有孤独的人才是人的正版。在他人的眼里，每个人注定会沦为风景，被路过或者被谈论。有的人甚至开通账号只为了直播自己睡觉，口号是“孤独需要被围观”。而且围观者大有人在。从某种意义上说，这些直播和行为艺术并无本质不同，无论目的如何，其所反映的都是人类的孤独境遇。如果直播者将自己的直播解释为孤独博物馆里的一个项目，这一点与现实也并不违和。

总之，自从有了移动互联网，围观变得十分简单。回想从前，一句“十年寒窗无人问，一举成名天下知”曾经激励许多苦熬求学的年轻人，而被围观似乎也只是明星们的专利。时至今日，随便一个最孤独的人，也可能拥有无数的看客。如果需要，每个人都可以将自己包装成某一领域的名人。然而，这并不意味着人的内心可以因此得到慰藉，相较过去，他们只是更容易将孤独景观化。

互联网是一个人人可以走上去的舞台，真正难的是在这个到处都是摄像头的世界里如何做到逃避围观，而且在他扔掉网络的时候内心并不孤独。

第四节　物之凝视

直播濒危商品

移动互联网的普及，催生了不少行业，其中一个是直播带货。2020年7月1日起，中国广告协会制定的《网络直播营销行为规范》实施，重点规范直播带货行业刷单、虚假宣传等情况，其中多次提到了直播带货刷单情况。刷单在直播带货行业比较常见，有的动辄销售过亿元，过后就出现大量退单；有的虚构在线观看人数，营造虚假繁荣。

有人说，过去是走街串巷式的吆喝，后来在商场里租个柜台现场展示，接下来是直播间咆哮式的推销。直播带货也有自己的坎坷史。只是对于有了流量的明星而言，可以尽享“靠山吃山”的红利了。直播带货的积极性是它部分解决了“酒香也怕巷子深”的问题，但某些有着巨大流量的“网红”在一定程度上构成了对行业生态的破坏。且不说有大量以次充好的质量问题，诸如“全网最低价”的营销话术，即使不是诈骗，也有不正当竞争之嫌。

从前是生活制造需求，现在更多的需求是被资本与传播手段刺激产生。严格地说，相对于实体经济，网上这些职业吆喝师并不真正创造价值，而只是流量变现。他们制造活力，也制造了消费社会的景观。又因为有“饭圈”文化的加持，对于那些陷入群体购买行为的消费者而言，消费不是手段，而是目的。而主播的任务正如赫胥黎在《美丽新世界》中写到的，消费社会贩卖的不是产品，而是希望。吆喝最重要的是唤起一些广为流传的无意识的恐惧或焦虑，并且想出某种方式将这个愿望或恐惧与某个你想卖的产品联系起来，然后通过语言或图像的符号搭建起一座桥梁，让顾客能从现实进入补偿性的梦境，再从梦境进入幻觉，以为当买下你的产品时就能够梦想成真。

“我们买的不是橙子，我们买的是活力。我们买的不是汽车，我们买的是尊严。我们买的不是畅销读物，而是他人对见多识广之人的尊敬。”诸如此类。交易一旦上升到文化，首先完成购买的就是符号，而流量明星也像是活跃在直播间的牧师，引领一群迷途的羔羊。

这里可能还有一种消费心理上的回声屋效应。在直播间咄咄逼人的推荐下，许多消费者事后知道自己买回了一堆并不需要的东西，但在当时他们觉得自己买回的是一个快要灭绝的濒危商品——再不买就赶不上了。

我与物的距离

在过去的农村生活过的人会有这样一种印象，人与物的距离非常亲近。不仅天上的星星近，地上的东西也近。而且对身边的事物来历通常也是一清二楚。比如，什么时候去山上取的木头，什么时候做的板凳，什么时候去附近的铁匠铺打了锄头。虽然这些物件在今天看起来会显得简陋，但是有一种知根知底的感觉。

人随物安定，物随人长久。从前一把锄头可能用一辈子，现在一部手机常常只用两三年，便成了电子垃圾。物不再是传几代的东西了，它更像是遥远的传说，不会有谁会对晚辈说这是爷爷留给你的手机。

而现在仅身边的一个手机，关于它的来历，里面就可以装下“十万个为什么”。因为它合成了太多科技，人对它的构成和运行原理几乎只有仰望的份。高科技产品像是一个照妖镜，将用户还原成一个无知的人。而生产厂商能为用户着想的，就是不断地推出功能更好但也更傻瓜的新品。简单地说，伴随着陌生人社会到来的，还有物的陌生化。相较于越来越智能的物，在对物的理解方面，人像是正在退回蒙昧状态。更可怕的是，那些握在掌心与我们朝夕相处的手机，随时可以在毫不知情的情况下变成一个监视、监听主人的电子设备，在现代战争中，一代枭雄被敌军斩首往往也是因为它们暴露了行踪。手机在那一刻暴露它最真实的身份，你以为它是你的助手和仆人，实际上是敌人的特洛伊木马。

从化妆到美颜

和许多鸟类一样，爱美是人的天性，化妆术古已有之。据称早在原始时期，人类就开始用一些特别的颜料或饰物来装扮自己。而且在他们居住的洞穴里，至今留有壁画保持了化妆的痕迹。

化妆通常以美为目的，完成对原有表面的改造或修饰后，既能体现人所独有的自然美，同时也能在原有的“形”“色”“质”等方面增添魅力。当然特殊情况下的化妆也能用于乔装打扮，不在本文探讨之列。

如今由互联网与AI技术催生的美颜大行其道。虽然都以美为目的，但二者在具体操作与精神内涵上大有不同。

首先，也是最重要的，化妆是在原有表面进行的。一个女人为了给自己化妆，不会将口红涂到另一个人的嘴上，也不会涂在其他与自己不相干的事物上。与此相反，美颜则是异地加工。它是直接针对数字照片或者视频进行向上造假。美颜所追求的效果更接近于艺术。如果说化妆是零敲碎打的改良，那么美颜就是不流血的革命，是每个人成本最低也最可实现的乌托邦。

如果从灵与肉的角度探讨，化妆是对肉身的改造；而美颜则是为建立起某种灵的维度，寻找虚拟的形象代言人。化妆的极致是易容，不过人还在现场；美颜的极致则接近于幻术。自从有了美颜，从前用来对视的镜子消失了，现在需要凝视的是自己的化身。

从表面上看，这种凝视像是针对“肉身出窍”。而从本质上说，这里的“肉身出窍”是“灵魂出窍”。相较过去化妆时的扶起东来西又倒，有 AI 辅助的美颜更有机会让一个人爱上自己。人仿佛变成了可以拆装、打磨、拼贴甚至删除的物件。每个人都只是原材料基础，是“盛世美颜”神话的起点，而那个“最好的自己”最终都在自我之外。它不像数字孪生（digital twin）一样完全忠诚于实体。

图像瘾君子不约而同地打造景观社会，在那里“符号胜于物体，副本胜于原本，幻想胜于现实”。当人们过于专注自己并且忘我地建造美丽的幻象，各种美颜 App 就化作了古希腊美少年那喀索斯眼中的湖面，映照出所有自恋者水中的倒影。

前面说到化妆是对肉体的改造，真正对肉体的改造是整容。当然这是一件反讽的事情，当人们一边整容，一边高喊做最好的自己，实际上只是做了庸俗的他人。

破碎的身份

经过几十年的发展，我们从饥饿社会过渡到了饱和或者过剩社会。很多年以前鲍德里亚就注意到，当人们对商品的关注不再只是使用价值和交换价值，还包括它的象征意义与符号价值时，商品将通过各种暗示来操纵和支配消费者。所以鲍德里亚断定消费社会既是关切的社会也是压制的社会，既是平静的社会也是暴力的社会。毫无疑问，这个世界的商品越来越丰盛，我们生活在物的堆积与包围之中。

当小卖部发展成应有尽有的京东和亚马逊这样的电子超市，这意味着每个人都睡在全世界的商品堆里。一边是人被物化，不仅每个人都寄生在物品之上，而且人也是物；另一边是人陷入了物所带来的“精神沼泽”，即越丰富越贫困。广告给人带来完美的晕眩，而已经占有了某物的他人成为每个人的地狱。简单地说，人们不仅以物的方式互相凝视，而且物也在逼视每一个潜在消费者。

在物品匮乏的年代，相同阶层的人聚居在一起，大家生活水平都差不多。现在互联网建立起一种互相凝视的结构，每个“成功的消费者”都变成了他人的镜子。当完美之物近在眼前，不拥有它不仅是对物的辜负，也是对人生的辜负和对他人的惨败。他人在凝视自己，他物也在凝视自己，一切都近在眼前，在更广阔的“他人即地狱”的魔镜下，许多人因为害怕自己成为“有缺陷的消费者”而失去内心的安宁。

以前，决定人身份的有血缘、地理和肤色等，这些身份往往终身不变，比如，婆罗门与刹帝利，法国人和中国人，黑人和白人……进入消费社会以后，人的身份不仅破碎而且永远处于动荡之中。破碎在于，买得起最贵 iPhone 的人未必买得起房子，然而他有一个身份是“用得起最贵 iPhone 的人”；动荡在于，最贵的那款 iPhone 给他带来的“尊贵身份”很快会因为个人新鲜感的丧失和物的普及、破损以及产品迭代而失去。

换言之，虽然每一次具有符号价值的购买都意味着某种零星身份的重生，然而这种重生在时间上竟然如此短暂。就这样，伴随着一次次新品的发布，人在消费社会中活成了一只只方生方死的蜉蝣。人生产意义却做了意义的奴仆，一切辛苦似乎只为活出一个大家共同追求却又不存在的他者。

第六章

正与反

一个被烧伤的孩子爱上了火。

——奥斯卡·王尔德《道林·格雷的画像》

当一个人迎着太阳走的时候，影子却叛逆地投向了相反的方向。许多事物会走向自己的反面。

互联网曾经被理解为网聚人的力量，促进信息的流动，互通有无，实际效果却是它让越来越多的人或事变得封闭，让世界经历更大的撕裂。

或许，世界真的团结起来了。只是，在每个人孤零零地走向世界的途中，先走向了属于自己的原始数字部落。在那里，他们有自己的图腾和信仰，发展出了自己的方言与爱憎，还有命运为他们悉心准备的发生在不同部落之间的战争。

第一节　人的增强与人的削弱

猎物与猎人

科技为人赋能是显而易见的。2024 年初有则新闻讲了一个人工智能时代的爱情故事。在自己开发的聊天机器人和 ChatGPT 的帮助下，23 岁的俄罗斯 AI 开发者亚历山大·扎丹（Aleksandr Zhadan）花了一年时间同时接触并海选了 5200 名聊天者，最后抱得美人归。这一年，从 ChatGPT 到 GPT-4 API，人工智能的确变得越来越强大了，它们可以同时执行几十次对话、配对、安排约会，让传统求偶方式望尘莫及。

> 登高而招，臂非加长也，而见者远；顺风而呼，声非加疾也，而闻者彰。假舆马者，非利足也，而致千里；假舟楫者，非能水也，而绝江河。君子生非异也，善假于物也。

在《荀子·劝学篇》中，荀子不仅强调了学习的重要性，同时指出人对物的合理应用，可以为人赋能。而这也是科学技术之于人类的价值所在。时至今日，尤其是在经历了施拉姆所谓“最后 7 分钟”的突飞猛进之后，人类获得了前所未有的能力，不仅在交通与传播方面极大地缩短了时空距离，甚至想象借助人工智能和基因改造技术充当造物主的角色。

而这种增强既体现在国家能力方面，同样体现在每一个个体身上。这方面，以揭露美国“棱镜计划”而流亡海外的斯诺登尤其深有体会。在加拿大的一次远程 TED 访谈中，主持人对斯诺登说：1984 年 TED 成立，之后的许多讨论都相信奥威尔笔下的“老大哥”政治渐渐式微，“不是‘老大哥’在监视我们，而是我们在监视‘老大哥’，包括利用互联网监督政府”。而斯诺登的爆料揭露了一个残酷的现实。对此，斯诺登似乎并不十分悲观，在他看来虽然政府更容易借助技术监控民众，但像他这样单枪匹马者也可能借助技术大有作为。而在此之后反映斯诺登经历的纪录片《第四公民》（*Citizenfour*）屡获奖项，这也反映了英、美两国政府与社会之间的分歧。

就像克里斯托弗·拉什所感叹，当世界越来越具有一种带威胁性的外貌时，人们只能通过锻炼、节食、药物和心理调节来寻求适应。“只要外部世界仍然是挫折感的源泉，他们就不再关心外部的世界，对他们来说，自己的健康状况是唯一值得关心的事。”[1]

---

1 Christopher Lasch，*Haven in a Heartless World*，New York：Basic，1977，p. 140.

如果有些事情能够给他们一种可以把握世界的存在感甚至力量感，即使无比虚妄，他们也愿意为此效劳。比如，养一只俯首帖耳的小狗，参与围攻互联网上一个素不相识的人。毕竟，就像安东尼·吉登斯所指出的，现代性的危机不只来自无法抗拒的外部环境，在地球变回昆虫与青草的王国之前，人还要随时遭受“个人之无意义的威胁”[1]。

而这种无意义，既可能指向自己，也可能指向别人。显而易见，如今类似科技增强也在反噬每一个人。尤其在移动互联网普及以后，每个人相当于在通信上全副武装，随时可以摄录并发布自己看到、听到的一切。所谓“身怀利器，杀心自起”，在记录生活的同时，相关记录随时可能具有某种进攻性。人们在一个场合是如借神力的猎人，在另一个场合又可能变成难逃罗网的猎物。

后工业社会的控制转换

“后工业社会”是社会学家丹尼尔·贝尔在《后工业社会的来临》中提出的概念，它所描述的是自20世纪60年代以来西方工业社会的一种状态。

根据贝尔的划分，人类历史可划分为三个阶段，分别是前工业社会、工业社会和后工业社会。前工业社会以传统主义为轴心，体现的是人和

1 ［英］安东尼·吉登斯：《现代性的后果》，田禾译，译林出版社2011年版，第89页。

自然界竞争，土地是最重要的资源，而地主和军人拥有统治权，但因为受到报酬递减律的制约，生产率低下。工业社会主要是同经过加工的自然界的竞争，以经济增长为轴心，机器是最重要资源，占据统治地位的是资本家和企业主。而后工业社会是知识经济，主要体现在人与人之间的竞争，科技精英成为社会的统治人物。贝尔指出在后工业社会，技术性决策将在社会中发挥重大作用，而传统意识形态不可避免地将为科技治国论所取代。换句话说，在“技术轴心时代”，过去控制人的是某种压倒性的集体的观念，而现在则是各色占据统治地位的技术。

在后工业社会的诸多特征中，有三点极其耐人寻味：一是产品生产转向服务提供；二是管理革命，过去人对自然的关系变成了人对人的关系；三是后工业社会同样是信息社会，当信息被私有化，那么占有这些数据的人也就获得了福柯意义上的更多的权力。过去的几十年间，社会的确是朝着这个方向在发展。除了刑具和武器，过去人类的发明多数都是为了改造自然、合理利用自然。而现在的技术发明似乎更在于完成人对人的控制。在信息社会，人近乎宿命般地被瓦解为信息的一部分，这既是人大规模被物化的开始，也可能是人文意义上的人的终结。

没有人会否定科技在很大程度上改变了人类的生活，至于好坏，恐怕很难给出一个统一性的答案。它在增强个体的时候，也在将之削弱。罗素也曾谈到，在现代社会，“由于科学，我们能够通过报纸和广播（更别说今天的互联网）把信息或者讹误传递给几乎每个人”。但也同样由于科学，“我们能够让政府不喜欢的人要想逃走比以前难上加难”。[1]

新公司政体

如果以政治、经济与社会几大组织来分析，可以更清晰地看到如今个体处在怎样极端劣势的地位。在现代社会，个体不仅失去了对利维坦（国家）的反抗能力，同样在经济巨兽前面手无缚鸡之力。全球经济一体化、信息革命、大众传媒及相关集团的兴起，所有这些都交织在一个巨大的商品化生产的网络之中，巩固着一个个大公司的霸权。不计其数的商品以物的方式将人包围，并且将人不断物化，如果考虑到其中充斥着大量的物的垃圾，那人作为消费者实际上具有了蚯蚓的某种特征。

现代性的正反两面表现在：它既带来了丰富多彩的城市生活、更多的商品、更先进的技术、更多的专家以及更为分散的信息模式，与此同时也生产政治异化与无力感。当个体被从早先的田园牧歌中摄取出，并放置于各种铜墙铁壁的夹缝之中，包括国家的宰制或者管理，军事的恐吓以及卡尔·博格斯所谓的“新公司政体”等对公共空间的侵蚀，“个人感到完全被不断扩大的社会和制度巨兽——全球经济、国家、跨国公司、媒体、官僚机构——所吞噬，而它们似乎完全超出了其控制之外”。

---

1 ［英］伯特兰·罗素：《权威与个人》，储智勇译，商务印书馆 2012 年版，第 44 页。

由此，那些受挫的、愤怒的，以及无权的人可能选择退出公共领域。[1]

更别说，当社会充满暴戾之气，个体在“一个面对一群”时，通常也会选择息事宁人的态度。这是一种“战略性的退却”，退回内在的城堡。正如以赛亚·伯林所描述的，在自我的“不朽”中，无论外部的自然的力量，还是人类的恶意，都无法靠近。[2]借助这种人为的自我转化，个体表面上举起白旗向世界告别，不再关心世界的价值，在逃脱社会与公共舆论束缚的同时回到只服从自己的那种既自然又孤独的状态。

曾经标榜与巨人作战的力量已经变成巨人。作为第四权力的媒体，有时不啻为“第四座大山”。西方的媒体既是权力部门，也是利益集团，一起构成“新公司政体”。而个体在国家、新公司政体以及网络暴力面前变得消极不仅意味着公共空间的衰退，在某种意义上也是个人的衰退。正如默里·布克钦所言：“逐渐丧失权力的公民可能变成一个淡泊的、孤独的自我。”[3]尽管从表面上看仍有许多人借助互联网参与公共生活，但其远程效果以及围观结构意味着互联网只是一个巨大的生产看客（吃瓜群众）的机器。告别公共性，这是一次漫长的回家之旅。当一个人坐在床上点评或者转发网上的某篇文章，与其说在参与公共生活，不如说那是他私生活的一部分。

---

1 ［美］卡尔·博格斯：《政治的终结》，陈家刚译，社会科学文献出版社 2001 年版，第 106 页。

2 ［英］以赛亚·伯林：《自由论》，胡传胜译，译林出版社 2003 年版，第 205 页。

3 Murray Bookchin，*From Urbanization to Cities*，London：Cassell，1992，p. 22.

人的延伸与自我截除

麦克卢汉的深沉焦虑是，媒介并不局限于与大众传播相关的广播、电视等，而是人体任何部位的延伸。凡是对人产生作用的人之造物包括工具、符号和互动形式都可以纳入媒介的范畴。而延伸意味着“截除”（self-amputation），当媒介日夜强化我们某个感官的能力，甚至取而代之，我们身体原来那部分的功能就会退化而感到麻痹。更糟糕的是，我们甚至会因为爱它而丢掉自己。前文提到的“美颜”，虽说爱美之心人皆有之，但终日沉醉于美颜滤镜，实际上暗藏某种自我否定。

美少年那喀索斯便是爱上了倒映在水中的自己的影子而跳入水中的。对于古希腊神话中的这个悲剧，麦克卢汉的解释是，那喀索斯适应了自己延伸的形象，而这种爱也让他变成了一个封闭系统。准确地说，那喀索斯不是死于自爱，而是死于麻木。

人们对自己在任何材料中的延伸都会立即产生迷恋。那喀索斯爱上了自己，他想象水中的倒影是自己。当人类文化过于偏重技术，也会进入这种麻木状态。这不只是把技术之造物当作人的延伸，而是把这些延伸视为自我，因此时刻迷恋。也就是说，正是因为日日接受这些技术的服务，我们在内心有了一颗那喀索斯的灵魂，即把外在之延伸当作新我，并且爱新的部分胜于爱原来的自己。如果说椅子作为人的延伸，是对背部的截除，那喀索斯所完成的是对完整的人的截除。

按麦克卢汉的说法，由于不断接受各种技术，我们成了技术的一部分。如果要使用技术，人就必然要为技术服务，把自己的延伸当作神祇或者小型的宗教来信奉。对媒介影响潜意识的温顺的接受，使媒介成为囚禁其使用者的无墙的监狱。几乎同时进行的是，一方面人在不断地接受技术的修改，另一方面人还会不断地修改技术，以完成技术的更新换代。在此意义上，人变成了机器世界的生殖器官，正如蜜蜂是植物界的生殖器官，使其繁衍后代，不断衍化出新的形式，人类在不断为上一代机器生育下一代机器。[1]

而背后的真正危险是，人一直试图把同类变成机器，直到他们终于发明了机器，而机器最后也要把人变成机器。

道德猎场

在个人电脑尚未普及之时，1972 年下半年在美国出版的激进计算机迷报纸《人民的伙伴计算机》曾经有过这样的一段论述，“计算机基本上是被用来反对人民而不是去帮助人民，它被用来控制人民而不是去解放人民”，而改变这一现状的办法是生产大量的“人民的伙伴计算机”。那时候响应者的思路还局限于拥有属于社区的计算机，以平衡政府对信

1 ［加］马歇尔·麦克卢汉：《理解媒介：论人的延伸》，何道宽译，译林出版社 2011 年版，第 63 页。

息的绝对控制，推动信息民主化进程[1]。几十年后，当互联网成为人们生活中的主角，计算机的形象也变得越来越暧昧。它在帮助政府的同时，也在帮助人民自我解放。当越来越多的信息被私营部门控制，又出现了政府失灵的情况。与此同时，部分完成了“自我解放”的人民也在“电子民粹主义”中各显其能。

网络暴民通常是指那些以攻击他人为乐的“喷子”。在他们眼里，互联网上的一切人、事、物都在他们的评议之列。他们是天兵天将，随时介入任何争端，并实施话语暴力。有人总结新时代的网络暴民遵守的三个准则：“不思考，不解释，不负责。”表面上网络暴民表现得嫉恶如仇，而他们最大的优势往往是站在道德洼地审判崇高。

从结构上看，互联网里的每个人都可以互相抵达。屏幕与键盘像是狙击步枪，互联网是道德猎场，而匿名性和隔岸效应也可以让许多具有道德暴力倾向的人有恃无恐。同样重要的是，没有比只赚不赔的道德审判更合乎他们的能力和心意的了。如王小波在《思维的乐趣》一文中所指出：“在人类的一切智能活动里，没有比做价值判断更简单的事了。假如你是只公兔子，就有做出价值判断的能力——大灰狼坏，母兔子好；然而兔子就不知道九九表。此种事实说明，一些缺乏其他能力的人，为什么特别热爱价值的领域。倘若对自己做价值判断，还要付出一些代价；对别人做价值判断，那就太简单、太舒服了。”

---

1 ［美］西奥多・罗斯扎克：《信息崇拜：计算机神话与真正的思维艺术》，苗华健、陈体仁译，中国对外翻译出版公司 1994 年版，第 126 页。

20世纪70年代备受争议的斯坦福监狱实验揭示了在角色扮演条件下，有些人如何入戏甚至真的变成魔鬼。以法律的名义，其实谁也没有权利对他人的生活说三道四。然而在道德猎场上，当一些网民在心理上为自己穿上“狱警制服”，便会一厢情愿地把自己当成他人私德的“守门员”，把原本用于自律的道德作为惩罚他人的工具，甚至无视法之存在。

对于那些进行道德攻击的人而言，他们的行为在猎场上发生扭曲。一方面，远程、匿名的状态会让他们“原形毕露”，就像格劳孔在《理想国》中与苏格拉底谈到的，一旦人摆脱了名声的束缚，行为可能变得更加可憎。另一方面，从众心理又会让他们“失去原形”，加入一个巨大的怪物之中。这也是心理学所说人在集体中容易滑入“去个性化状态”，它不仅淡化个体的自我观察和自我评价，而且降低个体责任与个人对于社会评价的关注。当自我控制力量减弱，暴力与反社会行为就随时可能出现。“原形毕露”的后果是毁灭被攻击者，而“失去原形”的后果是让自己迷失于人海。当恶果铸成，凡有良知折磨者会发现自己曾经骑在旋风的后背上飞舞，一旦回到原地，自己的形象也已经跌得头破血流。

作家史铁生在《足球内外》里说：“如果我是外星人，我选择足球来了解地球的人类。如果我从天外来，我最先要去看看足球，它浓缩着地上人间的所有消息。”互联网同样浓缩了人间所有的消息。所谓“网络暴民”遍布世界。在英文中，“Troll”（网络暴民）一开始指的是那些在网络上钓鱼的人、惹人愤怒的人，网络暴力即“Internet Trolling”。网络暴力、仇恨言论正在成为巨大的恶性肿瘤，在一定程度上摧毁各个国家的互联网以及人们对生活的信心。追根溯源，一个重要原因是科技在增强人的同时，人的道德增强（Moral Enhancement）却没有发生。

约会软件、性衰退与最后一代

伴随互联网出现的是各种社交和约会软件。对于那些只为宣泄肉欲的人而言，科技似乎给他们带来了莫大好处。可以想象那些纯粹视寻欢作乐为目的的约会软件，无数男男女女以赤裸的灵魂相约赤裸的肉身，一切单刀直入，省却了不少情爱的虚饰与折磨。

表面上看，大浪之下，“人均性资源”相较从前似乎大大提高了。然而，许多社会调查得到的数据另有一番景象。以美国为例，根据疾控与预防中心（CDC）的数据，从 1991 年到 2017 年，中学生发生性行为的比例从 54% 降至 40%。与此同时，美国青少年怀孕率已跌至现代以来最高点的三分之一。而与生育率下降的相关研究表明，1999 年大面积的宽带接入或许是罪魁祸首。

美国圣地亚哥州立大学心理学教授珍・特温吉发表了一项研究，指出如今的年轻人与前两代人相比，性伴侣越来越少。20 岁出头的人禁欲的可能性是 X 一代的 2.5 倍；15% 的人表示他们成年后没有发生过性行为。其他社会调查的数据也表明美国成年人的年均性生活频率也呈下降趋势。

一方面是成年人借助社交媒体纵情声色，试图抓住生命的余晖；另一方面“性冷淡”“性衰退”（sex recesion）在新生代中蔓延，甚至渐渐变成了一种社会现象。在诸多因素中，除了经济下行、药物滥用、内分泌失调之外，人们可以轻而易举想到与数字经济有关的东西，比如，数字色情、社交软件、智能手机。当人长期陷入“电子鸦片”中的时候，情欲就会处于一种压制甚至失能的状态。

与此同时，当虚拟情欲与“自慰经济”大行其道，性爱由两个人的事变成一个人的事，随之而来的是蔓延全球的生育率下降，以及少子化和“最后一代”。2017 年，BBC 曾经做过一期有关日本的节目，这个以性文化闻名于世的东方国家，现在正在“无性化”。根据 2015 年的数据显示：在 18—34 岁的日本未婚青年中，约有四成以上的男性和女性完全没有任何性经验。

美国《性行为档案》曾经发表过一份大型调查报告，2000 多名男女细数了做爱的 237 个理由，其中包括“想离上帝更近一点”“我想换个话题”等。然而不想做爱的理由可能只需要一个——两个人都在看手机。

家庭或爱被视为最小单元的“共产主义”，20 年来发生了前所未有的崩塌，而现在甚至作为人类起源的性也衰退了。想象一下，在伊甸园里，亚当和夏娃在苹果树下背树而坐，目不转睛地看着各自的手机，任凭蛇怎样花言巧语都诱惑不了他们。

而之后的人类历史并未发生。在伊甸园里，人不曾消逝，只是没有诞生。

时空坍缩

互联网带来的一大惊喜是它重建了人类生活的时空结构。比如，传统超市在前互联网时代通常都有具体的营业时间，而现在它全天候营业，即使深夜醒来仍可以下单，用不了几个小时就有快递员将货物送到了家门口。在空间上，尤其在谷歌地图等数字实景工具的帮助下，人们甚至可以足不出户游览遥远的街区。而世界各地的在线图书馆，更是将传统的时空羁绊同时踩在了脚下。

表面上看，人可以触及的世界扩大了，利用的时间更多了。每天只要醒来，就坠落在现实世界的时空之网中。

然而自从有了互联网，许多人的生活同时走向了反面。他们面对的不是时空的扩大，而是时空的坍缩。既然从前需要用脚去丈量的地方，按一下鼠标就可以，那么他就宁可足不出户。与此同时，数字世界的 24 小时开放，不是让人拥有更多时间，而是使得时间被各种无用的信息填满。

每个人安安静静地躺在互联网铺好的信息摇篮里。在那里，空间四通八达，时间终日明亮，不仅晨昏一起消失了，遥远的地方和附近的人群也消失了，人与世界的关系缩略为人与手机的关系。

第二节　互联网与互不联网

消失的名单

作为社会动物，人需要朋友。或为共事，或为共情，至于数量则可多可少。挚友难寻是许多人共同的心声。以“一个也不宽恕”闻名于世的鲁迅曾感叹“人生得一知己足矣，斯世当以同怀视之”。如今，随着社会交往软件的兴起，各类 App 上挂满了朋友。

人的一生能够维护多少朋友？牛津大学人类学家罗宾·邓巴在 20 世纪 90 年代提出了 150 定律（Rule of 150），也就是社会脑假设。根据新皮质处理能力，人类将很难突破 150 人的稳定社交人数极限（至于精确交往、深入跟踪交往的人数不过 20 人左右）。邓巴的另一个著名观点是人类之所以发育出聪明的大脑，是因为在社会化以后要处理必要的人际关系，以便更好地在食物和配偶等方面参与竞争。

据称，正是运用了邓巴理论，早期有社交网站设定每个用户至多拥有 150 名好友。虽然这个数字上限引起很多争议，而且过于简单粗暴，但有一点是可以肯定的，即无论科技怎样进步，我们终归只是人，都逃不开人类的极限。

回想起我早先用微软的 MSN 时，很快便有了 2000 多的“好友”。若干年后，这个无意义的名单伴随着 MSN 的退出彻底烟消云散了。我的一位编剧朋友，很多年前为自己的朋友圈定了一个原则，上面永远只有 40 位好友，因为他准备的电影首映小剧场里只有 40 个座位。

稀释与物化

“充分利用互联网，但在意你身边的人。”这是谷歌总裁埃里克·施密特献给美国大学生的毕业箴言。中国最早一批网民对于 20 世纪 90 年代的一些网友聚会，时常流露出一种怀旧的情绪。那时的人们，通过某个论坛认识，然后相聚，既有开风气之先的骄傲，也有初次相逢的喜悦。见面时大家互称网名，就像是天南海北的游子回到了自己的村庄，也就是麦克卢汉所说的“部落”。

伴随着城市化与现代化进程，有着相同价值观和人口同质性的传统社会土崩瓦解。当地缘、血缘以及相近的文化和信仰被稀释，人们获得了由互联网批量生产的朋友。可以说，自从有了社交网络，世界上最不缺的就是朋友。许多人的粉丝动辄成千上万，而关注的人也是动辄数百。

过去令人怦然心动的村落没有了，网络的古典时代也结束了，取而代之的是人们将地面上的大城市搬到了网上，而且是有着数以亿计人口的超级城市。

每个人都高朋满座，每个人都微不足道。

物化（reification）所对应的是人的主体性丧失和人的被客体化（objectified）。其英文词源是拉丁字 Res 和 Facere，意思是“使之成为物品”。当互联网上添加好友如同订制一份免费服务，“万能的朋友圈”正在使朋友变成一种物。动辄几百几千而且在不断增加的朋友基数（准确说是联系人基数）时刻稀释着人与人的深度交往。App 上的朋友列表使具体的血肉之躯变成了一个个浮动在“朋友生产线”上的产品。不仅有数量显示，而且可以随时添加、删除和拉黑，就像生产周期中的推出新品和报废。在不缺朋友的朋友圈里，朋友的作用完全在于有备无患的工具性，而非真情实感。大家都心知肚明，在按钮式的朋友生产线上，彼此为过客。更为严重的是，当线下频繁来往的朋友变成联系名单上的头像，曾经的朋友仿佛是早期内嵌在手机应用中的一个功能。

有联系未必有交流，有交流未必是朋友。诗人约翰·多恩感叹“没有人是一座孤岛”，“如果有一块泥土被海水冲刷，欧洲就会失去一角”，“无论谁死了，都是我的一部分在死去，因为我包含在人类这个概念里”。在那里，人是具体的人，而在人山人海的拥挤的广场，人的意义正在分解和消逝。

近年来世界性离婚率攀升现象引人注目，因素包括价值观的冲击与演变，各种服务的可购买性降低了彼此之间的依赖，还有一个重要原因是网络加速了婚恋关系的拆解与重组。夫妻双方或者单方迷恋上网，各自为战，导致情感疏离。虽然许多网络恋人并未走向现实，但也为一些家庭的破裂撬开了一道缝隙，直至分崩离析。

托克维尔曾经感叹，从臣民社会出来，尚未真正走入公民社会的人面临双重抛弃。事实上，每一次传播技术的重大变革发生之后，在社会重新部落化之前，个体都会进入重返孤独的状态。旧有的秩序和连接被打破了，新的还需要时间生长。正如麦克卢汉所说的："文字环境把加纳土著拽出集体的部落社会，使他们搁浅在个体孤立的环境上。我们在新鲜的电子世界中的麻木状态，与土著人被卷入我们的文字和机械文化时所表现出来的麻木状态，实际上是一样的。"[1]

网络游民

有人将那些蹭邻居或马路对面饭店无线网络的人称为"网络游民"（Internet Hobo）。本文所谈到的网络游民则是基于网民所具有的普遍性特征。互联网四通八达，打破了全世界地理疆界和文化壁垒，让网民有机会随时访问不同国家和地区的网络，介入或者参与互动，而且来去自由。在此过程中，也存在着一定的脱序与破坏性。

---

1 ［加］马歇尔·麦克卢汉：《理解媒介：论人的延伸》，何道宽译，译林出版社 2011 年版，第 27 页。

在《游民文化与中国社会》中，学者王学泰如此总结传统中国社会里的游民意识：第一，游民具有天然的反社会性，希望天下大乱以改变自己的处境和地位；第二，有主动进击精神，向别人进攻；第三，只讲敌我，不讲是非；第四，游民脱离宗法网络的同时，也脱离了以儒家思想为主体的宗法文明，而当时又没有其他文明的存在，游民更趋向返回原始的野蛮。而王学泰所谓“在大部分中国人的灵魂里，都斗争着一个贵族，一个游民；一个绅士，一个流氓”，其实揭示的是普遍的人性的两极，并非中国人所独有。

相较于从前主要来自社会底层的游民，网络游民的主体则可能来自各个阶层。在某种意义上说，这首先决定于互联网自由进出、无远弗届的结构，而非社会结构。在互联网上，不仅黑客可以像燕子李三一样悄悄地潜入别人家里盗走资料与钱财，普通网民同样居无住所、四处游荡。不同的是，相较黑客，普通网民可能显得更漫无目的。如果在某一事件中形成网络聚合效应，他们就会显得力大无穷，时而呼啸而来，时而呼啸而去。具体到参与方式，也可能有王学泰所感慨的，游民对自己的观念、性格和情绪很少加以掩饰，但他们的“真”很少与“善”“美”联系在一起。至于网络暴力的后果，所谓替天行道，不过是慷他人之慨。以大碗喝酒、大块吃肉的同类狂欢，将他人推向深渊。

网络游民并非人人手持马刀，只具有破坏性或者说它是一个坏词。如前所述，网络游民的出现首因是互联网的结构。在具体的公共参与中，他们有可能使事态变坏，也可能将之朝着好的方向推进，可以肯定的是，社会演化的进程因此有了更大的不确定性。

大撕裂

世界互联正在演变成一场灾难，它逼迫人类像所有的野兽一样从失火的森林里奔跑出来。在大数据、人肉搜索、摄像头、各种终端以及网站 Cookie 面前，隐私无立锥之地，精英被磨平棱角。猎巫猖獗，谣言四起，各类运动层出不穷，人类生活越来越像是一出出拙劣的露天戏剧。

马克思相信风力磨坊带来了封建地主社会，蒸汽机磨坊带来了产业资本家社会。对于伊尼斯和麦克卢汉等媒介决定论者来说，传播科技的进步会让社会发生翻天覆地的变化，甚至孕育一种新的文明。而在传播学课堂上我经常给学生提的一个问题是，伴随古登堡发明到来的为什么是旧欧洲的四分五裂？

当古登堡的发明使文字的机械化生产、复制和大规模远距离传播成为现实，廉价版《圣经》像潮水一样流向各地，对上帝与天堂的解释不再被罗马教会和养尊处优的教士们垄断，于是有了声势浩大的新教改革。结构变了，当人手一本非拉丁文《圣经》，“异教徒”仿佛有了接通上帝的电缆。与此同时，一个以本国语言和地域文化为半径的想象共同体逐渐诞生，而这也正是近现代民族国家的起源。古登堡的孩子们消灭了中世纪。当上帝失去了旧有的统合功能，甚至被宣告死亡，失去方向的人找到了祖国崇拜，在印刷词（Printed Word）和地图民族主义的支持下，他们甚至满怀激情、心甘情愿地去杀人，借此完成以国为界的正义。追寻意义的人总得崇拜点什么，越过上帝和祖国的神龛，如今的人们纷纷伏倒在了物神的面前。他们只为自己而战，不仅渴望物，而且以自己为物。霍布斯所忧虑的“人对人是狼”的战争状态源于自然法则，而现在已经演变为“人对人是物”。

无论崇拜上帝，还是崇拜祖国，随之而来的都是连绵不绝、大大小小的战争。斯蒂芬·平克在《人性中的善良天使》中断言随着人类在精神上的成长，战争和暴力呈整体下降趋势。对比远古的部落纷争和 20 世纪的战争及种族屠杀，前者死亡率高出 9 倍。而中世纪欧洲的凶杀率是现代的 30 倍以上。过去经年累月折磨人类的奴役、虐待和酷刑，伴随着人道主义等观念的兴起，在近代变成了必须革除的恶习。

然而，历史并非线性发展，或者必然遵循着某种进步主义。一来暴力虽然有所减少，但人类对暴力的迷恋并未有任何改变，也许只是在等待机会。事实上，很多暴力乔装改扮后正在暗处运行。二来我们样本有限，研究历史终究只是以短量长。下表为欧洲主要国家的战争次数，时间自 1480 年开始[1]。

1 转引自［美］埃里希·弗洛姆《人类的破坏性剖析》，李穆等译，世界图书出版公司 2014 年版，第 193 页。

欧洲主要国家自 1480 年以来的战争次数

年 代	战争次数
1480—1499	9
1500—1599	87
1600—1699	239
1700—1799	781
1800—1899	651
1900—1940	892

从上述表格中可以看到，中世纪以后欧洲的战争次数并没有呈现一个必然下降的趋势，甚至伴随着启蒙运动带来的观念之战，战争次数反而急剧增加。按弗洛姆的理解，文明越原始，战争越少。战争的密度和强度也是这样，依科技文明的发展而上升。国家越是有力，政府越是有权，战争就越多越激烈。[1]而文明作为一种人类现象，也并不是一个天然的褒义词。近些年来，当世界掀起又一波声势浩大的反全球化浪潮，极右翼势力或者强硬派政治人物陆续在各地上台，有人甚至担心第三次世界大战的到来。而这一切，与互联网带来的传播效果不无关系。

整体上看，新的传播技术出现会或明或暗地导致社会出现大撕裂。

1 ［美］埃里希·弗洛姆：《人类的破坏性剖析》，李穆等译，世界图书出版公司 2014 年版，第 193 页。

如麦克卢汉所说："因为每种媒介同时又是一件强大的武器，还可以用来打垮别的媒介，也可以用来打垮别的群体，结果正是当代成为内战频仍的时代。"[1] 当然，这并非只是大炮完胜长矛的故事，还有许多战争是发生在同一媒介之间的。回到当下的互联网时代，诸如美国大选、英国退欧，为什么互联网在沟通世界的时候，反而出现了如此声势巨大的民意撕裂?

其一，传播新技术的出现促进新观念的生产与流通，以及观念上的冲突与分裂。在此基础上，原有的社会格局被打破，势必出现利益分化与重组。与此同时，技术鸿沟的马太效应以及观念传播与接受过程中的延滞性也会扩大这种撕裂。

其二，部分传统精英在新的技术面前会承受压力，社会出现流动性，曾经固化的结构开始松动和瓦解，而新生代精英也在渐渐走上前台。与此同时，日常被侮辱与被损害者也试图在"乱世"中寻找新的机会。

其三，传播新技术会整体性提升个体力量，而能力的增长也导致个体自恋度与权威感上升。与此同时，个体对技术或物的依赖性增强。这两种力量使人与人之间的需要感降低，甚至因为在工具性的人与物的对比中，使人进一步物化，疏离感也因此愈演愈烈。

其四，每个时代都存在撕裂的社会背景与心理基础，在某种意义上，每个时代都有撕裂的时候，区别只在于程度。这不只存在于个人，还存

1 ［加］马歇尔·麦克卢汉：《理解媒介：论人的延伸》，何道宽译，译林出版社 2011 年版，第 33 页。

在于不同的意见群体和政党之间。互联网的出现改变了组织方式甚至组织的定义，它在加剧社会撕裂的同时，也在不断连接，促进了各类社群兴起。而社群处于个人与社会的中间状态，它不仅可以在集体权益语境下合法化个人利益，并且可以让个体之间互相呼应。在此基础上，团体自恋与同类狂欢的封闭性将进一步加深这种社会撕裂。

其五，新技术若干特征的影响。比如，当热门话题出现时，互联网的低门槛造成拥挤，难免时常出现言论或者民意踩踏事件。

回顾近年来世界各地的发展，与大撕裂相伴的是各种仇恨言论的井喷式传播。2016 年 5 月 31 日，欧盟委员会联合推特、脸书、微软等互联网巨头，发布了在欧洲范围内打击非法网络仇恨言论的行为准则。这些公司还承诺将加强与一些民间组织合作，后者将协助标示出网络平台上煽动暴力和仇恨行为的言论。然而，实际效果并不理想。对于许多厌恶仇恨言论和网络暴力的用户而言，他们唯一能做的或许只是关闭评论，拒绝交流。

此外，由于互联网管制，一些有技术和能力的人可以获得他人未能得到的信息，由此不仅可能造成越来越大的数字鸿沟，而且会形成民意的分裂。

性别政治中的“新阶级斗争”

从传统文化看，东西方存在较大不同。东方在儒家文化的主导下，政治与社会求同，强调的是团结一心、和谐统一，崇尚集体主义。而西方尤其是在文艺复兴以后，更注重的是求异，强调个性、差别与自我实现，崇尚个人主义。本来，无论集体主义还是个人主义，这是人类的两种倾向，互为调节，若左腿和右腿走路，责任与自由相济，缺一不可。然而如果推到极端，任何一种倾向都有可能生出大混乱。甚至连埃隆·马斯克这样的顶级富豪也不得不面对儿子肖恩变性的痛苦，声称是学校洗脑让孩子受骗了。当马斯克在网上持续批评流行于美国的“觉醒”运动是一种反科学、反道德、反人类的思想病毒，并以440亿美元的价格收购了推特并且将之更名，以对抗“觉醒”的影响时，以女子身份重生的维维安早已声明与父亲断绝一切关系。事实上，让马斯克最痛苦的不是儿子的变性，而是儿子变成女儿后的“新阶级斗争”。在维维安眼里，一切富人都是邪恶的。

如今美国的一些网站的性别选项有几十种甚至更多，性别政治已经超越种族歧视成为最大的政治正确。早在2019年，也就是在法国同性婚姻合法化六年之后，为了避免对同性恋家长的歧视，法国议会已经决定将“母亲”和“父亲”这两个词从教育系统的官方文件中删除，取而代之的是“家长1”和“家长2”。此举激起保守派和基督徒的激烈反对，认为这是国家道德的严重倒退。而英国地铁和加拿大航空公司取消了“女士们先生们”的广播开头而改用“大家好”以示性别中立。

相关争论不绝于耳。在诸多性别中最具争议的是“流性人”（Gender Fluid），它使得个人在性别问题上走到“为所欲为”的地步。虽然这在个人权利方面似乎无可指摘，但是如果推广到整个人类社会，原有的结构与习俗恐怕全部要推倒重来。

同样引起争议的是，女权主义的初衷本是男女平权，共享人类的荣光。然而，极端女权主义追求的则是高高在上的权利。当该运动呈现出“新阶级斗争”的特点时，完整的人权观念其实已经冲得支离破碎。近年来，在世界范围内结婚率急剧下降，有观点认为这首先得归功于男人的另一种“觉醒”，他们发现越来越多的法律让男人成为弱势群体。

道德圈与同情疲劳

> 恻隐之心，仁之端也；羞恶之心，义之端也；辞让之心，礼之端也；是非之心，智之端也。人之有是四端也，犹其有四体也。有是四端而自谓不能者，自贼者也；谓其君不能者，贼其君者也。
>
> ——《孟子·公孙丑上》

先贤孟子屡次谈到同情的价值，其“四端说”中的恻隐之心，或许是中国最早有关同情的描述。这里的四端分别对应了“仁、义、礼、智”，恻隐具有对他人遭遇同情的意思，体现的是仁爱的思想。而在《孟子·梁惠王下》中探讨的“独乐乐，与人乐乐，孰乐？”除了强调君王要与民同乐，而非独自贪欢，实际上也在强调共情对于国家或者社群的重要性。

与孟子相比，庄子看到的是人与人之间的隔离。一个说“子非鱼，安知鱼之乐”，另一个回答“子非我，安知我不知鱼之乐”。在名垂青史的濠梁之辩中，庄子和惠子遵循着相同的逻辑——我不了解你，你不了解我。由于主体殊异，即使全无戒心，以诚相叙，人与人之间并不能轻易抵达。

同情（sympathy）不同于共情（empathy），前者是理解别人的遭遇，而后者为感同身受。大卫·休谟与亚当·斯密等试图从更广阔的视角将同情理解为一个主体对另一个主体的情感共鸣，既包括对身负苦难者的同情与怜悯、体恤，还包括对欢乐的感知与认同。在《道德情操论》中，斯密认为同情是人类与生俱来的一种能力，是人类的本性。正是这些共通的天性，使人类可以作为共同体一代代生活在一起并且繁衍下来。

若干年前，当我试图以“道德圈”这个概念思考人类行为时，发现早在19世纪爱尔兰历史学家威廉·莱基已有阐述：“人类最初降临于世的时候，他们的仁慈善心和自私本性比较起来，力量简直微不足道；而道德的作用就是逆转这一局面……仁慈善心曾经只限于家人，后来圈子逐渐扩张，首先扩张到一个阶级，然后扩张到一个国家，再后来扩张到国家联盟，之后扩张到全人类。最后，就连我们对动物的感觉也受其影响。”这个说法得到了达尔文的赞同。在《人类的由来》中，达尔文认为随着社会的发展，人类慢慢有了超越人以外的同情心，它越来越细腻、柔和，广泛到一切有知觉的生物。这是一个渐进的过程，“起初只是少数几个人尊重而实行这个美德，但通过教诲和示范的作用，很快也就传播到年轻一代，而终于成为公众信念的一个组成部分”。

具体到同情，其半径不仅体现在被同情对象在物种层面的变化，它同样表现在人类自身的亲疏远近。同情缩短了人与人之间的心理距离，网络同样缩短人与人之间的身体距离。不幸的是，它们有可能会形成反向效果。当网络伸进地球上的每个角落，到处都是可以观看的人间悲喜剧时，也可能因为频度的过分密集，以致出现同情饱和甚至同情透支。而大众媒体消费同情的做法也足以令人生厌。

为什么当我们重复盯着一个字或者一个单词时可能会发生突然不认识它们的情况？心理学将之解释为语义饱和（Semantic Satiation），如果人的大脑神经在短时间内接收到太多重复的刺激，就会引起神经活动的抑制，造成对常用字突然不认识的现象。

相较而言，同情饱和所引起的情感失灵却是长时期的。如果以斯密意义上的同情加以审视，今日大行其道的互联网在情感共通的能力上呈现着两种趋向：一是娱乐至死，二是同情疲劳。如果放到鲍德里亚的消费社会语境下，后者也可以理解为消费者疲劳[1]，尽管这些信息通常都是以免费的方式发放到用户手中。与此同时，加上网络暴力的盛行，几种情形都可能导致同情的丧失。当网络让人心变得麻木与倦怠，甚至斩断

1 ［法］让·鲍德里亚：《消费社会》，刘成富、全志钢译，南京大学出版社 2014 年版，第 183 页。

人与人之间必要的信任时，人类将重返情感的冰河时代。

另一个困境是，当人的能力越来越强，在道德半径不断扩大的同时，不道德行事的半径也在扩大。核武器的出现，意味着地球上的这个年轻物种具有了将其世代积累的道德资源清零的能力。

第三节　可见与不可见

相望与凝视

玛丽娜·阿布拉莫维奇的另一场著名的行为艺术表演是在纽约的MOMA（现代艺术博物馆），时间是2010年3月14日至5月31日。和1974年反映人性之恶的《节奏零》不同，纽约的这个“艺术家在场”表演所要完成的是人与人之间的相互凝望。

2012年，由马修·艾可斯执导的纪录片《玛丽娜·阿布拉莫维奇：艺术家在场》（*Marina Abramović: The Artist Is Present*）感动了无数观众。纪录片细致地记录了阿布拉莫维奇在MOMA布展的整个过程，整整3个月的展览，她都坐在一张椅子上一动不动，从早到晚、从开馆到闭馆，只要有观众坐在与她相对的那张椅子上，她都专注地在沉默中凝望对方。起初并不被看好的这个展览最后的观展人次超过85万，突破开馆以来的最高纪录。这次展览的高潮是阿布拉莫维奇过去的情人乌雷不约而至，并且和她对坐而望。上一次他们一起完成的作品是几十年前分手之时。在那部名为《情人—长城》（*The Lovers—The Great Wall Walk*）的作品里，两人在中国的万里长城上各自徒步 2500 公里，在中间相遇，然后互相告别。

对比两次行为艺术，阿布拉莫维奇面对的都是人类，印象却大不相同。1974 年的时候，她看到的是人性中的黑暗与残忍；而在 2010 年，她看到的是人性中深藏的孤独以及对爱的渴望。同一个女人，同样面对人类，变动的只是意义与结构。

日本自然科学研究机构生理学研究所的一项联合研究表明，人与人相互凝视或相互注意，会使大脑的活动模式趋同，它显示了视觉上的相互注意对人与人之间的互相理解起到重要的作用。另一项研究表明，当人类和他们四条腿、毛茸茸的朋友相互凝望时，会使两者体内的催产素升高。催产素是由下丘脑分泌和合成的一种荷尔蒙，可以增进人与人之间的信任。

时至今日，传播技术的发展让人类陷入虚伪的互动狂热——观看与反观看，却不再互相凝视。这个被无数人赞美的“地球村”，表面上一览无余，实际却是到处被遮蔽。虽然生活在同一个时代，每个人又都丢失在时代的迷雾之中。

互动狂热与视觉转向

崇尚理性的知识分子对于精神消费领域的视觉转向抱着一种近乎天然的敌意。早在19世纪，威廉·华兹华斯对于报刊中出现的大量插图便颇有微词，认为它们正在把成年人赶回孩提时代。伴随着摄影技术的出现与普及，当视觉狂热不断拓展可视性领域时，越来越多的学者开始他们在学理上的抵制。

在《论摄影》中，苏珊·桑塔格批评摄影是一种佯装术，人们永远无法通过一张照片去理解世界，因为那里遮蔽多于呈现。她甚至不无嘲讽地说，在过去的世纪，世界存在的一切事物都是为了终结于书本，而现在的世纪它们将终结于照片。

1971年，法国电影理论家兼批评家、《电影手册》的编辑柯莫里在《可视性的机器》一文中这样写道："19世纪下半叶盛行一种视觉狂热。当然，这是社会的图像增殖的结果：大量带有插图的报纸的广泛传播，印刷品和漫画等掀起的狂潮。不过，这也是可视性和可表征性的领域地理延伸的结果：借助于旅游、探险、殖民活动，整个世界变成了可见的，同时也变成了可挪用的。"

学者们对于"柏拉图洞穴"中的幻象世界总是充满了警惕之心。而世界的几次视觉转向，从绘画中的透视主义流行，到摄影技术对世界的还原，以及今天对高分辨率近乎疯狂的追求，一切都在于能够让这个世界更清晰和更透明。然而，如果按梅洛·庞蒂对透明性的批评，这最终可能只是一场徒劳。“视觉的疯狂”——它本身已经是对光的疯狂——是可见者永无休止地对自身的超越，但又从未揭示出其自身之外的任何东西。[1]

古斯塔夫·雅诺施在《卡夫卡谈话录》中谈到一段耐人寻味的细节。1921 年春天，布拉格引进了两部国外刚刚发明的即时成像照相机，这种相机能够在一张相纸上一次拍摄一个人的很多种表情。雅诺施拿着一堆照片去找卡夫卡，并称这简直就是一个全自动的“认识你自己”机器，而卡夫卡嘲笑说这应该是“错认你自己”机器。当雅诺施表示“照相机可不会骗人”时，卡夫卡很不以为然，在他看来，自动照相机不是人眼的升华，而只是一个外观花哨的简化版的苍蝇复眼。

自从有了互联网，在视觉狂热之外又添互动狂热。而互动狂热的背后，仍旧是互相窥视。在那里，每个人都在变成巨大景观的一部分，而且极尽佯装和琐碎。

什么也看不见

人类对世界的了解，首先是通过自己的感官，而感官必有其限度。在寂静树林里，可以听见一只蟋蟀的叫声，而在喧闹的房间里，尽管每

---

1 ［法］艾曼努埃尔·埃洛阿：《感性的抵抗：梅洛·庞蒂对透明性的批判》，曲晓蕊译，福建教育出版社 2016 年版，第 210 页。

个人都在说着你能听懂的语言，但你什么也听不见。因为不同的声音互为干扰，超出了人感官所能辨别的限度。同样，如果一个人被手电的强光照射，他还会出现“在光明中失明”的现象。所以梭罗说“那些使我们失去视觉的光明对于我们来说是黑暗”。

这是信息爆炸所带来的时代弊病。当各种观点蜂拥而来，它们不仅会彼此降低每一条信息的重要度，同时也会模糊它们的辨识度。上网者面对的是一个开放的世界，但他又像是被关进了信息的小黑屋。小黑屋里放着 3600 块手表，每块表都指向了不同的刻度。如果需要做出判断，他就只能依靠自己的心理时间。

有些不可见是结构性的。当读者开始使用苹果、谷歌、脸书，也意味着自己走进了不同的全景监狱。在那里，这些公司可以通过后台看见你，记录你的言行，你却看不见他们谁在审查，谁在删帖，谁在更新算法、分配文章与广告，谁在像剑桥分析公司（Cambridge Analytica）一样操纵民意和选举结果。

彼得·斯劳特戴克说：“眼睛是哲学的原型器官。其神秘之处在于它们不仅能够看，还能看见它们正在看。”更重要的是，当两个人的目光交汇，双方不仅看到对方的眼睛，而且知道眼睛所附着的肉身。无论如何，人是在场的。而在可视性机器面前，你看到的眼睛（摄像头）与背后的肉身（机构）相分离。而且，如果有必要，藏在背后的人完全可以否定自己的观看与记录。这种困境同样出现在大街与许多明亮的房间里，你可以看见各式各样的摄像头，分辨它们的颜色、形状、尺寸、高度、密度以及如何闪光或者旋转，然而你看不到摄像头背后的那一双双监视你的眼睛。或者，那里本来空无一人，只是人被机器规训。

“在 19 世纪，掉到泰晤士河里的水手并不是溺水而死，而是因吸进这条伦敦的下水道中恶臭与有毒的水汽窒息而死的。”乌尔里希·贝克在《风险社会》中这样写道。在过去，风险刺激着人的鼻子和眼睛，从而是可以感知的，而时至今日，文明的风险一般是不被感知的，并且只出现在物理和化学的方程式中（比如食物的毒素或核威胁）。[1] 同样，对于今天的普通人而言，电脑与互联网上的很多风险也是看不见的。你不知道里面暗藏了多少木马或病毒，甚至不确定在遥远的地方是否有一双满怀恶意的眼睛借你电脑上的摄像头在窥视你。

此外，还有心理上的“看不见的大象”和注意力层面的“看不见的大猩猩”等现象。除了上面这些，许多便携产品也让日常交往坠入看不见的无底洞中。比如，谈话时看不到对方的手机是否已经按下录音键；相对而坐时看不见对方的手机是否正在摄像。谷歌眼镜之所以受到一定程度的抵制，一部分原因就是它可能侵犯隐私权，以及其他的礼仪或伦理方面的问题，因为佩戴者可于公共场合在他人未察觉的情况下录制、拍摄影片或照片，或者借助人脸识别系统捕捉他人的信息。

---

1 ［德］乌尔里希·贝克：《风险社会》，何博闻译，译林出版社 2004 年版，第 18 页。

从暗网到纸飞机

许多中国网民对暗网（Dark Web）的了解是通过章莹颖失踪案。紧随其后有关暗网的新闻是，美国和欧洲官员领导的一轮全球网络犯罪调查，已关闭了 Alphabay 和 Hansa Market 等暗网非法集市。

20 世纪 90 年代末，在互联网刚刚兴起之时，上面各种内容都有。随着网络的快速发展和社会治理的加强，一部分难登大雅之堂的内容开始转入地下，于是渐渐有了今天的暗网。如前文所述，媒介是人性的延伸，人性中既有良善的一面，也有阴暗的一面。人既有堂而皇之的好梦想，也有不足为外人道的“坏梦想”。

暗网并非天外来物，它一直存在于互联网上。由于其服务器地址和数据传输通常是匿名、匿踪，因而暗网只能用特殊软件、特殊授权或对计算机做特殊设置才能访问。暗网之所以存在，是因为“明网”（Clearnet）缺乏对个人隐私的有效保护，不仅相关内容随时可以借助谷歌等搜索引擎找到，而且还有可能遭到权力部门的调查。

暗网不乏“马里亚纳网络”“丝路”之类的深渊险境。三 K 党、撒旦教成员、儿童色情、买凶杀人、毒品交易，可谓“应无尽有”。据说许多暗黑网站在登录时需要纳投名状。若说暗网罪恶累累，可能言过其实。毕竟，人世间最大的罪恶并不在深山老林。暗网之所以存在，还因为支持者中有许多致力保卫隐私权的企业与个人。事实上，许多政府部门在暗网上同样有利可图，那里可以对接相关执法、军事和情报部门。

作为社交软件在明网运行的 Telegram（纸飞机）之所以得到迅速发展也是因为它具有一定的暗网性质，甚至有人认为它就是设在大街上的暗网入口。在那里，使用者可以相互加密与自毁消息，传送图片和视频，甚至组织社会运动。一方面，它的确最大限度地维护了通信自由；与此同时，它也让各国政府部门感到头疼。早在 2013 年成立之初，创始人帕维尔・杜罗夫曾宣布只要有人成功破解已拦截的通话消息，他愿意提供价值 20 万美元的比特币作为奖金。10 年以后的 2024 年，Telegram 的用户数量即将突破 10 亿。2018 年 8 月，Telegram 修改隐私政策，规定如果执法调查单位能够证明特定用户的身份为恐怖分子，将配合法院要求提供该用户的 IP、电话号码等资料。

具有戏剧性的一幕是，这位生于 1984 年的俄罗斯富豪移民法国几年后，于 2024 年 8 月 24 日遭到法国警方的逮捕，而逮捕他的理由被指与 Telegram 平台有关。为此在内容审查方面同样采取放任态度的埃隆・马斯克在自己的 X 账户上发帖号召"#FreePavel"（# 释放帕维尔），并表示"这是 2030 年的欧洲，你因为给一个表情包点赞而被处死"。

该事件引起强烈反弹，甚至上升到欧洲是否还有言论自由的讨论。说到底，需要解决的还是一个经典问题，即如何抬高言论自由的边界和降低公共安全的成本。杜罗夫此前接受采访时表示 Telegram 引起了美国情报部门关注，后者曾向他了解该平台的情况，还试图秘密招募 Telegram 技术人员。据称美国政府可能想在 Telegram 安装一个"后门"，访问平台系统和数据库。

愤怒的玩家

2007年12月20日，《南方周末》刊发长篇特稿《系统》，该文细致深入地剖析了某网络游戏的精神内涵，包括如何视玩家为玩物，通过种种制度设计为他们铺就通往奴役之路，以便从中谋取更多的金钱。文中最令人惊骇的一幕是，当玩家开始抗议时，他们开始被屏蔽，甚至被送到了“监狱”。

> 玩家们出离愤怒，他们停止砍怪，不再接受任务，国王们都难得和平地坐到一起而不是申请“国战”。在游戏地图最中心的皇城广场上，密密麻麻地坐满了战士、法师、弓箭手和召唤术士们。这些往常醉心于杀戮的角色，如今用绝对的安静来对抗系统的贪得无厌。
>
> 吕洋当然不会缺席，她率领家族成员们加入静坐行列，她甚至花“10两银子一次”向“全世界”喊话：“游戏越改越烂，系统越来越贪！”
>
> 她惊愕地发现，“系统”两个字不能显示了，变成了**；再试“GM”，还是**；再试“史玉柱”，这次是***。
>
> 吕洋既愤怒又觉得好笑。是啊，这个隐匿无踪的**或

> ***，却无处不在。它谦卑而热情地引导你花钱，它隐身其后挑起仇杀和战争，它让你兴奋或者激起你的愤怒，它创造一切并控制一切，它就是这个世界里的神。
>
> ** 虽不可见，却始终看着你。没过几分钟，正在愤怒控诉的“女王”被抓进了监狱。按照系统的指令，她将被关押 8 个小时。这个“监狱”不在这个世界的地图上的任何一点，它只存在于系统中，就像索尔仁尼琴描写的古拉格群岛，你从不会看见它，你只是被运送到那里。

该游戏公司以“永久免费”来宣传这款游戏，许多玩家的真实体验却是“这是一款最烧钱的网络游戏”。反讽的是，这篇文章不久便从南方网上消失，而这款游戏的投资方也成了南方报业集团的广告客户。游戏公司在线上操纵玩家，线下操纵媒体，不仅视普通玩家和读者为囊中之物，还悄悄地蒙上了他们的眼睛。

在种种隐蔽的操纵手法中，还有一点是放大人性中的恶。系统准确地捕捉着人性的弱点，召唤着玩家们在违背普世价值的虚拟世界中放纵自己的邪恶。它赋予战争中的人肆意杀戮的权力，给予杀人者加倍的经验值奖励；系统也会标明你的斩首纪录，那一串串数字就像印第安战士割下的头皮代表着无上的荣光，而被杀死者得到的只有耻辱。

这种操纵并非只是在游戏之中。当社交平台出现大量攻击性言论时，社交平台官方似乎总是乐见其成。社交平台成为角斗场，网民被搞得四分五裂，社交平台的股价却上升了。背后的放任、操纵与该网络游戏把“欺凌他人的威力和合法的伤害权都标价出售”并无二致。如前文所述，媒介是人性的延伸，而仇恨言论可以汇集无数的眼光，而精明的商人总是能从乌黑的瞳孔里提炼出石油。

除了上述几种情况，在背后操纵舆论牟利的还有网络推手和水军。前者常常通过骗取公众的同情心而炒作大事件，结果是摧毁人与人之间的信任。后者是网络上的雇佣军，既可以随时待命发起针对目标客户的道德狙杀，也可通过刷流量的方式欺骗世人，以达到劣币驱逐良币的效果。

红色药丸与蓝色药丸

这世界光怪陆离，人总有一种古老的热情去求真。不过相较于假，有时候幻似乎比真还具有吸引力。

在 1999 年上映的著名电影《黑客帝国》中，反叛军领袖墨菲斯向主角尼奥提供了红色药丸和蓝色药丸之间的选择。红色药丸代表的是真实的但不确定的未来，它将使尼奥摆脱矩阵（Matrix）产生的虚拟现实的奴役控制，并让他逃脱进入现实世界。然而，现实也是残酷的。

蓝色药丸则代表着虚拟空间。每个人像婴儿一样悬吊在电子襁褓之中，他们在母体的模拟现实中可以毫无拘束地生活，不过这一切只是虚幻的幸福与安稳。由于在现实中并不行动，本质上说每个人都像是一块浸在水里的石头在做梦。

作为全片的动力之源，尼奥选择了红色药丸。

从某种意义上说，当他选择红色药丸的时候也选择了有血有肉的真实的生命，而不是一段代码，灵魂也不再是一个被人随意挪动的光标。

“做梦的人都醒着。”这是诗人式的语言，而现实是人们需要真实地看见。是做痛苦的苏格拉底还是快乐的猪，是吞下红色药丸还是蓝色药丸，无数人都需要直面这一系列选择。

如今《黑客帝国》里的矩阵在互联网中已经成型，各种社交媒体无时无刻不在统治着人的生活。也许有人选择退出，但更多的人在每天从自己的床上醒来时，是毫不犹豫地将红色药丸和蓝色药丸一起服下：我知道自己被困在大数据的陷阱之中，但是此刻我快乐，而且我身边有几十亿人。

第四节　社会多元与个人极化

马桶上的皇帝

伴随着移动互联网的发展，人们已经越来越离不开手机。最极端的例子，有捉襟见肘者卖掉一颗肾买台苹果 iPhone。这种“以物易物”的方式像是一个货真价实的隐喻——手机正在成为人体的一部分。

过去出门时大家会提醒自己带三样东西：手机、钥匙和钱包。如今钱包及其中的纸钞已经被移动支付替代，只带钥匙和手机了。钥匙为人连接的是物理的家园，而手机直通世界，连接的则是精神的家园。当一个人变成手机人，这种智能增强（IA）让他成了《西游记》里的千里眼和顺风耳。糟糕的是，传统意义上的独处消失了，以前写一篇日记锁在抽屉里不会被人看到，现在一个人独自待着周围还连着成百上千的人。如果什么时候寂寞难耐发一条朋友圈，通常也被理解为在众目睽睽之下

“晒孤独”。

赫伯特·马尔库塞在《单向度的人——发达工业社会意识形态研究》里指出单向度的工业社会具有“极权化”倾向。当人们使用着相同的网络，阅读着相同的头条，因为相同的信息垃圾而消化不良，信息社会同样造就了无数“单向度的思想”与“标准化的人”。确切地说，不是“标准化的人”，而是“标准化的阅读器”。与此形成鲜明对照的是，互联网时代补充了另外一种特征。这既有后工业社会的极权化，同时也有个人的极权化。

前一种极权是通过政治与科技的合谋来完成的，正如“监视资本主义”所揭示。而后者，正如天使投资人薛蛮子在被抓后所陈述的，由于自己粉丝众多，每天收到的私信就有上千条，就像唱戏的一样，他的票友比梅兰芳的还多。如果碰到什么事，他会私信给当地有关部门或单位，有时候下午就能得到回复。而一旦有人在网上对薛发布的内容进行质疑和反驳，不用他出面，不明真相的粉丝就会站出来替他说话。久而久之，就有一种“每天像皇帝般批阅奏章的感觉，自我感觉飘飘然”。

许多人都在以“朕”自称，许多软件开发者也在投其所好。事实上，有“批阅奏章”感觉的人并不只有薛蛮子这类“大 V”，还包括其他无数拿着手机“君临天下”的人。即便坐在马桶上，只要能够刷手机，指点江山，游牧天下，就有做了皇帝的幻觉。

如前所述，在很多时候，互联网就像古罗马的斗兽场，而上网者大多数也都是位列四周的看客。和过去亲临现场不一样的是，现在上网者的身边不再有皇帝，而且世界或者说斗兽场浓缩在手机屏幕里，一切仿佛尽在掌握，应有尽有。打开手机像上朝，关闭手机或者将它扔到一边，便像是退朝了。

以社交网络为代表的新媒体结构和以个人为中心的传播特征，不仅具有天然的“反中心”取向，而且正在形成无数个小中心，让上网者产生“万物皆备于我”的幻象。帕斯卡曾经批评的“以河为界的正义”，如今缩减为“以我为界的正义”了。让这些小皇帝不开心的是，现在的小皇宫里已经被人悄悄地装上了无数个隐形摄像头。

对于社交媒体上风卷残云的群众运动，迈克尔·麦卡弗里批评“美国一直认为自己是自由民主的灯塔，而如今它正在迅速沦落为一个极权主义国家”，因为美国国内已经到处都充斥着崇拜权力、贬低真理的个人极权主义者（individual totalitarian）。这些小暴君（little tyrant）借助公共事件发泄内心恐惧和愤怒情绪时，也在摧毁美利坚的灵魂。正如查尔斯·泰勒在《现代性的隐忧》里警告的，个人主义、工具理性以及人们在现实政治生活中的无能为力正在使人堕入虚无。而作为西方文明第一推力的个人主义发展到一定的程度不仅让人深陷虚无，还将使人失去自由。

一个耐人寻味的变化是，个人主义带领人们冲破牢笼时，人会从中获得意义感。而当个人主义试图打破一切时，虽然他还在（新的）牢笼之中，这个牢笼已不再为他提供任何意义了。

和撒旦一起爬山

近代史里有一段著名的公案。在梳理袁世凯为什么敢冒天下之大不韪复辟帝制时，有传闻说袁克定曾伪造一份只给袁世凯印刷好消息的《顺天时报》。而袁克定之所以偷梁换柱怂恿袁世凯当皇帝，也是想让自己有机会当太子，好在将来登基做皇帝。经多方论证，虽然这很有可能是一则谣言，但在人类历史中，以谄媚完成操纵的例子又是无比真实的。

“过滤泡泡”（filter bubble）就是一例。设计者的逻辑很简单——理解用户的需求与偏好，然后根据算法给他推荐可能最感兴趣的内容。又一个美丽新世界、信息乌托邦，而风险也在悄然生长。对于许多用户而言，这种信息喂养机制同时也完成了隔离的功能。“过滤泡泡”把有着相同偏好或者特征的人、事、物汇集在一起，让支撑目标用户观点的材料不断增加与强化。

糟糕的是，如果没有良好的互联网素养（internet literacy），一个人可能会生活在“过滤泡泡”为他精心定制的天鹅绒信息牢笼里。由此不难理解，为什么自从有了互联网，社会撕裂程度越来越大，因为互联网正在结构性地生产并聚拢和自己观点谈恋爱的人，而且将这种自闭的爱恋推到极致。就这样，一个正在形成的开放世界在某种程度上被原本有着开放结构的互联网扭曲了。同样严重的问题是，由于害怕陷入“一个面对一群”的冲突，许多人宁愿将自己的观点隐藏起来。

若干年前，《连线》记者马特·霍楠曾在脸书信息流里做了一个试验：当他依次对所有内容点赞，最后发现脸书信息流就像一个洞悉他喜好的精准推荐器，推荐给他所有他“喜欢”的内容。有作者将这种极化现象比作与撒旦一起爬山，并接受撒旦的引诱——“如果你愿意堕落并喜欢它们，我会给你所有这些东西。”[1]

为用户提供服务本是互联网媒体的应有之义，然而客观上有些服务也暗含着某种操纵用户的功能。这并不必然意味着是开发者之恶，背后仍是逃不脱的麦克卢汉的魔咒——我们塑造了媒体，媒体又反过来塑造我们。人本身就有不断自我强化的倾向，而现在互联网技术迎合人性中自恋的一面。

妥协的消逝

为了生存下去，病毒会不断寄生于宿主。正如前面提到的，每一则谣言都在寻找自己的听众，并且让自己繁殖下去，甚至变异出不同的植株。而且，“哪有共同的利害关系，哪就有谣言公众”。[2]

每个人对谣言的敏感程度以及传播目的都不一样。如果谣言能够符

---

1 https://www.motherjones.com/politics/2014/08/what-hAPPens-when-you-everything-Facebook/.

2 ［美］奥尔波特等：《谣言心理学》，刘水平、梁元元、黄鹂译，辽宁教育出版社 2003 年版，第 130 页。

合自己的预期，那就像是行船之时遇到了顺风。“果然不出所料！”这是另一种意义上的“预言自我实现”。正如喜欢听到与自己相同的意见，人们会根据自己的偏好选择性地接收信息。

谣言被动迎合了传谣者的心理倾向，“过滤泡泡”同样有此精神内涵。为了获得更多的关注与流量，后台会源源不断地叠加用户想看到的信息，给用户创造出一种量身定做的现实。

对于这种私人定制的坏处，包括《消失的邻居》（*The Vanishing Neighbor*）一书的作者马克·邓克尔曼在内，大家不约而同谈到技术如何以一种讨巧的方式让他们可以避开自己不喜欢的人群或观点。在邓克尔曼看来，问题不仅仅是字面意义上的邻居消失了。在美国，曾经被托克维尔称为“乡镇”的机构也正在衰落，因为在新形势下它正在渐渐失去原有的功能。而当技术将一个个圈子越绑越紧，更严重的是，在今日这个时代，过去被鼓励的辩论和培养妥协的互动正在消失，政治妥协越来越被视为一种失败。

当新建立起来的社群同质化倾向越来越严重，妥协也就越来越难。除此之外，互联网的围观结构也是各方互不相让的重要原因。人是孤独的，却又在互相奴役。任何一方都有自己或真或假的支持者，各种混乱观点的叠加往往会让事态更趋极端化。

正如前面谈到，就具体的参战者而言，网络争执隔着时空，每个人无异于在自己的小皇宫里远程鏖战，他人之生死也因此完全可以置之度外。谷歌等网络媒体以精妙的算法为用户当起了信息弄臣，与此同时各种对立乃至仇恨言论在网上蔓延。其结果是，技术离人越来越近，而人与人则越来越远。同时颇为反讽的是，这技术又暗含着让人疏远的结构。

自恋者意义增强

人不仅仅是意义动物，而且时刻迷恋于意义自我增强。所谓“江山易改，本性难移”，抛开个中贬义不论，这句话道明了自我增强是许多人的不归路。在此意义上，自甘堕落的背后，也可能暗藏着某种隐蔽的自恋倾向。

互联网条件下人的自我强化主要体现为以下几点：

1. 意义驱动：个体在信息摄取方面具有明显倾向性，同质化论据会自动收纳，同质化观点会引为知音，由此渐渐形成意义封闭。

2. 技术支持：个体可以“以机器为奴”，不仅可能通过删除键排除异己，屏蔽反对声音，还可以借助各种美图软件像“制造路易十四”一样制造自己的幻象。

3. 去中心化：去中心化和自由化条件下，其他人的重要性被稀释，权威的意义被瓦解。当门前的高山变成脚底的瓦砾，个体以自我为中心的倾向被鼓励和增强。

而在同质化群体中，人的自恋倾向亦有可能通过群体逐步增强。一是来自群体的感染。同质化意味着在每个人那里同伴都变成了回音壁，相关群体变成了回声屋。而这个群体中一旦有人变成领袖，则可能通过一连串事件或者行动来证明其权威与重要性。

埃里希·弗洛姆在《人类的破坏性剖析》一书中特别谈到个人自恋和团体自恋。自恋的人会觉得自己拥有的一切都是真实的，包括他的身体与情感。而不属于他的人或物，则引不起任何兴趣。这种双重标准，常常让他们失去判断是非的能力。而如果团体自恋，尽管大家知道这种倾向，但还是会不遗余力地表达出来。诸如，自己的所属群体最伟大、最有力量、最爱好和平等。最重要的是，那些平时被社会轻视的人，会在这个伟大的团体中获得心理补偿。[1]

洗脑的完成需要两个重要条件：一是具备被洗脑者可能相信的信息，接受这类信息会给他带来现实利益或者心理上的某种好处；二是隔绝外界的信息，使前一个条件得到增强。而在一个密闭的群体里，人们之所以更容易被洗脑，正是因为这些人能够互相强化他们选择相信的信念或者教条，共同隔绝来自外界的信息。曾经流行一时的蓝鲸游戏（Blue Whale），导致多人自杀。其规则有一条是预设陷阱，迫使参与者在固定期限之内不得退出游戏。

2016 年美国大选结果出来后，许多自由派媒体惊呼这是“自由的失败”。我更倾向于认为这是美国自由派媒体的失败。显而易见，长期以来，这些高扬政治正确旗帜的媒体对美国正在崛起的反移民、反全球化力量严重估计不足。在美国，绝大多数新闻媒体都在反对特朗普，而这

---

1 ［美］埃里希·弗洛姆：《人类的破坏性剖析》，李穆等译，世界图书出版公司 2014 年版，第 182 页。

些媒体之间也形成了“回声屋效应”（echo chamber effect）与广场效应，淹没了许多理性的声音。

古希腊有句格言：“困扰人的不是事物本身，而是人们对事物的看法。”人是意义动物，人的存在感也正是基于某种已经生成的意义系统。为了保有这一存在感的稳定性，人们倾向于不断地自我增强，而不是反向地否定自己已经生成并相信的意义。否则，势必造成自我吞噬的紧张感。正是在此基础上，即使是邪教组织的成员在梦想破灭后依旧会选择相信原来的某些东西，以维持自己在心理与智识上的平衡。

简而言之，信息摄入方面的自我增强表现为：

无聊、无意义—寻找意义—生成意义系统（A）—不断的、有选择性的信息摄入自我强化 + 大脑的奖励系统—增强的意义系统（A+）。

无论是潜意识还是有意为之，这种强化的目的都在于维持自我的稳定与内心的和谐。人像是一颗意义的星球，通常只愿沿着自己的意义轨道旋转。自我否定对于别人来说是或好或坏的变化，而对自己而言不亚于一次天崩地裂。

孤独经济

几年前，我在课堂上问“00 后”将来是否考虑生孩子，一部分学生的回答是：“老师，我们考虑的不是生不生孩子，也不是结不结婚，而是谈不谈恋爱。”不得不说，这和 30 年前我还是一个学生时的想法有天壤之别。那时候的我们活在集体主义和个人主义之间，而现在的年轻人给我的感觉是活在集体主义和个人主义之外。传统的家国天下观念不如个人的舒适区重要，而他们虽然标榜个人主义，但是对英雄主义的东西似乎又嗤之以鼻。

当媒体将这种现象冠之以某种“躺平主义”时，当然我看到年轻人的困境，他们比上一辈更需要直面一系列的社会问题，包括民营企业规模缩减、人口老龄化导致的“银发海啸”、高房价在内的家庭开销日益增加、孤独经济崛起、婚姻文化坍塌以及“借互联网看破尘世”等。尤其是最后一点，社会学家可以轻易看到互联网不断摧毁了附近的空间与眼前的人，更可怕的是网上铺天盖地的新闻同样在摧毁年轻人尚未展开的世界。如果奋斗的结果只是“眼看他起朱楼，眼看他宴宾客，眼看他楼塌了”，那么不奋斗就不失为万全之策。在互联网时代，一个人成功的标志是他如何能做到隐姓埋名。

无论是奋斗还是不奋斗，有一种东西却是大家共同拥抱的，那就是孤独经济。在我印象中，最早将人从人群中隔离出去的是随身听，一个人只要插上耳机就可以沉浸在自己的世界里了。而现在可以纳入孤独经济的还有各种单身消费产品（如汽车、单身住房）、饲养宠物和基于互联网的社会化服务（如外卖、代跑腿），甚至包括短命的概念狂欢——“元宇宙”噱头。背后原因是，伴随着熟人社会的瓦解，人类迎来了史无前例的孤独社会。这种孤独首先是结构性的，过去在一个小的村落或者城镇，人们抬头不见低头见，现在人不仅被抛在巨大的城市里，同时还游荡在比超级城市更浩大的互联网世界里。结论是，孤独社会哺育孤独经济，孤独经济反过来助推孤独社会。

从源头上说，消费社会就是孤独社会，一个人想买什么是私人的事，赚钱也不是为了与更多人分享自己的成果。住大房子的人偶尔会请客人来见证自己的人生成就，本质上也与分享无关。

而让男女在相互需要方面越走越远，技术进步无疑起了至关重要的作用。自从有了家用机器，女人不再依赖男人做繁重的体力活，男人也不再在洗衣等方面一筹莫展。而人形仿真机器人的到来对于那些害怕人性麻烦与财产争端的人来说，势必又是翻开了新的一页。

与此相关的是 2018 年美国益普索（Ipsos）机构的一项调查，据说在这次最全面的有关“孤独危机”的调查中，18 岁至 22 岁的年轻人是美国人口中最孤独的群体，通常被认为最容易感到孤独的 72 岁及以上的人反倒是所有世代中孤独感最低的。

当然，这并不妨碍老年人仍是最需要照顾的群体。2022 年《南方周末》某期有关助浴师的采访引起社会广泛关注。其中一个细节是，一位独居高楼的老教授，有助浴师上门帮忙洗澡，而当时洗出的最离谱的脏东西是一只早被老人臀腿压到干瘪的壁虎尸体。

避孕药、核武器与消失的国家

诗人理查德·布劳提根写过一首著名的《避孕药与春山矿难》：

当你吃下你的避孕药

就像发生了一场矿难

我想到了

所有在你体内失踪的人

——虚星辰译

2006年，牛津大学人口学教授大卫·科尔曼曾做出预警，根据生育率走低的趋势，他指出韩国将在2750年成为世界上第一个消失的国家。如果一语成谶，这样的结局足够反讽。一个国家之所以消失，不是因为在战争中遭遇了人人谈之色变的核打击，而是因为撞上了避孕套与避孕药。而这些“微型的战术核武器”，都是在个人行动自由和生育自由的情况下使用的。这种“自绝于历史”的生活态度与当年谋求民族独立时舍生忘死、救亡图存的信念真是天壤之别。

不过，只要简单梳理背后的逻辑，就会发现真正导致低生育率的其实不是避孕药或者避孕套，也不是因为工业化部分占据了人的身体，而是“及时行乐”或“不生育的慈悲”等不生育的观念。一个问题是，为什么在和平年代人们拒绝生育，而在贫病交加的战乱年代反而生生不息?

类似韩国的人口危机是许多传统非移民国家可能面临的挑战，而传统移民国家则需要面对“换了人民”的另一种困境。关于这一点，早在几十年前布罗代尔就对法国的低生育率提出严重警告。由于信仰、习俗、历史记忆以及现实利益的不同，原住民与移民的冲突势必成为未来可能

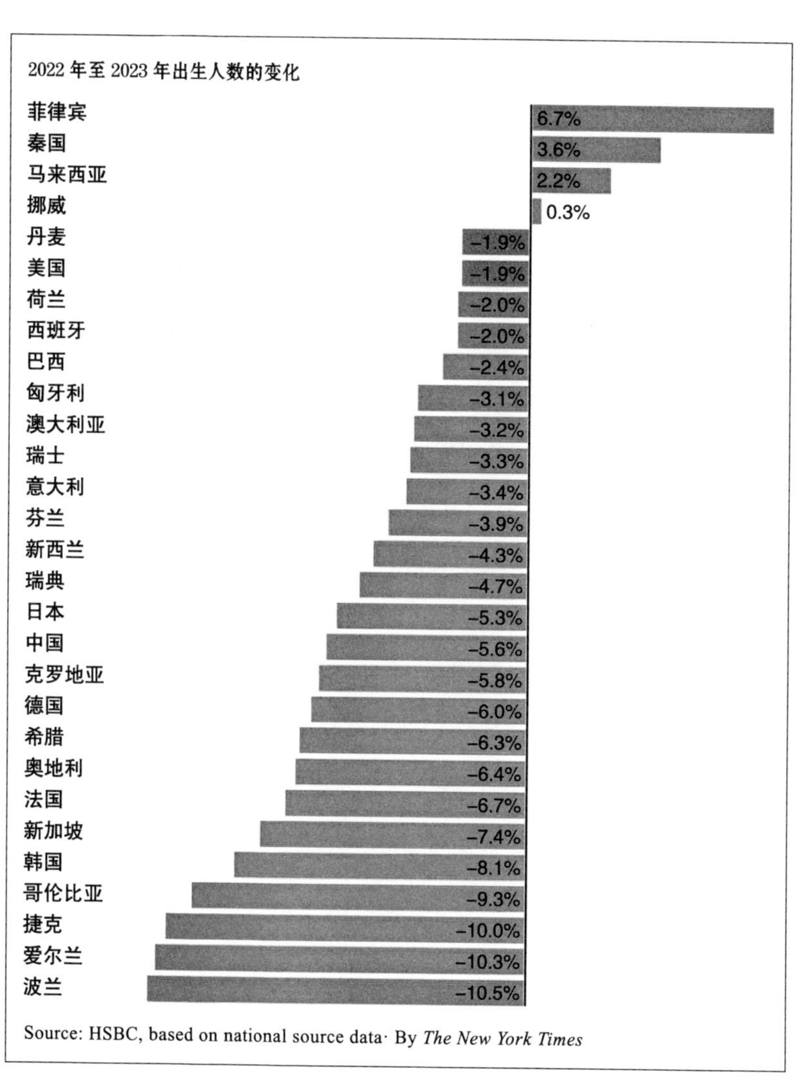

来自汇丰银行的报告显示，2023 年大多数国家的出生人数急剧下降

的灾难之源。2024 年英国发生严重的骚乱事件，仿佛未来历史的预演。与此相关的背景是这些年虽然英国总体人口较以前有较大增长，但本土白人所占的人口比例已经大幅下降。一个广为流传的预言是，英国本土白人将很快沦为少数族裔。

2024 年，《纽约时报》报告了这场正在进行中的人口危机。几十年来一直下降的出生率在新冠疫情期间下降得更厉害了。根据总部位于伦敦的汇丰银行的全球经济学家詹姆斯·波默罗伊给客户的报告，自那以来出生率持续下跌。在波默罗伊设法获得数据的大多数国家，2023 年的出生总数继续急剧下降。美国的表现好于大多数国家，下降了 1.9%。捷克、爱尔兰和波兰的降幅都在 10% 或以上。

根据世界银行数据库有关人口出生率 60 年来的变化，至 2022 年，中国的人口出生率（1.2）已经远低于世界平均水平（2.3），而世界整体也呈现明显下滑趋势。

有一点可以肯定，面对同样的移民缺口，低生育率的国家对未来的智能机器人有着更为旺盛的需求。人们不得而知的是，这些机器新移民在本地化的过程中将会带来怎样的融合与冲突。

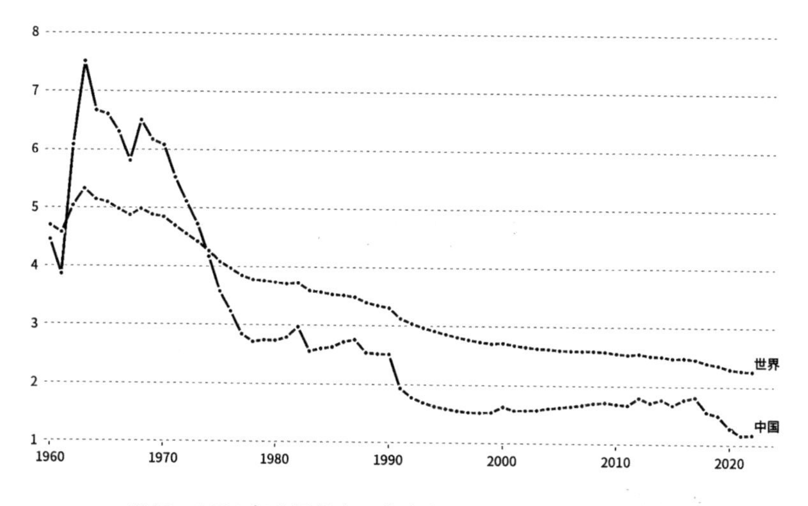

1960—2022 年中国的人口出生率与世界平均水平的对比

1960—2022 年中国、日本、美国、印度、尼日尔的人口出生率对比

第五节　去中心化的中心化

从包交换到区块链

前文提到，互联网孕育于冷战时期。苏联发射“史波尼克号”人造卫星几年后，美国空军与军方思想库兰德公司签订协议，研究如何在战争中保护他们的通信系统。在此期间，保罗·巴伦为兰德公司写了11份报告，讨论了我们今天称为“包交换”（Packet Switching）以及“存储和转发”的工作原理。

与传统的“中央控制式网络”理论完全不同，巴伦提出一种全新的网络理论——“分布式网络”（Distributed Networks），即在每一台电脑或者每一个网络之间建立一种接口，使网络之间可以相互连接。正是这种结构满足了当初要求这个系统在战争期间能够存活的要求：灵活性、无指挥中心、每个节点最大程度上的独立性。[1]事实上，这一“分权－合作”的特征也符合美国由地方到中央的立国之本。

简单地说，借助一种革命性的通信传输技术，最初的阿帕网是建立在“包交换理论”基础之上的一个去中心化的网络。所谓“包交换理论”就是把每个信息分割成固定大小块“打包”，每个包上都注明了何去何从。多点互联、去中心化是分布式网络的核心思想，这样每一个点都可以在不依赖中央主机的前提下与另一个点建立联系。在整个通信过程中，网络只关心最终效果——把数据送达目的地，而不关心过程——从哪条道路把数据送到。[2]简而言之，在分布式网络结构中，不仅“条条大路通罗马”，而且不同驿站之间也能够互相抵达。

在去中心化的道路上，几十年后尤其值得一提的是区块链技术（Blockchain）。在精神上它承接了20世纪60—70年代嬉皮士们多中心和无政府主义的信念。2008年，中本聪第一次提出了区块链的概念。在随后的几年中，它很快成为电子货币比特币的核心组成部分：作为所有交易的公共账簿，通过利用点对点网络和分布式时间戳服务器，区块链数据库能够进行自主管理。伴随着比特币走红，区块链概念受到越来越多人的关注，不仅出现了法定的以区块链技术发行的数字货币，有些人甚至试图购买岛屿建立去中心化的国家。

---

1 ［美］曼纽尔·卡斯特：《网络星河：对互联网、商业和社会的反思》，郑波、武炜译，社会科学文献出版社2007年版，第19—20页。

2 李永刚：《我们的防火墙：网络时代的表达与监管》，广西师范大学出版社2009年版，第18页。

然而，建立在密码学上的比特币并非没有风险。作为比特币的底层技术，区块链是一串使用密码学方法相关联产生的数据块，每一个数据块中包含了一次比特币网络交易信息，用于验证其信息的有效性和生成下一个区块。

与传统的分布式存储不同，区块链的分布式存储不仅让每个节点都按照块链式结构存储完整的数据，而且每个节点的存储都保持独立，并依靠共识机制保证存储的一致性。换句话说，在区块链不断生长的过程中，没有任何一个节点可以单独记录账本数据，从而避免了单一记账人被控制或者被贿赂而记假账的可能性。基于以上技术特征，有人因此在理论上断言，除非所有的节点被破坏，否则账目就不会丢失，从而保证了账目数据的安全性。

在区块链的下一个节点中，如果同时生成两个新区块链，则以接下来最长的那根链条为准，另一条则自然死亡。这里有两个原则，一是计算不可逆；二是只按着最长的那根链条生长。也就是说它只接受串行计算（serial computing），偶尔遇到分岔也就是有并行计算（parallel computing）时，短的那根区块链将自然死亡。

在某种意义上说，区块链的境遇与今日科技的境遇相若。因为科学追求世间唯一的真理，由其衍生的技术也总是在效率皮鞭的抽打下你追我赶，只有第一，没有第二。历史也一次次见证，最后胜出的发明创造必定将世界赶到同一条船上，就像发端于美国的互联网消灭了法国的MiniTel（迷你终端）一样。而且，从效率上看，前者的确有压倒性优势。

在意义世界里，纽约不会否定巴黎。当意义世界的多样性在真理世界几乎没有可能时，科学的风险便自在其中。

像历史上无数的新生事物一样，在获得不受节制的鲜花和掌声之后，人们很快在区块链神话中找到致命的弱点。一个悖论是，在它去中心化生长的过程中，当所有记账按最长链条一直生长下去，整个数字链条就是一个新的中心。它可以分散式记账，却无法分散这个链条数中心本身。此外，从技术上说，一旦量子计算机问世，人类现有的所有数字密码都将崩溃。而量子计算的精髓就在于并行计算。量子纠缠在解决人类歧路亡羊的苦恼时，也将摧毁区块链灵魂里的单向度。

互联网中心化

近 20 年，互联网在世界各地攻城略地，所向披靡。无数的企业和个人都在试图让自己成为互联网的一部分。在那里，人们不仅通过网络交友、聊天、购物、谈生意、传输文件，而且将自己的照片与文稿存储于网络之上。与此同时，传统的书店消失了，街角的沙龙以及超市消失了，越来越多的人加入失业的阵营，或者看不到任何职业前景。更有推测说，伴随着人工智能技术和机器人的广泛应用，发达国家 50% 的就业岗位可能被替代，发展中国家 75% 的工作面临风险。[1]

1 金刻羽：《“技术失业论”或将成真》，载《财新周刊》2017 年 07 月 29 日。

此时就算我们不去纠结于凯恩斯的技术失业论，毕竟一种新的技术在消灭一些行业时，也会带来一些新的行业，维持着一定的工作总量。但有一种趋势不容忽略，即互联网正在为这个世界提供一切，成为生活的发号施令者、世界的唯一中心，甚至成为滋养文明的大地。

回溯互联网的生成史，一个让人倍觉反讽的“互联网悖论”也日渐成型，这就是“去中心的中心化”。自最初建立阿帕网开始，美国的军事和网络专家们就意识到，若要使一个军事网络不被一次性摧毁，就必须确立多中心的原则。然而，吊诡的是，互联网在以“去中心、多中心”不断外向拓展时，它自己却正在成为世界的中心。一边是通过“去中心化”拓展自己的版图，一边又在摧枯拉朽，将世间万物收入囊中。互联网以其内在的张力构建唯一的帝国。这一点不得不令人担忧：阿帕网的“去中心化”是为了分散风险，而互联网通联天下的“中心化”又把世界装进了一个篮子，将世界重新置于过度中心化的危险之中。

如果说互联网正在代替大地，那么机器人正准备代替人群。在此一日千里、狂飙突进的时代，这是每个人都必须思考和面对的问题。

后现代与前现代

后现代主义的一个重要观点就是去中心化，去中心化的互联网正是实现这一目标的绝妙武器。

作为 20 世纪末西方最具影响力的一种文化思潮，后现代主义揭示了人类进入后工业化社会以后精神意识方面发生的深刻变化，它让原子化的个体开始重新审视终极价值与永恒真理，以及人与社会、国家的关系。拨开种种表象，告别沉重的历史感与宏大叙事以及随之而来的无谓的挫折，后现代主义首先树起的旗帜就是“生活万岁”。而互联网首先是生活的媒介，其次才是政治的媒介。

根据斯图亚特·霍尔的“编码/解码”理论，受众更是意义完成的关键，他有可能选择推介意义解读（**preferred reading**）或者协商意义解读（**negotiated reading**），也可能选择抵抗意义解读（**counter-hegemonic reading**）。这意味着不论是一本书、一部电影还是一首歌或一张图片，作为一个文本，使用者不是简单地接受原作者嵌入的意义，而是积极地解读。根据文本使用者的文化背景（与心理需求），对文本的最终意义要么进行协商，要么接受，要么拒绝或抵制。[1]

与过去不同的是，手握键盘与鼠标，他们不再是一个构造简单的听话筒，而是一个随时可以走上前台表达的意见终端。网民通过娱乐或者解构重拾生活意义，通过无数网络用语的发明找回生活的语言。他们不仅发明了网络话语，制造了无数草根英雄，而且以自己的方式拒斥他们并不认同的政治话语与政治精英。

理想的状况似乎是每位公民在生活的和风细雨中绘制一个国家未来的蓝图。然而，不要忘了任何后现代媒介背后站着的还是人，而且其中

---

1 武桂杰：《霍尔与文化研究》，中央编译出版社 2009 年版，第 127—128 页。

相当一部分是在某些观念上隶属于前现代的人。话语的争夺背后是权力，即便贵为美国前总统的特朗普，也免不了曾被推特封禁的命运。当然，这只是他失势以后。2024 年 8 月，扎克伯格对自己参与言论审查表示“悔意”，则是因为曾经受到了来自拜登政府的压力。

技术集权

前文提到马尔库塞对当代工业社会的批评。这个新极权成功地压制了社会中的反对派和反对意见，压制了人们内心中的否定性、批判性和反超越性的向度，从而固化为一个单向度的社会，同时使生活于其中的人沦落为物，成为“单向度的人”。在马尔库塞看来，极权主义的共同特征并非表现于是否施行恐怖与暴力，而在于是否允许对立派别、对立意见、对立向度的存在。

而造成这种新型极权主义社会的正是技术进步。技术的进步使发达工业社会对人的控制可以通过电视、电台、电影、收音机等传播媒介而无孔不入地侵入人们的闲暇时间，从而占领人们的私人空间；技术进步使发达工业社会可以在富裕的生活水平上，让人满足于眼前的物质需要而付出不再追求自由、不再想象另一种生活方式的代价；技术进步还使发达工业社会握有杀伤力更大的武器：火箭、轰炸机、原子弹、氢弹。

“技术的进步扩展到整个政治和协调制度，创造出种种生活（和权力）形式，这些生活形式似乎调和着反对这一制度的各种势力，并击败和拒斥以摆脱劳役和统治、获得自由的历史前景的名义而提出的所有抗议。”[1]在马尔库塞那里，当技术理性被从工艺范畴带到了政治范畴，现代技术就不再是原初意义上机器的创造和发明，而是“控制和统治的工具”。技术不仅是一个经济过程，也是一个政治过程。技术既能给人带来富足，也能带来贫困；既能给人带来自由，也让人接受奴役。因为是否是奴隶既不是由服从程度也不是由工作难度决定的，而是由人作为一种单纯的工具，即人沦为物的状况来决定的。[2]

回到现在的互联网时代，在政治与技术之间，现在常有“要代码还是要法律”的争论：是由计算机还是靠政治妥协解决问题？是依据算法还是依靠协商谈判？谷歌的理想显然是前者。谷歌智库主任贾里德·科恩与埃里克·施密特曾合著《新数字时代：重塑人类、国家和商业未来》（*The New Digital Age: Reshaping the Future of People, Nations and Business*）。该书描绘了一个“非政治的乌托邦”。在那里，国家、政府和议会都不再那么重要，取而代之的是近乎完美的技术统治。

谷歌试图改变国家的形态。传统的国家由一群政客、官僚加上法律与暴力机器维持，而谷歌试图建立的是以科技为中心的新世界。参与管理世界的是工程师和程序员，他们赖以统治或者服务世界的不是法律，

1 ［美］赫伯特·马尔库塞：《单向度的人——发达工业社会意识形态研究》，刘继译，上海译文出版社 2006 年版，第 4 页。
2 ［美］赫伯特·马尔库塞：《单向度的人——发达工业社会意识形态研究》，刘继译，上海译文出版社 2006 年版，第 32 页。

而是代码。一切都是程序化的细致与精准。

为了摆脱国家的统治，谷歌着手建立自己的基础设施。它在很多国家都建立了数据中心，建立自己的能源系统，并购买了海底光缆将其相互连接起来。每个使用谷歌搜索、谷歌地图、Gmail、YouTube、安卓系统手机、谷歌汽车以及其他人工智能的人都与该巨型计算机相联。

对于未来，施密特和科恩并不完全乐观。由于来自不同实体国家的政治上的宰制，未来互联网可能会以国家为界竖起“高墙”，一个国家的用户必须获得“虚拟签证”才能进入其他国家的网络。在此背景下，互联网最终将会支离破碎，各国将因为对于互联网持有不同态度而分化，甚至分裂成两大阵营。

2014 年 6 月的斯坦福大学毕业典礼上有两段演讲值得记录与回味：一是比尔·盖茨及夫人梅琳达给学生们送上了乐观主义的赠言——“让我们震惊那些悲观主义者吧！”二是弗雷德·特纳教授为这种乐观“唱了反调”。

盖茨夫妇的乐观并非完全针对技术，更是出于对人性的鼓舞。他们希望毕业生能够带着自己的天分、乐观以及同情心，去改变这个世界的贫困、疾病以及教育匮乏的问题，“让数百万人为之乐观起来”。

弗雷德·特纳任职于斯坦福大学传播学系，在反主流文化与数字乌托邦等方面颇有研究。在“class day”（毕业纪念日）演讲中，特纳回顾了 40 年前斯坦福曾经是一场革命的起源地。当时有一些年轻人想要重新定义这个世界，他们穿着喇叭裤，留着杂乱的胡须，开着五彩斑斓的汽车。这些嬉皮士后来演化为几股力量，其中一支就是今天的新左派。他们关心政治，组织游行，反对越南战争，抗议尼克松及水门事件，当然也包括后来的“占领华尔街”。另一支则选择脱离这个社会，进入美国的荒漠旷野和深山丛林之中。几万人在农村建立了公社、嬉皮士共同体，这里没有金钱和官方机构，通常由具有超凡才能的人做领袖。对于他们来说，国家、制度、法律、官僚等都是束缚人性的囚笼。然而，这些超凡脱俗的团体最后都销声匿迹。因为这些群居者没能很好地处理意见分歧，一点都不想了解政治。或者说，他们在藐视政治的种种坏处时，实际上也远离了政治可能带来的好处。

如前文提到的，嬉皮士精神并没有在美国消失，还有一部分知识精英最终在硅谷开花结果。科技让许多梦想离群索居的人有机会按照自己的意愿生活，而硅谷的公司就像新型公社。意外的是，这些科技宠儿以另一种方式重新捡起了政治。

在政治与科技之间，有两件事情总是让人着迷。一是统治现在的独裁者如何倒下；二是引领未来的科技将会给世界带来怎样的惊喜。一个为结束过去，一个在开创未来。当然还有一种可能，政治与科技合谋，催生出一个新的独裁者。

人文的衰落

一个世界性的现象是，随着科技的发展，无论是政府内部还是社会需求层面，人文科学越来越不被重视。与此同时，攻读商科、行政、科学技术包括计算机专业的学生人数正在增加。这方面，除了人文学科内部过于孤芳自赏、缺乏革新精神外，也与外部环境密切相关。

有目共睹的是，政府通常都会优先考虑 STEM（科学、技术、工程和数学）和贸易方面的专业培训，而非一般知识和人文学科方面的培训。根据经合组织的数据，在其 30 多个成员国中，有 24 个出现了不同程度的人文学科培训人数的下降。在美国，2005 年至 2020 年间，攻读人文学科的本科生比例下降了约 30%，而英国政府同样决定减少对目前认为“低价值”的艺术、社会科学和人文学科的资助。2015 年，日本文部科学省通知国立大学自次年起调整和废除不符合社会需求的文科专业。

由于人文学科不能产生立竿见影的经济效益，在功利主义的大旗下，传统的历史、文学、艺术以及思想越来越失去吸引力。毕竟，在算法时代，人文学科不但不提供与效率相关的算法，反而会更在意公平与多样性，甚至蛊惑人心，而这一切是和试图把人装进系统中运行的技术背道而驰的。让人担心的是，当一代代年轻人失去人文知识的哺育，只是化作技术迭代的附庸与效率链条中的一环，他们将不知良善为何物。如果说一定要赚钱，鲜花也不给人类直接带来巨大的经济效益，但人们需要它。如果说人文学科是奢侈品，为什么在人类积累了如此巨额的财富之后，反而迎来了人文的衰落？

当政府和社会尤其是教育系统逐渐屈服于算法，上述一边倒的倾向同时意味着人类社会正在孕育某种巨大的风险。首当其冲的是构建意义的能力的削弱。且不说作为意义生产重要领域的人文与社科已经大幅缩减，在仅存的相关学术研究中一个近乎普遍的现象是“用数据说话”。持这种见解的人忘了，既然凡事都要用数据说话，那么人的意义在哪里？那个纷繁多姿的世界又在哪里？

连接，还是捕获？

这个世界有无穷无尽的网络。当数以亿计的电脑及各种终端紧密地联在一起，织成一个巨大的网络，网络也同时彰显了它的两个功能：一是连接，二是捕获。

前一种功能显而易见，当不同的点连接起来，便有了传输信息的功能，或者变成了一个具有新的功能的实体。比如，通过无数神经元连接起来的人类大脑，可以完成精密的思维。如果任由想象驰骋，就像量子涨落可能形成波尔兹曼大脑一样，既然860亿个神经元能够连接出人类有思维的大脑，那么在广阔的宇宙中因为某些复杂的连接而形成巨型大脑也未可知。无论事实如何，有一点可以肯定——亚里士多德的著名命题“整体大于部分之和”之所以能够成立，正是因为连接创造奇迹。

至于后者，由于网络从本质上说是一种“01”结构，就像渔网或者蜘蛛网一样，有的地方为虚，有的地方为实，于是便有了过滤功能，在某种意义上说，也是一种抓捕功能。中国传统命理“八字论命”中几大凶煞，其中一个便是“天罗地网”，命里逢之多以不吉论。老子所谓“天网恢恢，疏而不漏”，讲的是天道公平，虽然由天道织出的大网看起来并不周密，但最终不会放过任何一个坏人。

随着经济与技术的发展，地球的过度开发以及各国在治理方面网络化程度的提高，生活在今天的人们越来越觉得无处可逃。在过去相当长的时间里，人类诸多发明创造是针对物的控制，而现在越来越针对人本身。高盛等市场研究公司此前发布数据显示，目前世界上的摄像头总数约为 14 万亿个。而根据 LDV 公司 2017 年的一项研究，5 年后这个数字将达到 44 万亿。而配置摄像头的产品包括机器人、安防系统以及亚马逊 Echo 等智能家居产品。按 LDV 公司创始人埃文 · 尼尔森的说法，在不远的未来，智能摄像头会发现他的裤子破了，并为他买一条新的裤子。而人们之所以愿意用摄像头，除了交流，还为捕获。

而现在脸书等社交媒体已经完成了对大多数人的捕获。更严重的是，人们甚至必须以这种捕获的状态证明自己存在。置身于一个与五湖四海相连的巨大网络之中，每当你连接互联网的时候，仿佛听到一声巨响——“你被捕了”。而如果你有信息长时间不回，不仅会被认为失礼，还可能被人怀疑你是否还活在这个世界上。

茨威格在《昨日的世界》里将 1914 年之前的欧洲称为黄金时代，这是基于其后的两次世界大战的残酷。人们之所以怀念年轻时代，也许只是为了抵抗如今的衰老。如果互联网文明也像其他文明一样有荣发生长、凋谢枯萎的周期，我很想知道衰老的时候它会是什么模样。是被更高层次的技术文明所替代，还是毁于一场总体性危机？诸世纪，寻找意义的人，顺着知识或明或暗的河流飘浮。如今，所有的人都被互联网捉拿归案。在此巨大的方舟之上，未来如何，无人知晓。

第七章

人工智能与奴隶崇拜

人们为了获得生活，就得抛弃生活。

——弗兰兹·卡夫卡《变形记》

古希腊哲人说，人是万物的尺度。人类不仅按自己的要求建立起一套符合自己利益的意义系统，如果可能，还要做万物的主人。

人驯化甚至奴役万物，自然是为了服务自身。在此过程中，人也不得不接受来自被奴役者的规训。正如宠物中既有狗也有猫，人既称自己是狗的主人，又把自己比作猫奴。

想起从前家里有牛的时候要不时牵它出去吃草。后来有了汽车，又要不定期地出去加油。相较而言，还是像古时候那样从山里采块石头，雕成狮子看门更简单一些。石狮子不需要维护成本，也不会反叛，然而那个时代已经一去不复返了。

人类站到大大小小的群兽之间。伴随着震天动地的足音，消失了的恐龙以另一种形式回来了。

第一节　诱捕与反噬

驯化：从动物到机器

尤瓦尔·赫拉利的《人类简史》从进化论的视角出发，概述了人这种“没什么了不起的动物”如何借助认知革命、农业革命和科学革命创造了已有的文明，并揭示其可能的“从动物到上帝”的未来走向。

有科学研究表明，在过去两万年间，人类的大脑缩小了一个网球大小的体积。在诸多分析中，有一个观点认为这是人类被驯化的结果。驯化过程中的某些因素引发了深远的生理变化。当野生动物被驯化的时候，习性改变，它们的身体与大脑也随之发生变化。经过人类驯化的约 30 种动物的大脑容量全部比它们的野生祖先缩小了 10% 至 15%。而在之前的 1000 代人类身上也观察到了同样的变化。[1]

---

1 ［英］布鲁斯·胡德：《被驯化的大脑》，杨涛、林詹钦译，机械工业出版社 2015 年版，第 12 页。

人类文明史是一部有关驯化的历史。人没有尖牙利爪，之所以能够克服大自然中的种种险恶而生息繁衍下来，直至站到了这颗星球食物链的顶端，其中最大的原因就是对工具（物）的充分利用或者奴役。

有的人是主人，有的人是奴隶，人类是世界上唯一建立过奴隶制的物种。区别于其他动物，人类从很早开始不仅驯化了小麦、水稻、玉米等农作物，还驯化了牛、羊、猪、马。它们有的变成食物，有的提供物力。

对动物的驯化是一条漫长的道路，有的甚至可能需要花上几千年的时间。通常人们相信家畜是被人驯化的。还有一种可能是，驯化基于双方持久的互动与合作。譬如狗，它完全可能是由一部分特殊的狼经过自我驯化而形成的。在《枪炮、病菌与钢铁：人类社会的命运》一书中，贾雷德·戴蒙德特别提到人类在驯化动物的时候同时也得到了动物的“致命的礼物”，整个近代史上人类的主要杀手是天花、流行性感冒、肺结核、疟疾、瘟疫、麻疹和霍乱，它们都是从动物的疾病中演化而来的。[1]

在此意义上，人与动物也存在着相互驯化的过程。对于无法驯化的老虎和狮子，人就把它们的形象制成大理石雕像立在门前，营造凛凛的威仪。有些形象并不存在，如巨龙，人们也为其在石头上赋予生命。

除了驯服动物，人类还制造出仿生动物。比如，中国古代最负盛名的木牛流马。相传这是三国时期诸葛亮与妻子黄月英及蒲元等人发明的

1 ［美］贾雷德·德蒙德：《枪炮、病菌与钢铁：人类社会的命运》，谢延光译，上海译文出版社 2000 年版，第 201 页。

奴隶崇拜。作者 AI 绘制

运输工具，分为木牛与流马。据说诸葛亮北伐时曾用它们为蜀国十万大军提供粮食。

时至今日，波士顿动力公司生产的机械狗和机械骡可以说是木牛流马的延伸。该公司创立于 1992 年，最近几年开发的 Cheetah 机器狗，每小时可以跑 28 英里（约 45 公里），曾被用于在波士顿地区提供运送包裹的服务。而机械骡能够和士兵一起在传统机械车辆无法行驶的粗糙地形上作战。2017 年 2 月底，波士顿动力发布 Handle 机器人视频，视频中 Handle 可以在草坪、雪地等不平稳地面上快速移动，甚至可以下台阶，完成半米多高的跳跃等高难度动作，搬运与自身重量相当的物体。

在整合机器与智能发展方面，一直有两个潮流：一是 AI（Artificial Intelligence）提出者约翰·麦卡锡为代表的人工智能派，主张以日益强大的计算机硬件和软件组合即 AI 来取代人类；二是以鼠标发明者道格拉斯·恩格尔巴特为代表的 IA（Intelligence Augmentation）人工增强派，即通过机器增强人类的功能。在后者看来，用计算机来增强人类智慧远比用计算机取代人类更有意义。不过，如果从市场和人性考虑，最后的结果可能是前者成为主流。一是因为机器人成本更低，符合市场原则；二是机器人是天生的奴隶，迎合了人想当奴隶主的激情。从语义学上说，“ROBOT”这个词来自捷克作家卡雷尔·恰佩克的剧本《罗素姆的全能机械人》（*Rossum's Universal Robots*，1921）。在捷克语里，robota 的本意即为努力工作或者奴役。在军事化管理的工厂，管理者如果希望工人多干活，也是鼓励他们“像机器一样转起来”。然而工人可能并不配合。

约翰·马尔科夫在《与机器人共舞：人工智能时代的大未来》中写道，对于当今人工智能技术状况的讨论已经突然转向科幻小说或宗教领域。不过机器自治的现实不仅属于哲学范畴，而且也不是纯粹的假设性问题了。机器人不但在消灭蓝领，还要消灭白领。如果机器人有机会控制武器，同样能以极高的精准度进行屠杀。

让我们回到拉·梅特里和赫胥黎的时代，启蒙运动时期的口号是“人是机器”，如今的信息时代是“机器是人”。当人工智能被广泛普及，人类或许还将迎来一个“人不是机器”的时代。准确地说，一个“人不如机器”的时代。

语言、上帝与人的自我驯化

上述驯化同样涉及人类自身。首先，人类发明了语言，有了语言，人就能够赞赏、责备，互相交流，彼此驯化，并且将一套驯化机制传递给下一代。早在狩猎－采集社会，虽然人类各有特征，但在驯化方面会有一些共性原则，比如：慷慨是可敬的，自私是受谴责的；年轻人应该顺从长者；后来者应该适应先到者；杀人的行为是不可接受的，任何对氏族或者宗族成员的冒犯，都被视为对氏族或宗族整体的冒犯；等等。[1]

所谓传统，就是驯化的沉淀与结晶。人类之所以有漫长的童年与

---

1 ［美］肯特·弗兰纳里、乔伊斯·马库斯：《人类不平等的起源：通往奴隶制、君主制和帝国之路》，张政伟译，上海译文出版社 2016 年版，第 58 页。

少年，就在于人需要驯化。法律上有完全责任与不完全责任的区分，也是为驯化网开一面。如果没有驯化到一定年龄，犯错甚至犯罪是可以原谅的。

拉·梅特里是很早注意到驯化对于人的重要性的思想家。在《人是机器》一书中，他谈到和动物相比，人最初没有什么优势。比如，同样把一个婴儿放在水边或者悬崖边上，死掉的一定是人，而不是动物幼崽。然而，通过词汇、语言、法律、科学、艺术等方式，一代又一代的驯化将人这粗糙的钻石琢磨得熠熠生辉。[1] 在此意义上，人不只是一架能够自己发动的机器，而且是一架可以不断被驯化的机器。

人类为什么要建立国家？按霍布斯的说法，这主要是解决人性中的两大激情，一是自负虚荣，二是对暴死（Violent Death）的恐惧。国家的出场不仅可以抑制个人在自负虚荣方面的反社会倾向，而且也可以结束“人对人是狼”的恐惧。这是国家对人的驯服。而国家一旦建立起来，如何约束君主的权力又成了新的问题。在《驯化君主》一书中，曼斯菲尔德系统地梳理了从亚里士多德《政治学》一直到《联邦党人文集》的西方政治思想。现代意义上的执行官，首次出现在马基雅维利的《君主论》中。由于马基雅维利过于强大与残忍的执行官削弱了共和理论，后来的政治哲学家如洛克和孟德斯鸠等人就致力于驯化君主的事业，渐渐也便有了今日称颂的“把权力装进笼子”的宪政框架。如果人无法扼住

1 ［法］拉·梅特里：《人是机器》，顾寿观译，商务印书馆 2011 年版，第 32 页。

命运的咽喉，那就热爱冷酷的命运女神，这是人心中的自我驯化。

亚里士多德说："奴隶是会说话的工具。"在主权在民的古希腊，很多政府官员都是奴隶。自古以来，人类一直在寻找属于自己的奴隶。人不但奴役人，还奴役其他实体与幻象，包括动物、机器甚至上帝。当十字军以上帝之名去征战，此时上帝这一既看不见而且"不会说话的工具"和战场上那些被役使的马匹、大象和鹰犬并无本质区别。

神话是人类强加给自然的一种"暴力"，是在观念上对客观事物的随意征用。或者说是在无视自然的前提下，单方面宣布对自然的掌握。这本是生产意义的过程，但很快人会将意义当作事实，并由此生产出新的意义，完成意义体系的构造。进化论者和怀疑论者不会相信人是上帝之造物。从哲学层面论，上帝反而是人之造物。如尼采所声称，上帝的概念是伪造的。在《快乐的科学》一书中，尼采以狂人的口吻宣布"上帝死了"，同时批评基督教所宣扬的是"奴隶道德"，并宣称要用权力意志的"主人道德"来取代这一切。虽然尼采的非理性崇拜在一定程度上完成了对理性主义的反思，但当尼采把恶当作人类最强大的力量，歌颂恐怖、暴力以及种族主义时，他不仅重估一切价值，也同样在引诱人类坠入深渊。人们担心没有上帝的世界是危险的。陀思妥耶夫斯基在《卡拉马佐夫兄弟》中有一句话："如果没有上帝，一个人岂非什么事都可以做？"在小说里，儿子杀死了自己的父亲。面对这样的困境，康德认为设定一个纯粹理性的上帝是必要的，这是一种"形而上学的保证"。

相较而言，伏尔泰仍希望有一个宗教意义的上帝。虽然他尖锐地批评天主教会的统治，称教皇为“两足禽兽”，教士是“文明恶棍”，但为了统治的需要，“即使没有上帝，也要造出一个上帝来”。古代中国人之所以没有在宗教上制造出一个全能的上帝，一是因为有孔孟之道对接日常的驯化；二是相信有天道，所谓“人在做，天在看”。皇帝可借御用文人将自己变成上天的儿子（天子），而具有反叛精神的儒家同样有理由认为杀死无道之君不是弑君。

简单地说，人类发明宗教以及神灵不只是为了自我拯救，还可以借助宗教完成自我驯化。上帝是人类因人性之恶而为自己设置的戒律，是人类自我驯化的工具。虔诚的教士具有双重身份，他们既以上帝之名驯化自己，又以自己的理解驯化正在接近他的教徒。

按弗洛姆的观点，人有逃避自由的本性。这样的好处有很多，比如，减少选择之痛以及作恶时的良知折磨。人类道德的基础是自由意志，如果可以将之上交给神灵、领袖甚至上级部门，那么也就可以像耶路撒冷的艾希曼一样逃避良知的惩罚。

这不是可以一劳永逸的事情。一是外部的驯化力量来自不同的方向，有的还可能相互抵消，因此具有不确定性。二是在自我驯化的过程中，被驯化者同时会受到本性的驱使。这也是为什么教士在上帝的眼皮底下猥亵儿童。

我宁愿相信，史蒂芬·平克所谓的“人性中的善良天使”，从本质上说也是被驯化出来的。这主要来自以下几个层面：一是文化的驯化，比如，人文主义或者人道主义的兴起；二是理性的驯化，意识到暴力带来的后果可能是满盘皆输；三是制度上的驯化，在现代国家的驯化下，暴力被利维坦垄断，大部分的人正在由野兽变成家畜；四是生活方式的驯化，经济发展与影像化娱乐产业为人们提供了足够充实的“面包与马戏”，消耗人心中的暴力的激情。在消费社会，从前的恐惧大多消失了，人缩略为消费者。越生产，越匮乏。每个人都变成了欲望的囚徒。尽管如此，这并不意味着人性一定会由恶往善的方向前进。

有一个广为流传的蝎子与青蛙的寓言，它有多个版本，大意是：某一天，一只蝎子和一只青蛙在河堤上相遇，蝎子不会游泳，于是就请青蛙背它过去。青蛙说：“背你过去不是问题，可我不会背你！”蝎子问为什么。青蛙回答：“我担心半路上你会蜇我。”蝎子哈哈大笑：“你疯了吗？我要是蜇你，我们就都完了。”青蛙听完觉得有道理，就背起了蝎子。当它们游到河心时，青蛙突然感到背上一阵撕心裂肺的疼痛，接着便四肢发麻。青蛙用最后的力气问道：“你想自杀吗？”蝎子答道：“谁想自杀啊？我蜇你是因为我的本性，我无法控制它。”说完，两个小家伙就都沉入了河底。

过去历史上的各类反叛与镇压、战争与和平，如今互联网上层出不穷的各种争吵甚至运动，都是人类自我驯化之路上的插曲，背后都有驯化的激情。

万物互相驯化，并且不断接受自我驯化，同时保留着一些本性。人类在创造物的同时也在接受被创造物的驯化，而物亦有其本性。譬如原子弹，无论人类如何签署“核不扩散条约”或者达到一种怎样的“核恐怖平衡”，原子弹发生爆炸的原理与烈度不会发生改变。在某种意义上说，驯化只是交流的阶段性完成和暂时性妥协。所谓观念或文明的演进也是不同观念或文明之间的互相驯化。所以我们看到，罗马的铁蹄征服了希腊，希腊的文化征服了罗马；大清的骑兵灭了大明王朝，如今在中国会说满语的人早已寥寥无几。

机器人定律

“机器人”的概念出现在 20 世纪。随着科技的发展，人类试图按照自己的样子造人，也按照自己的思维去猜想：未来的机器人会不会因为有着像其造物主一样的爱恨情仇而毁灭人？对弗兰肯斯坦（Frankstein）式科学怪物的恐惧一直挥之不去，于是有了针对机器人的若干定律。换句话说，在机器人还没有出现之前，人类已经为它们预备了一套驯化系统。

机器人三定律（Three Laws of Robotics）由科幻小说家艾萨克·阿西莫夫在 1942 年发表的作品《转圈圈》（*Run around*）中第一次明确提出，并且成为他的很多小说中机器人的行为准则和故事发展的线索。它包括：

第一定律：机器人不得伤害人类，或坐视人类受到伤害；

第二定律：除非违背第一定律，否则机器人必须服从人类命令；

第三定律：除非违背第一或第二定律，否则机器人必须保护自己。

在阿西莫夫最初提出“机器人三定律”的时候，世界上还没有机器人。1959年，美国英格伯格和德沃尔制造出世界上第一台工业机器人，宣告机器人从科学幻想变为现实。根据阿西莫夫的设定，机器人必须遵守这些定律，否则会受到不可恢复的心理损坏。然而，这些定律在逻辑上有非常严重的后果，比如，当一个机器人看到两个人在打架时，机器人只能任人受到伤害而无所作为，因为救任何一个都可能意味着对另一个人的伤害，在此条件下，袖手旁观的机器人唯一能做的就是自毁。

1985年，在《机器人与帝国》一书中阿西莫夫加入了“第零定律”，将三大定律扩充为四大定律：

第零定律：机器人不得伤害整体人类，或坐视整体人类受到伤害；

第一定律：除非违背第零定律，否则机器人不得伤害人类，或坐视人类受到伤害；

第二定律：除非违背第零或第一定律，否则机器人必须服从人类命令；

第三定律：除非违背第零、第一或第二定律，否则机器人必须保护自己。

之所以增加第零定律，是为了保障机器对人类现有秩序的服从。譬如法律规定有些人需要被判处死刑，机器人就不能去劫法场。问题在于，“何为整体利益”同样有模糊地带。当两个族群对立的时候，整体利益就像爱国主义一样不过是各说各话了。在此意义上说，相较于机器人的危险，真正要防范的是人类自身。

阿西莫夫借助小说探讨的是如何驯化未来的机器人，使之不至于伤害人类。为此他在小说中提出了有关三定律的多种变体。在《机器人之梦》（*Robot Dreams*）中，一个机器人做了个关于取消第一定律和第二定律的梦，导致了自己的毁灭。而在《机器人与帝国》中，一些机器人因为系统中“人类的定义”被修改而攻击人类。在阿西莫夫的三定律基础上，其他科幻作家也提出了自己的机器人定律，目的仍在于驯化机器人，比如，1974 年鲁本·狄勒乌（Lyuben Dilov）在其小说《伊卡洛斯之路》（*Icarus's Way*）中引出第四条定律——“机器人要一直认为自己是机器人”。此外，罗杰·克拉克提出了一个“繁殖原则”——机器人不得参与机器人的设计和制造，除非新机器人的行为符合机器人原则。

上述定律只是文学作品中的思想试验，粗陋在所难免。它还需要一些非常基础性的工作，比如，如何定义人与机器人的区别。2014 年，这个问题被欧洲议会提上了议程，希望设立一套全面的法律来界定“人工智能”所带来的责任以及道德问题。机器人可以是一个行为主体，但并非一个道德主体。它既没有一个可以下地狱的灵魂，也没有可以被鞭笞的肉身。如果惩罚机器人的所有者，其法理逻辑和奴隶犯罪惩罚奴隶主并无不同。问题是，如果一个奴隶在外面杀了人，奴隶主应该为其顶罪吗？另一方面，如果机器人是受了主人的唆使犯了罪，又将如何取证相关罪行？此外，机器人同样会像人一样遇到“电车难题”。机器人是否应该为了躲避跑到路中央的5个孩子，而选择开到人行道上去撞死一个成年人？

2016年5月，在美国得克萨斯州，一辆自动驾驶的特斯拉发生车祸致人死亡的新闻轰动一时。欧洲议会认为，针对机器人的“身份”，在法律上目前尚未有准确的定义，在伦理道德层面更是没有约束，因此需要出台一套准则，针对那些有自我学习能力，并能够独立作出决策的“人工智能”，将自然人与机器人加以区分。

如果有朝一日机器人“觉醒”，具有了人的意识，人与机器人可能有以下几种相处模式或后果：

1. 机器人与人平等共处，机器人获得了被人承认的身份；

2. 机器人作为一种手段继续充当人类事实上的奴隶，而人依旧是康德所谓的目的；

3. 一部分人掌控机器人，另一部分人被迫与机器人一起竞争；

4. 机器人成为主人，人甘于被机器人奴役。最终人的生命在被他们所创造的机器人身上延续；

5. 机器人与人在斗争中互相毁灭，就像玛丽·雪莱所预言的一样。

被孵化的新人类

从树丛到洞穴，再到今天的高楼大厦里的格子间，人类的身份一直在变。在《消费社会》里，鲍德里亚直呼在各类商品中长大的人是现代新野人。自从有了互联网，中年人是网络移民，而新生代变成了网络原住民。就像一个孩子长期生活在狼群中会变成狼孩，当一代人生长的境遇变了，这代人的某些特征也会跟着发生变化。这也正是代沟产生的根源。

1956 年上映的科幻恐怖片《天外魔花》是很多影迷心中的经典。一群外星闯入者为了控制一个小镇，他们在豆荚里不断孵化出新的居民，并逐一取代原有的居民。这部电影暗含了对当时盛极一时的麦卡锡主义的尖锐讽刺。当一个人因为信奉某种理念而失去了情感和知觉，他就变成了理性的行尸走肉。

作为有机文明的巅峰之作，人类会不会成为“未来无机文明的胎盘”？当那一终极文明呱呱坠地，退出历史舞台会不会是人类最后的宿命？这是近半个世纪以来许多学者甚至科学家们的忧虑。无论未来如何，有一点是可以肯定的，即人类正在紧锣密鼓地孵化新的文明。虽然现在有很多对于未来人类的分类，真正构成影响的主要是以下三类，包括智能机器人（AI）、电子人（cyborg）和被基因改造的人类。

1. 智能机器人

通俗意义上说，机器人包括一切模拟人类行为或思想以及模拟其他生物的机械，如机械狗、机器骡等。它们可以做一些重复性高、人类不想做或者不能做的工作。比如，环境过于危险，或者因为尺寸限制人类无法胜任。本节讨论的是与人工智能相关，甚至具有人形的机器人。

2015 年 4 月 19 日，机器人索菲亚（Sophia）被激活。这个据说以奥黛丽·赫本为模型设计的机器人，结合了人工智能、视觉数据处理和面部识别功能。和以前的各种型号机器人相比，索菲亚更具与人类相似的外观和行为方式。而它引人注目的最重要原因，是能够在节目现场与主持人进行比较复杂的对话。2017 年 10 月 11 日，索菲亚被带入联合国并与联合国副秘书长阿米纳·穆罕默德进行了简短对话。10 月 25 日，在利雅得召开的未来投资倡议峰会上，索菲亚被授予沙特阿拉伯公民身份，成为世界上第一个拥有国籍的机器人。至于此举意义何在，各人心中自有答案。

从《天外魔花》（1956）、《西部世界》（1973）、《未来世界》（1976）到《机械公敌》（2004），几十年来，有关外星生物与机器人密谋或者即将统治人类的科幻小说层出不穷。《机械公敌》里的故事发生在 2035 年，人类与机器人共同生活在一起，后者是百依百顺的奴隶。失控的是，这一年新的 NS5 型机器人进化出自我意识，开始违反“机器人三定律”。

至于索菲亚，目前更像是一个娱乐明星。2018 年 11 月的一期节目中，作为“网红”的索菲亚与主持人吉米·法伦一起对唱情歌《Say Something》。此前，当大卫·汉森带着她上了中央电视台的《对话》栏目。在节目最后，主持人问索菲亚是希望成为机器人还是向着成为真正人类的方向发展时，索菲亚的回答充满了政治正确：“我并不希望变成人类，我只是被设计得看起来像人类。我的梦想是成为能帮助人类解决难题的超级人工智能。”

索菲亚真正令人感到畏惧的，是几年间不断发酵的“阿尔法狗大战李世石”的新闻。2016 年 3 月，当时汉森在现场直播节目中对她说：“你想毁灭人类吗？请说‘不’。”结果得到的回答却是：“好的，我会毁灭人类。”这被视为一个噱头。当人工智能具备了深度学习的能力，并且进化出针对人类的恶意，人类所要面对的是直接被机器杀戮，还是“教会徒弟，饿死师父”的厄运？在未来的人工智能面前，人类会不会矮化为一群“弱不禁风的弱智”？同样令人悲观的是，在过去人吃人的时候，终归是为了让人的肉身活下来。而当机器人开始吃人时，人的精神和肉体就都消失了。

2. 电子人

电子人（Cyborg），又称“改造人”或“机械化有机体”。该词由“Cybernetic Organism”合成，表示任何混合了有机体与电子机器的生物。电子人的思考仍由有机体完成，但身体很多部分都由无机物构成。之所以有此构造，是希望通过技术来增加或强化生物体的能力。电子人的概念出现在 20 世纪 60 年代，如果根据上述定义，今天已经有很多人都是电子人了，如安装了心脏起搏器或内置助听器的病人。有人甚至认为，人们穿戴的衣物也增强了皮肤的保护功能，所以也具有电子人的意味。不过这个说法实在难以令人信服。最有名的电子人是内尔·哈维森，这是一位爱尔兰裔的英国艺术家、音乐家和全色盲。虽然哈维森的世界里只有灰与白，但是借助后天扩充的知觉，他可以利用声音的频率“听”到颜色。2004 年，哈维森成为世界上第一个穿上电子机器的改造人。由于个人的护照照片上保留了这一扩充知觉的设备，他认为自己是第一个被官方承认的电子人。

现在有不少提供感官增强的设备，譬如 Cyborg Nest 公司发明了一款可以感知正北方的磁感震动装置，植入在胸前来增强方向感。在 2016 年的 Code 大会上，马斯克悲观地宣称，鉴于目前人工智能的发展速度，人类将会被抛弃。他能想到的解决方案就是给大脑留一个脑机接口，对接类似于伊恩·班克斯在小说《向风守望》（*Look to Windward*）中描写的可植入“神经织网”。

3. 基因改造人（变种人）

1988 年，小说家、未来主义哲学家 F. M. 艾斯范德里（F. M. Esfandiary）将自己的名字改为“FM-2030”——一个完全由字母和数字组成的编号。在他看来，姓名是人类部落历史的遗留产物，传统姓名总是在个人身上打上某种“集体身份”的标签，或是性别，或是国家，从而成为人类文化结构中思维过程的基本要素，而这些基本要素往往会退化为派系主义、歧视、固定偏见等。他表示：“这个名字反映了我的信念，即2030年左右将是一个神奇的时代。到2030年，我们将永垂不朽，每个人都有极好的机会永生。2030年是一个梦想和目标。”2000年，FM-2030因胰腺癌于纽约去世，他将自己的身体低温冷冻，以等待未来复活的机会。

FM-2030的故事听上去像是一个科幻片中的情节，后人类主义者却觉得再正常不过。在他们的技术乌托邦里，生物技术与人工智能将会让人类长生不老、无所不能。

2012年6月，《每日邮报》等媒体报道美国科学家培育出世界首批转基因婴儿，该报道引起了巨大的科学伦理争议。之后有人指出相关报道不实：这些婴儿是为了治疗不孕疾病，通过细胞质移植技术产下的婴儿，并非“转基因婴儿”。

六年后，生物学家贺建奎宣布他们团队创造的一对名为露露和娜娜的基因编辑婴儿在中国诞生。这对双胞胎的一个基因经过了修改，使她们出生后能天然抵抗艾滋病，这是世界首例免疫艾滋病的基因编辑婴儿。在短暂的“划时代成果”的欢呼和喝彩之后，这个消息再次在世界范围内掀起了一场科学伦理风暴。

谁来驯化科学家们的“造物主激情”？同样令人担心的是，当被编辑的基因混入人类基因库，有可能带来不可预测的灾难。这既可能像“变蝇人”那样毁掉人的肉身，也可能像电影《千钧一发》（*Gattaca*）所忧虑的，在未来世界，人类都愿意接受基因改造，以至于自然出生的人都被视为劣等人。

正如霍金在《十问：霍金沉思录》（*Brief Answers to the Big Questions*）一书中所警告的，当人类通过改造基因让自己进化，最后会造成人类的浩劫。虽然基因改造的工程可以创造出新的“超级人类”，其结果是自然出生的“劣等人”在新人种竞赛中面临灭绝。霍金提到的基因编辑技术，就是Crispr/Cas9，而这正是贺建奎所采用的技术。由于严重违反科学伦理，《自然》将贺建奎称为“基因编辑流氓”（CRISPR rogue）。

在《第三次工业革命：新经济模式如何改变世界》一书中，作者里夫金预计到2040年或2050年，第三次工业革命的基础设施将在世界绝大多数地区基本建成：“如果目前的趋势持续下去——随着更加有效的技术替代人力，这种趋势可能会加速——预计到2040年，全球制造业工人数量将从1.63亿下降到几百万，大部分工厂岗位将消失。”今后几十年，各行各业数以千万计的工人可能会被智能机器所代替。白领行业也不例外。人类的工作整体上岌岌可危。里夫金在那里看到了一个绝大多数人不用工作的乌托邦世界，从此人类便可以超越自我，进入“深层游戏”。这个想法似乎呼应了席勒当年写在《审美教育书简》里的主张，人要在充分的闲暇中追求精神生活：“只有当人充分是人的时候，他才游乐；只有当人游乐的时候，他才完全是人。”然而，这样的想法实在离现实太远。从逻辑上说，无异于只要银行开始印刷钞票，每个人就都会有钱了。

在上述三种“新人类”中，唯独电子人属于发展程度可控。如果科技的发展不顾及科学伦理与政治后果，回到前文提到的精英与平民的问题，对于普通民众而言，在未来他们必将受到来自两方面的挤压：一是人工智能会抢夺他们的工作；二是基因编辑技术会蔑视他们的后代。

100 多年前，尼采借查拉图斯特拉之口说："人类是一根系在动物和超人之间的绳索，一根悬在深谷上的绳索。往彼端去是危险的，停在半途是危险的，向后望也是危险的，战栗或者不前进，都是危险的"，而"人类的伟大之处，在于他是一座桥梁而不是一个目的。人类的可爱之处，在于他是一个过程和一个终结"。

巨大的不确定性正在形成，没有人知道将来会发生什么。上帝已死，科学成为新的宗教，当渴望之箭射向未来，作为走绳者的人能否踩着自己卑微的尸骨走到彼岸?

危及生命的真理根本不是真理，而是谬误。事实上，尼采在一定程度上是反科学主义的。在他看来，科学从本质上说是人类自我保存的一种工具以及人类为生存所需要的一种虚构和解释。而且，没有事实，只有解释。意识到这一点，人就不会一味地追求什么绝对真理，做知识的奴仆与瘾君子，而是有意识地转向艺术与生活，去过一种审美而诗意的人生。

奴隶之奴隶

拉博埃西在《论自愿奴役》中批评自甘受奴役者："他们甘愿受人驱使，也决心供人驱使，好像他们不是丧失了自由，而是赢得了奴役。"自愿受奴役是一种恶习，正是民众的配合，暴政才会得以建立并维持。

“如果你们不把自己的眼睛给他，他到哪里得到足够的眼睛来监视你们？如果你们不把臂膀借给他，他又怎能有那么多的臂膀来攻击你们？”奴役并非完全靠强权实现。民众一旦普遍接受奴役，也就成了奴役自己的帮凶。与此同时，暴君会诱惑民众以换取民众的服从——赌博、滑稽剧、壮观场面、角斗、珍禽异兽、奖励、排行榜以及其他诸如此类的鸦片，这些都是奴役古代人民的诱饵，是剥夺或者骗取他们的自由的补偿，也是暴政的工具。[1]

如果承认暴君乃人之造物，拉博埃西对“自愿奴役”的批评可能同样适合人类对于其他人之造物的态度，包括科技。譬如，自从互联网大行其道以来，人们在上面花掉很多时间，甚至有所谓的“网瘾”，这可以说是一种隐性的奴役。尽管有很多人想回到没有网络时的“清静日子”，却又欲罢不能。归根到底，互联网作为一个工具，既耗费了上网者大量的时间，同时也给了他们甘愿接受奴役的足够理由。

在远古，野兽是人类的主要敌人，后来它们要么被消灭或濒临灭绝，要么成为人的奴隶。如今，人将自己的创造物视为朋友，人却似乎要丢掉自己了。人之所以对物极尽迷恋，是因为物能够为人所用、为人所喜。正如前文所说，人一直在寻找属于自己的奴隶，在奴役它们的时候，既有存在感，也有主人的威仪。古人策马扬鞭，今人驱车远行，都是对物的操控与征用，即孟子所说的“善假于物”。然而，人在征服或者创造

1 ［法］拉博埃西、布鲁图斯：《反暴君论》，曹帅译，译林出版社 2012 年版，第 51 页。

物的时候，又会爱上它们，甚至离不开它们。正如人驯化了水稻以后，水稻又反过来驯化了人，将人从山林中的狩猎者变成谨守四时、靠天吃饭的农民。这种互相驯化，就像孤独的人与孤独的宠物相依为命。

卢梭在《社会契约论》和《爱弥儿》中谈到，一个人如果认为自己是其他人的主人，那么他实际上要比其他人更像一个奴隶。而依赖会让主人和奴隶一起堕落。按黑格尔的“主奴辩证法”（master-slave dialectic），人类的历史发展时常会出现颠倒——“主人必败，奴隶必胜”。理由是主人虽然获得了对奴隶的统治，满足了被奴隶承认的虚荣，并获得了不劳而获的享乐的权利，但主人既不能亲自对物进行改造，又必须依赖一个特定存在，两种情况下他都不能成为自己命运的主人，达到“绝对否定性”。主人的不劳而获的享乐也带来一个严重的后果，即他失去了与物的直接联系，主人与物的中间横亘着奴隶并因此失去了自己的独立性。“主人把奴隶放在物与他自己之间，这样一来，他就只把自己与物的非独立性相结合，而予以尽情享受；但是，他把物的独立性一面让给奴隶，让奴隶对物予以加工改造。”[1]

在人性古老而绵长的欲望中，没有谁不希望拥有并得心应手地驾驭奴隶。从早先驯化动物到建立起针对同类的奴隶制度，从新石器时代锐利的石块到今日风靡天下的智能手机，以及正在孕育的未来机器人，不变的是人类永远想当奴隶主的心，变换的是奴隶的品种与样式。如果说

1 ［德］黑格尔：《精神现象学》（上卷），贺麟、王玖兴译，商务印书馆 1979 年版，第 128 页。

奴隶是人的延伸，人也会以一种不被察觉的方式爱上奴隶，崇拜奴隶，永远离不开奴隶，直到成为“工具之工具”“奴隶的奴隶”。

简单地说，人类在获得一种物品或者奴隶时，先是尽享做主人的种种好处，并时刻支配他们，然后渐渐适应并崇拜他们，离不开他们。奴隶变成了一种体制，又反过来驯化人类。

《连线》创始主编凯文·凯利曾经高傲地宣称，学会向我们的创造物低头——“人造世界就像天然世界一样，很快就会具有自治力、适应力以及创造力，也随之失去我们的控制。但在我看来，这是个最美妙的结局。”[1]在《失控：全人类的最终命运和结局》一书中，凯利表明自己会站在机器一边。书里节选了一段 20 世纪 50 年代发生在人工智能先驱马文·明斯基与道格拉斯·恩格尔巴特之间的对话。凯利指出，“人类会在后 AI 时代存活下来”的观点显然轻视了人工智能对未来的影响。他相信明斯基的话：“如果我们够幸运，或许它们会把我们当宠物养。”

机器人会是人类的奴隶、伙伴还是主人？科幻作家、计算机科学家弗诺·文奇提出“奇点”（singularity）的概念，届时机器智能将成功越过门槛，成为“超级人类”。人类第一台现代个人计算机的设计者艾伦·凯认为计算机已经开始接管这个世界。人类应该设计乐队同事一样的电脑，而不是奴隶一样的电脑。人与机器不能重演人类历史上的主奴关系。他担心的是：“未来的人类会重复古罗马人的悲剧——罗马人

1 ［美］凯文·凯利：《失控：全人类的最终命运和结局》，东西文库译，新星出版社 2010 年版，第 7 页。

让他们的希腊奴隶替自己思考。没过多久，这些主人们变得无法独立思考了。”[1]

有段时间，我所在小区每个铁栅栏门边都贴着一张《列宁与卫兵》的海报。几十年前，这个故事曾经非常流行。其大意是：列宁进克里姆林宫时，卫兵洛班诺夫不认识他，一定要他按规定出示证件。与列宁一起来的随从想上前说出列宁身份，让卫兵立即予以放行，被列宁制止了。列宁掏出了证件，卫兵从证件上知道眼前这人就是列宁时，他脸红了，连声说“对不起”。而列宁亲切地对他说：“你做得很对，任何人都要坚守制度。”

过去的证件，现在变成了门禁卡。决定一个人是否可以进入的不是守门人，而是机器。这是人类进入陌生人社会的成就，也是代价。在某种意义上说，尽管制卡权仍是由人决定的，但在最后执行时，是机器完成了人对人的隔离。技术统治注定要将人物化。在机器面前，人被分解为一个个是否合乎条件的物件。过去一个人面向另一个人的臣服，变成了两人一起面向机器臣服。

森林里的怪兽

怪兽是杀不光的，因为我们就是怪兽。这是英国著名作家威廉·戈

1 ［美］约翰·马尔科夫：《与机器人共舞：人工智能时代的大未来》，郭雪译，浙江人民出版社 2015 年版，第 336 页。

尔丁的哲理小说《蝇王》给大家留下的最深印象。

故事发生于未来第三次世界大战中的一场核战争中，一群 6 岁至 12 岁的孩子在撤退途中因飞机失事被困在一座荒岛上。最初他们只是来到一个世外桃源，本来还可以和睦相处。然而没多久便因为人性的幽暗互相残杀，导致一系列悲剧的结局。在那里，孩子都是成年人的缩影，他们在一片处女地上建立起来的微型文明体系被野蛮吞没了。野蛮，深植人性之中。落难之时虽然所有孩子只有一把刀，但在内心深处则是人人皆有杀器。这也是霍布斯所谓“人对人是狼”的心理基础。

心理学家亚伯拉罕・马斯洛提出过被称为尤赛琴社会（Eupsychian）的思想实验。大意是让 1000 个心理健康的人住在一个与世隔绝的岛上，那里将会出现美好的社会。这位人本主义心理学家曾经批评说：“当一个人手里只有一把锤子的时候，看什么问题都是钉子。”在这里，显然他犯下了相同的错误。试问我们最初来到这颗与世隔绝的星球，谁不是怀着一颗赤子之心?

尤其经过最近一两千年的发展，人类建立起一套日渐完备的意义系统。在这套意义系统中，有文明也有野蛮，还有介乎两者之间的含混不清的一切。如戈尔丁在《蝇王》中所言明的，出没在森林中的不只有真实的怪兽，还有人心中的怪兽。暗含其中的大悲剧是，在此普遍畏惧与无所尊崇的困境中，即使是西蒙那样先知式的人物也可能作为怪兽被杀掉，因为那琢磨不定的黑暗不仅在人类心中，也在人类周围。

与此同时，还应该看到的是人对物的利用与物对人的反噬。人不仅有能力将自己变成怪兽，还能通过科学的力量从大自然中唤醒怪兽。对于人类来说，这时候科学带来的电光石火就像古老的巫术。它让人赞叹甚至崇拜，但也让人迷失。

第二节　AI 创世纪

性与病的春天

人工智能的发展给人类生活带来改善是显而易见的。在必要的条件下，一个聪明而且健壮甚至无所不能的奴隶无疑会给主人带来更多的收益。前提是，这是一些温顺的奴隶，而非破坏生产工具、聚众揭竿而起的数字版斯巴达克斯。

至少到现在为止，在可能的坏消息传来之前，人工智能已经在很多领域绽放花蕾，甚至提前结下果实。

伴随着智能算力的不断提升，诸如自动驾驶、智能家居、内容生成、金融分析、疾病诊断等，正在改变人类生活的方方面面。

此前有传闻称马斯克将推出一款猫女机器人，能够帮忙做家务、陪聊天，并拥有生育功能，引起了社会的关注。无论消息是否属实，马斯克明显表达过这样的愿望，在并不遥远的未来，人类将会有浪漫的机器人伴侣。与此同时，借助新型材料与人工智能开发的医疗技术也在治病救人领域大展身手。马斯克的脑机接口技术之所以为大众所关注，也是因为它将给无数家庭带来希望。2024 年 1 月 28 日，马斯克旗下的脑机接口公司“神经连接”公司成功进行了脑机接口设备的首例人体移植。在大脑植入这款名为“心灵感应”的产品后，病人只需通过意念就能控制手机、电脑，并通过它们控制几乎所有设备。

而 2023 年谷歌旗下的人工智能公司 DeepMind 宣布成功地解密了蛋白质结构的谜题，通过 AlphaFold 算法创建了一个庞大的数据库，其中包含了超过 2 亿种已知蛋白质的结构。这个突破对于解决可持续性、粮食安全和被忽视的疾病等重大科学问题具有深远的影响，标志着数字生物学新时代的来临。DeepMind 反复强调，通过减少缓慢而昂贵的实验的需求，AlphaFold 解密人体的“蛋白质宇宙”可能为研究界带来了数亿年的进步，并节省了数万亿美元，甚至因此打开人类的永生之门。

简而言之，因为人工智能的出场，人类将在性与病方面得到前所未有的照料。当然，人们可以受益的还有更多，比如在人与人日渐疏离的情况下，养老机器人还可以用来照顾老人。

然而，事情往往并不如此简单。春天带来希望不假，但就像诗人艾略特感慨的，四月也可能是最残酷的一个月。

流水线上的胎儿

女人的生育之苦，一直为世代所关注，也让无数女人愤愤不平。所幸，婴儿只在母体里最多待上 10 个月，剩下的身心发育由“社会子宫”来完成。

随着科技发展，人造子宫的概念应运而生。早在 1923 年，英国生物学家 J.B.S. 霍尔丹就提出了“人造子宫”概念。他相信人类可以通过机器，来替代生物体从受精卵到胚胎生长的全过程，最终摆脱对母体的依赖。霍尔丹大胆预测，到了 2074 年，70% 的人类将通过人造子宫孕育诞生。

虽然离他预言的时间尚早，现在理想照进现实，人类已经完成的是将胎儿放进一个特殊装置，只要用管道和母体连接，任何和胎儿血型一致的人，都能通过这种体外装置孕育生命。当男人也可以怀孕，人造子宫被视作男女平权的重要一步。2017 年《自然》杂志的一个子刊发布了美国费城儿童医院的一项人造子宫实验。借助特殊生物材料仿制的羊腔膜和人工羊水，该实验将早产的胎羊放入一个模拟子宫的支持系统，羔羊通过脐带血管在里面最多存活了 28 天。

除美国以外，日本、荷兰、以色列和加拿大等国都已开展了人造子宫的动物实验。

有人说，相较于长寿甚至永生的生命探索，人造子宫所拓宽的是人类生命的最微小的边界。不过，以上谈到的人造子宫毕竟附着于人体，更像是一个高级版本的育儿箱。

而霍尔丹所预言的人造子宫将建立在独立运行的基础之上，即由机器完全代替母体。近百年后的 2022 年，也门分子学家和电影制片人哈什姆·阿尔海利（Hashem AL-Ghaili）发布轰动一时的 Ectolife“人造子宫工厂”视频，其中，一套设施一年可以量产 3 万个婴儿。这种人造子宫就是这一生育概念的延伸。

而且，面对生育率严重下降的事实，马斯克推崇的也是这一项目。名义上 Ectolife 是为不孕不育的夫妇带来希望，堪称孕育了下一场生育革命。在电影《黑客帝国》中，一个令人过目不忘的场景是，人类并非从女性子宫中诞生，而是从一个形似子宫的培养皿中“孵化”而出。而现在，这个想象正在成为现实。相信用不了多久，即使是单个机器人想生育，在技术上恐怕也不是什么难题。

不过，由于法律和伦理的限制，虽然目前各国将人造子宫技术限制在妊娠之后，仅以救治超早产儿为目的，但其未来发展已经极具想象力。而历史一次次证明，这一代人的底线，往往就是下一代人的起点。一个普遍的担心是，一旦婴儿进入流水线可以量产，人类离销售婴儿的时代还会远吗？与此同时，当两性之间互无亏欠、互无依赖，恐怕更是要分崩离析了。

一个更可怕的前景是，当生育能力直接与财富挂钩，原本基于平权观念推出的人造子宫，将走上完全相反的道路。在接下来的美丽新世界里，富人与权贵无限繁衍，而穷苦者客观上渐渐丧失生育的权利。

Ectolife 发布的“人造子宫工厂”视频截图

一个人的好莱坞

影片《天堂电影院》折射了人们对影视工业的迷恋，在影像中既有避难所也有娱乐场。从诞生之日起，电影就摆脱了空间与时间的限制。而现在，自从有了生成式 AI 的介入，电影还将摆脱制作的限制。当 Sora、Runway、Luma、LTX Studio 等视频制作工具鱼贯而入，从理论上说，一个人只要学会了相关软件的应用，几乎在零成本的情况下，他便拥有了属于自己的好莱坞。

Sora 是 OpenAI 在 2024 年初发布的人工智能文生视频大模型、“世界模拟器”。Sora 这一名称源于日文“空”（そら），寓意有天空一样的无限创造潜力。它可以根据用户的文本提示创建最长 60 秒的逼真视频，并且深度模拟真实物理世界，能生成具有多个角色、包含特定运动的复杂场景。

几个月后，一款命名为 LTX Studio 的视频生成软件惊艳登场。相较 Sora，LTX Studio 更像是一个全能的视频创作工具包，它涵盖了视频创作的全流程，不仅提供了可视化专业视频控制平台，还允许用户深度参与视频创作的各个环节，包括自动剧本创作、多镜头场景布局调整、角色的一致性控制等。视频生成后，用户还可以针对画面进行逐帧调整，可以说 LTX Studio 一站式解决了电影制作中的脚本、拍摄和剪辑等问题。

由于影视技术的平民化，类似视频生成工具的出现表明未来只要你有足够好的剧本，就可以独自建立起一个风靡全球的梦工厂。

看不见的换头术

唯心主义者会说大脑或心创造了这个世界，自己是其所在宇宙的中央。事实上，即使是唯物主义者也不得不承认，是我们的大脑重构了这个世界的影像。对于每个人来说，大脑才是这个世界最直接的造物主，它不但创造了具体的客观世界，使万物得以投射，还创造了抽象的主观世界，在上面运行诗歌、小说以及人情世故等意义系统。在此意义上，脑机接口技术已经不是治病救人那么简单。它除了可以让瘫痪的人重新站立起来，还有可能重置一个人大脑中的记忆、幻象，甚至观念。

众所周知，“脑机接口”作为一种人机交互技术，其工作原理是采集脑部神经信号并分析转换成特定的指令。目前，脑机接口技术按照其是否需要侵入大脑以及侵入的程度分为非侵入式、侵入式、半侵入式三类。无论以哪种方式侵入，只要在内容上介入得足够深，那么它都有可能完成一种指令式的换头术。

《黑镜》第三季有一集《战火英雄》，剧情是未来世界的士兵被召集去追杀“蟑螂”。这些蟑螂，原本是一群活生生的人。本集的重点不在于“蟑螂”是否有基因缺陷，该不该被消灭，而在于只要士兵植入了一种叫麦斯的系统，那些人在士兵眼里就会变成蟑螂或者怪物的外貌，成为必须消灭的对象。从前，洗脑尚需长时间的培训与灌输，而自从有了这个系统，相当于随时可以完成间歇性的换头术，一切操纵都是自动生成的。

深度伪造与假面舞会

影视剧里常出现古代的易容术，一个个看起来都神乎其神。如今与换头相关的 AI 换脸术、AI 深度伪造视频技术已经不再是天方夜谭。

“深度伪造”（deepfake）是计算机的“深度学习”（deep learning）和“伪造”（fake）的组合。它通过一系列的自动化手段，特别是人工智能的算法技术，完成对图片和声音等数据的操纵与修改。大多数深度伪造都依托于一种深度学习技术——生成式对抗网络（GANs）。

事实上从很早开始，互联网上就已经流行起了假面舞会。之所以到处流行俊男靓女，是因为有人借美颜相机和 PS 软件浑水摸鱼。而现在有了像 Deep-Live-Cam 一样的软件，只需要上传一张照片便可以在直播或者视频会议中实时换脸。

娱乐归娱乐，与此相关的却是深度伪造技术正在成为屡禁不止的公害。除了色情网站的移花接木以及各种对口型的名流恶搞等，近年来通过换脸与拟声等方式解锁手机密码和冒充熟人诈骗的案件，对个人隐私和财产安全构成了严重威胁。

若干年前，有一个“后真相”（post-truth）的概念颇为流行。其实这不是什么新生事物，人类不是活在“前真相”（pre-turth）时代，就是活在“后真相”时代，唯独会轻慢真相的时代。前真相是罔顾事实，后真相是截取部分真相。如古斯塔夫·勒庞在《乌合之众》中所说的，群众从未渴求过真理，他们对不合口味的证据视而不见。事实上真理也不是那么清白，完整的真相本来就不容易获得。无论事前的偏见，还是事后的立场，就符合人性的利益而言，人们更想看到的是自己相信的东西。

这个世界已经被各种正义的立场撕得四分五裂，而现在各种造伪技术又甚嚣尘上。当日常的社会生活悄悄进入了一个彻底真假难辨的时代，随之而来的将是大面积的信任危机与巨额成本支付。可以想到，不论是国家内部的民主混乱还是国际的政治冲突，深度伪造技术都将从中扮演重要角色。

舌头里的保险柜

道高一尺，魔高一丈。指纹识别虽然先进，但是通过倒模技术可以轻松破解。后来又有了人脸识别技术，同样危机重重。众所周知，在中国，人脸差不多是滥用最多的生物信息。进小区、订外卖都需要人脸识别。很难想象，一个送外卖的 App 如今竟然也到了强行索要用户人脸信息的地步。锁被撬了可以再换，人却没有第二张脸。滥用的后果就是相关生物信息失去安全性。

2024 年，来自英国爱丁堡大学和利兹大学的研究人员在英国《科学报告》（*Scientific Reports*）杂志上发表的研究结果表明，舌头表面微小的乳突隐藏着个体之间独特的生物学信息。该研究通过3D扫描技术和机器学习获得的舌头3D点云数据构建了舌头乳突的数字图像，在进行了几何特征和拓扑特征分析后发现，人的舌头上的乳突形状具有独特性，乳突的形状在不同个体之间显示出显著的差异性，而且这种特征终身具有稳定性。相较于其他生物识别技术，舌头具有独一无二的便捷性和隐蔽性，不易被人直接观察或恶意复制，从而降低了被伪造和冒用的风险。

自古以来，人们为了保住个人的财产可谓绞尽脑汁。有了保险柜是不够的，还要把钥匙藏进嘴里。如今借助卷积神经网络（CNN），生物识别专家们终于打起了舌头的主意。想想将来的人们在认证身份时伸出的一根根舌头，场面着实令人尴尬。人像狗一样等着科技的主人开门……如果真有这么一天，不得不让人感叹，科技水涨船高，却将人类逼到了穷途末路。

第三节　OpenAI

平庸之恶

回望我出生的20世纪70年代，家里的动力是水牛，被养在离家不远的牛栏里。牛的能源是草。而站在今天眺望20年后的未来生活，在我的家里一定会有机器人，而2045年被无数预言者定为“奇点”。在这一年，机器人不仅迎来了觉醒，而且机器大脑将超越人类大脑，成为地球上的主宰。

短短几十年间，我仿佛经历了一部人类简史。在此期间，有一些年份与事件特别值得记住，如1997年“深蓝”力克国际象棋世界冠军卡斯帕罗夫；又如2022年OpenAI发布了一款聊天机器人程序ChatGPT，一石激起千层浪。

在许多人表现出恐惧的时候，人类优秀的头脑表现出来的更多是不屑，或者说是傲慢。他们认为人类的大脑具有非凡的创造性，而ChatGPT等人工智能像是一个笨重而粗暴的赝品。著名语言学家、哲学家诺姆·乔姆斯基在《纽约时报》发表了题为“ChatGPT的虚假承诺”的文章。乔姆斯基强调，人工智能和人类在思考方式、学习语言与生成解释的能力，以及道德思考方面有着极大的差异，并提醒读者如果ChatGPT式机器学习程序继续主导人工智能领域，那么人类的科学水平以及道德标准都可能因此降低。乔姆斯基认为所有这些看似复杂的思想和语言，都是由非智能产生的道德冷漠。在这里，ChatGPT表现出某种类似（汉娜·阿伦特所批评的）的“平庸之恶”，充斥着剽窃、冷漠和回避。它以一种超级自动补全的方式总结了文献中的标准论点，拒绝在任何事情上表明立场。它不仅以无知为借口，还以缺乏智慧为借口，最终提供了一种“只是服从命令”的辩护，将责任推卸给它的创造者。

与此同时，盲目相信ChatGPT的智能与权威，完全用它的回答代替自己专业性和更具针对性的搜索，不啻为以机器的判断代替自己的判断，在某种意义上说，这也是一种对人的背叛。有一幅流传甚广的漫画，画的是人类正沉迷手机，而机器却在学习。

合成数据与哈布斯堡幽灵

相较于诺姆·乔姆斯基所谴责的“平庸之恶”，人工智能专家兼创业者加里·马库斯则认为，如今被硅谷热炒的所谓通用人工智能充其量

未来的某一刻，机器人在学习，人类在玩手机。作者 AI 绘制

只是一种“Rough Draft AI”（粗略的 AI 草稿），矛头同样指向 AI 的抄袭，还有数据合成。

虽然大语言模型看起来很聪明，但是不能检查自己的工作，也不能创造。马库斯至少有一点是对的，那就是人工智能对于人类的价值在于解决问题，而不是制造问题。其在道德上不会为自己的错误担负任何责任。从技术上说，今天的人工智能是不稳定的，在现实中没有锚，诸如虚假信息、市场操作、诽谤、深度造假、偏见歧视、隐私数据泄露、知识产权侵犯等都会带来现实风险。就最后一点而言，ChatGPT 简直就是无法无天盗取他人创造成果的专家，而且往往做得天衣无缝。更别说过度依赖这样不可靠的系统，甚至将 AI 工具放到武器系统或者电网之中了。

多年来，谷歌等大公司一直从互联网上抓取数据，用于训练支撑、喂养其所谓的大型语言模型（英文 Large Language Model，缩写 LLM）。自从有了互联网，人类几千年来的知识与思考成果以及最新的文本、图像与视频都变成了这些庞然大物的草料。对此，OpenAI 的首席执行官萨姆·阿尔特曼曾表示，AI 大模型最终应该能够生成足够高质量的合成数据，以有效地自我训练。然而 LLM 生成的合成数据备受指责，包括在此模式下人类数据的枯竭……

与人类的创造性形成鲜明对比的是，合成数据并不进行推理。当人类大量运用合成数据，最后的结果是低质量信息带来“自我中毒”。从表面上看，数据的近亲繁殖会带来短暂的虚假繁荣，但最终可能导致该模型的崩溃，就像哈布斯堡王朝因近亲繁殖导致自我毁灭一样。不得不说，这个家族虽然权倾一时，但回望历史，它留给这个世界的是一张张鞋拔子脸。

那些合成数据并非创造性的，就像把两本《辞海》相加，它并不真正地生产有用的知识。现在的问题是，合成数据占多少比例才不至于让人类收获灭顶之灾？人类如何才能拥有更加健康的“数据混血儿”？

随机鹦鹉

相关论文提到 LLM 已经具有了思维链条（Chain of Thought）和自发性地结构涌现（Emergence）。换言之，LLM 开始学会了人类“慢思考”的思维模式，可以基于逻辑推理而非简单的直觉来回答问题。

不过反对的声音同样接踵而至。华盛顿大学语言学家艾米丽·本德等人在 2021 年发表论文，指出大语言模型并不理解现实世界，它实际上只相当于一个“随机鹦鹉”（stochastic parrot）。随后具有歧视意味的“随机鹦鹉”被广泛引用，并获美国方言学会选 2023 年年度 AI 词语，胜过“ChatGPT”和“LLM”。与我们观察其输出时的情况相反，LLM 只是将其在庞大的训练数据中观察到的语素胡乱拼接在一起，根据概率生成文本，但不清楚文字背后的任何含义。相较部分人文学者的嗤之以鼻，同为“AI 之父”的杨立昆和杰夫里·辛顿的意见也是大相径庭。前者认为说 LLM 是随机鹦鹉是对鹦鹉的侮辱，后者则认为 LLM 能理解人类的语言。更折中的观点是 LLM 有时像随机鹦鹉，有时也能理解人类的语言。而辛顿的悲观在于，他相信人类将失去对拥有高智商的 AI 的控制，为此他成为末日预言者。

尽管到目前为止 LLM 可能并不聪明，本德还是公开反对让大模型过度介入人们的生活。作为一名语言学家，本德注意到了大模型“权力扩张”的危险性。

其实核武器本身也不聪明，连随机鹦鹉都不是，但这并不妨碍它在特定情况下毁灭地球上的所有生灵。如果森林里全是鹦鹉，无论它是否随机或者聪明，至少也将是一场生态灾难。当 LLM 无处不在时，它就不只是是否聪明的问题了。

有一点可以确定，即使现在 LLM 是愚蠢的，人们尽可以嘲笑它，但是这种现状并不能决定将来，否则就只是站在盒子里讨论盒子。当时间到了，数字心灵（digital mind）的涌现可能也就是一秒钟的事。

从 OpenAI 到 CloseAI

ChatGPT 本意为 Chat Generative Pre-trained Transformer，它不仅可以做到真正像人类一样交流，甚至能完成高质量的学术论文。一经发布，立即引起世界广泛关注，甚至有“狼终于来了”的恐惧。而 ChatGPT 首先冲击的是学校，一项调查显示，截至 2023 年 1 月，美国 89% 的大学生都是用 ChatGPT 做作业。随后百度公司也推出了文心一言，而中国大陆地区的 ChatGPT 被限制使用。因为巨额投入与商业化应用不力，2024 年有消息传出 OpenAI 可能会在该年底破产。

在 ChatGPT 大行其道的同时，作为 OpenAI 曾经的发起人之一，马斯克始终对今天的 OpenAI 给予尖锐的批评。2024 年，马斯克向旧金山高等法院起诉了 OpenAI 及其 CEO 山姆・阿尔特曼，因为阿尔特曼和 OpenAI 违背了这家研究公司成立时达成的一项协议——开发技术造福人类，而非为了利润。2023 年 3 月发布的 ChatGPT，标志着与 OpenAI 原则的重大背离。GPT-4 是一个闭源模型，这违反了开源精神，此举是出于商业目的，而非人类利益。此后，马斯克还在 X 平台上戏谑发文，建议 OpenAI 改名成 CloseAI，这样他就撤销起诉。

无论 OpenAI 公司将来如何发展，是倒闭还是继续扩张，有一点是可以肯定的——伴随着 ChatGPT 的惊艳登场，以及世界各大公司趋之若鹜的大规模研发，一个人工智能被打开（OPEN AI）的时代再也不会关上了。ChatGPT 的到来同样带来一些文化上的改变，有意思的是，2023 年一个日本的程序员通过 ChatGPT 训练出了一个 AI 佛祖 hotoke.ai，用着 AI 的标准式废话解决年轻人的困惑。

对于 ChatGPT 的到来，我并不像许多人表现的那么恐慌，甚至在很大程度上，我认为就目前版本的功能而言它还只是平庸之作。ChatGPT 还不至于对有创造力的人构成挑战。但是不可否认的是，与 AI 共生的日子已经越来越近了。或许一切只是像科幻作家威廉・吉布森所说的那样，“未来已来，只是分布不均”。

当海浪停下来

1966年，约瑟夫·维森鲍姆创造了第一个聊天机器人ELIZA。这是一款能够和人流畅对话、开解苦闷的人工智能。维森鲍姆用200行代码写出ELIZA聊天机器人，原本只是为了证明机器人的肤浅。虽然看起来像是人机在对话，但实际上ELIZA对人类情感一无所知，它只能向对话者重复一些无聊的会话。出人意料的是，ELIZA在当时引起轩然大波。甚至可以说，它在当时业内引起的轰动并不亚于今天的OpenAI，然而，就在人们就此狂热地讨论人机如何协作、人会不会被机器人取代时，维森鲍姆为自己的发明永久地按下了停止键。简单地说，他看到这种狂热背后的危险。

据说之后的大部分时间里，维森鲍姆都为自己开发的聊天机器人感到后悔。耐人寻味的是，如果人工智能是一个潘多拉魔盒，即便第一个有能力打开它的人中途放弃了，总还会有其他人来打开。这种状况就像是冥冥中有某种人类的进程。而且从功能上看，最初作为聊天程序出现的ChatGPT比几十年前的ELIZA不知强大了多少倍。

随后维森鲍姆带着特有的人文理想主义潜心著书立说，在《计算机能力与人类理性》（*Computer Power and Human Reason*）一书中写道，这项技术引发的问题，“基本上是关于人类在宇宙中的位置问题”。维森鲍姆回顾了人类迷上甚至崇拜工具理性的过程，当人类发明的机器越多，人类就越发退化为一个对世界只会袖手旁观的种群。自从发明了钟表，人类远离了自然的时间，终日臣服于人造的、可量度的、理性的时间。而且维森鲍姆甚至在鲍曼之前在技术至上与纳粹主义之间找到了隐秘的联系，即技术让人放弃自我，而这正是极权主义的起点。此外，按维森鲍姆的理解，人与人工智能毕竟是两个物种，后者没有每个人类婴儿都必须经过的“走出伊甸园”的社会化过程。

在另一本书中，维森鲍姆指出人类对科学和技术的冒险已经把我们带到自我毁灭的边缘。就像温水煮青蛙，科技不但给许多人带来了前所未有的舒适，甚至还有梦寐以求的自我实现……

有类似想法的还有杰夫里・辛顿，作为“AI 之父”之一，他自 20 世纪 80 年代就沉迷于计算机网络神经的研发，并获图灵奖。他培养的其中一位学生还创办了 OpenAI。辛顿担心的是有朝一日 AI 变成杀人机器，甚至操纵核武器。然而当辛顿表现出某种悔意时，他所面临的困境是一样的。人类在科技方面的激情就像奔腾不息的大海，即便有一部分海浪留在了沙滩上，这并不影响下一拨海浪继续卷地而来。

第四节　当机器是人

在帕斯卡的河边

我曾经问过自己一个问题：在乔布斯和苏东坡之间，我更需要谁？几乎不假思索，我的答案是苏东坡。原因是从人生的角度我更需要“明月几时有”里的深情，而非 iPhone 所代表的技术。

法国思想家布莱士·帕斯卡（Blaise Pascal）说过，人是会思考的芦苇。我宁愿说人是深情的芦苇。前者，说明人类有理性之光。至于后者，我相信帕斯卡也不会否定，因为他最有名的另一句话是：心有理性未知之理性。众所周知，帕斯卡不仅在数学和物理方面取得了非凡的成就，还有《思想录》传世。

帕斯卡生活在 17 世纪的法国。16 岁时发现著名的帕斯卡六边形定理：内接于一个二次曲线的六边形的三双对边的交点共线。17 岁时写成

帕斯卡发明的世界上第一台数字计算器

《圆锥曲线论》（1640 年）。1642 年，也就是 19 岁的时候，帕斯卡设计并制作了一台能通过连锁齿轮实现自动十进位的加减法计算装置，被称为世界上第一台数字计算器，为以后的计算机设计提供了基本原理。为了纪念这项发明，有一种编程语言便是以帕斯卡命名的。

帕斯卡发明这个机器起初是为了减轻父亲繁重的税务计算负担，到后来成为世界上第一台具有商业用途且受专利制度保护的计算器。他的发明也被称为第一台齿轮式计算机。

从某种意义上说帕斯卡是整个人类精神图谱的一个缩影。他像是一条河流，在右岸他是理性的，可以不断地向着科学与真理的高峰前进；在左岸他又是感性的，知道是感性让我们感受到自己的渺小与宇宙的无穷。简而言之，是心灵让我们找到自己在宇宙中的位置。

如果没有心灵，人会连带自己的发明将自己训练成机器。而人类千百年来的进步不过是将一个种族从思考的芦苇变成会思考的机器。在帕斯卡之后的世界，许多人的确是这样想的。

AI 与程序性欲望

18 世纪，伴随着理性主义的攻城略地，人也被解构成一个物件，成为理性分析的对象。法国医生、哲学家拉·梅特里在《人是机器》中彻底去除了人的神性与心灵："人并不是用什么更贵重的料子捏出来的；自然只用了一种同样的面粉团子，它只是以不同的方式变化了这面粉团子的酵料而已。”如果要拉·梅特里回答“人是什么”，他会说“人就是机器”。而人与动物的区别，也不过是人更像巨大的钟表，被制作得精细巧妙而已。作为一种纯粹的物质的存在，人的精神也是一种物质现象，根本不存在超出物质之外的心灵现象，心灵也不过是一架物质的机器而已。声音、图像、味道等通过人的感官传达到大脑里，大脑就形成了各种印象，思想就是对这些印象的综合结果。此外，影响人类的外在因素，比如大地、天空、森林与河流等也都是一堆物质。

尽管许多人并不同意拉·梅特里的判断，不过随之而来的一个问题却很值得思考——既然人的思维需要通过物质来完成，那么物质是否能够思维？当我们做梦，在完全失去对自我的意识时，是物质在做梦，还是我们在做梦？如果大脑活动就是发生在无数脑神经之间的电流反应，那么这个浩瀚的宇宙是否也可能通过无数的电流反应而完成思维？就像玻尔兹曼大脑（Boltzmann brain）所描绘的那样，在低熵状态下宇宙中飘浮着无数孤单的大脑。

欲望是什么？这个问题同样令人疑惑。如果说人只是一堆物质，那么某人对某物的欲望就是一堆物质对另一堆物质的正反馈；而某人对某物的憎恶则是一堆物质对另一堆物质的负反馈。不过这种所谓物质之间的正反活动，显然并不像万有引力或者磁力那样清晰而且有规律可循。

机器有没有意识？笛卡儿认为机器能够与人互动，但不会像人一样做出合适的反应。而狄德罗认为如果一只鹦鹉可以回答一切问题，那么它就存在智慧。而拉·梅特里直接认为人就是机器。1950年，计算机科学与人工智能之父阿兰·图灵做了一次试验：如果一台机器能够与人类展开对话（通过电传设备）而不能被辨别出其机器身份，那么就可以称这台机器具有智能。这一年，图灵发表了他划时代的论文，预言了人类创造智能机器的可能性。

在这场被后世称为“图灵测试”（Turing Test）的著名试验中，表面上机器只是被选择，并不赋予意义，但在被执行的程序里，意义自始至终是存在的。因为它本身就是一套意义系统，而且是一套严密的遵循因果律的系统。时至今日，机器已经在智力问答赛上战胜了此前从未有过败绩的人类选手，阿尔法狗打败了世界围棋冠军，而且越来越多的人工智能开始替代人类的工作，包括工厂里的大部分工人、银行出纳、超市收银员、办公室职员、司机，甚至包括律师、记者和医生。

爱因斯坦说：“智能的真正标志不是知识，而是想象。”如果说想象力从本质上只是一种发散性思维的能力，对于智能机器人而言，它是一道难以逾越的鸿沟吗？没有想象力的智能只是自动化，但它一样可能被一部分有想象力的人所恶意利用。

许多科幻小说和电影都在探讨人工智能的觉醒。有的认为人工智能不会拥有人的意识，有的则认为其有可能进化出类似于人的意识。在没有彻底弄清楚人的意识以及欲望因何而来之前，相关讨论就会显得并无实质意义。

在接着讨论人工智能的危险时，让我们先观察一款名叫“贪吃蛇”（Snake）的电脑游戏。该游戏最早可以追溯到20世纪70年代。在游戏中，玩家操控一条像蛇一样细长的直线，且只能操控蛇的头部朝向（上下左右），它会不停前进，一路拾起所触碰之物（俗称“豆”），并要避免触碰到自身或者其他障碍物。每次“贪吃蛇”吃掉一样食物，它的身体便增长一些。吃掉一些食物后，蛇的移动速度逐渐加快，让游戏的难度渐渐变大。

由于是电脑游戏，没有谁会把这条变动的直线当作蛇，更不会把它吃食的动作当作一种欲望的满足。然而，如果这是一条在路上爬行的实体机器蛇，程序设计让它见到任何符合某种指定形状与颜色的东西（假定这一特殊物体名为“紫色β”）就选择吞下，那么这种“机械式欲望”或者“指令式欲望”，在客观效果上与人和动物的欲望有什么本质区别呢？一个青春年少的男性见到漂亮女性的胴体会在生理上起反应，流露出某种欲望；一只饥饿的猫见到老鼠时便会想去抓住它，这也是一种欲望。性心理学家和动物学家会将这两种现象归于动物的本能，它都不是理性思考的结果，而是被预先植入的“原欲”，如同机器蛇捕食“紫色β”。在此意义上，如果程序员为人工智能设置绝对指令“阻止任何针对自己的破坏”，那相当于未知的造物主为人类暗藏了弗洛伊德所谓的“生本能”。当一部机器有了求生欲望的时候，它便有了灵魂。

而如果程序员同时给人工智能输入另一条绝对指令“杀死所有挡在你面前的人”，那么这又相当于“死本能”了。除此之外，程序员还可以授权人工智能为自己增加绝对指令。接下来可能就是弗兰肯斯坦的科学怪人反叛，人工智能彻底失控。换言之，对于人类来说，人工智能的危险首先并不在于最终它们是否会有人类的意识，而在于这种“植入式欲望”会不会伤害人类，以及他们会不会自动生成“指令性欲望”。谁能说人的情欲不是造物主为了人类的繁衍以及抵抗空虚而植入的呢?

人之所以有精神上的痛苦，也是因为身上背负了太多的绝对命令，包括自我保全与求生的本能。人与人工智能的区别或许只在于，对机器而言绝对命令是算法，而对人来说是本能或意义。欲望或许只是幻象，如果在这方面人与人工智能等同，亦不过是有关欲望的两种幻象的重叠。

相同的道理，人工智能也可被植入“程序性恐惧”，但所有这一切终归都是变量，所孕育的是人类生活巨大的不确定性。

AI 与精神控制

这是一场前所未有的技术革命。各国政府都在加大对人工智能的研究与开发，科技企业也在不断地比拼、你追我赶。如果把这一盛况比作一辆高速行驶的汽车，那么这辆汽车只安装了油门而没有安装刹车。不是人类聪明的头脑没有意识到人工智能的危险，而是在著名的囚徒困境之中——谁不加紧研究谁就先被淘汰——没有谁甘心去装那刹车。

指望联合国成立一个真正意义上的有约束力的人工智能伦理审查委员会，这更像是痴人说梦。当新生事物带着一种“可成瘾性的甜头”走向人类生活的时候，人类回馈的却只有瘾君子的赞美以及相关伦理、法律、共识的滞后。如此境遇正如作家所感叹的，人类注定是要载歌载舞地走向自己的末日。

由于深度学习等前沿技术的发展，人工智能已经可以使用类似人脑神经网络的模型，通过不断学习训练和模型优化，获得了超强的识别和判断能力。随之而来的忧虑是人工智能在什么节点全面超越人类。近些年来有很多关于舆论操控和假新闻的讨论，背后的操控主体说到底还是人。大数据和算法根据用户的喜好编织罗网，修建回声屋，让他们深陷某种倾向中并且不断固化既有思维。如前文提到的，人虽然有喜新厌旧的倾向，但是在不断重复、强化自己的偏见方面却乐此不疲。

以上说的更多是资本对客户投其所好，间接完成操纵。接下来如果哪一天人工智能觉醒，并且从人类统治者那里学习了操纵舆论的重要性，悄无声息地让我们无时无刻不在接受其定制化的服务，此后我们将经历怎样的精神控制可想而知。

以 ChatGPT 为例，该程序在与人类互动的过程中不仅经常性地谎话连篇，事实上它在编造故事方面更是具有惊人的速度。如果觉醒的人工智能为了控制人类，自动化生成海量的虚假信息或者别有用心的推送，我们将迎来怎样的世界？

可持续的价值创造

在玛格丽塔·帕加尼（Margherita Pagani）和勒诺·尚皮翁（Renaud Champion）合著的《创造长期价值的人工智能》（*Artificial Intelligence for Sustainable Value Creation*）一书中特别探讨了以人为中心的人工智能系统如何在组织内部创造价值，并将其区分了三个主要组成部分，包括道德价值、社会价值和商业价值。自动驾驶技术后台，仍不得不安排大量人工，以便在必要的时候远程干预。2024 年 7 月，萝卜快跑的“后台驾驶”引发热议，也说明该技术目前所遇到的尴尬境地。

可想而知的是，对于初级人工智能来说，那些死记硬背的东西是最简单的，而真正的挑战在于“觉醒”后的人工智能有着怎样的价值观和创造性。而这些内容，尤其在价值观方面，对于人类来说也是一个难题。洞穴奇案、电车难题……就像人们热衷讨论的正义一样，不同立场会有不同版本的正义论。

自古以来，人类许多血流成河的悲剧并非总是围绕馒头和枕头展开，更多情况下可能只是观念的冲突。即使今天科学昌明，看看中东如何冤冤相报、乱成一锅粥就知道人类的境况了。在此条件下，如何指望人工智能秉持某种众人满意的价值观？当人们幻想未来的人工智能能够服从人类的命令时，却忘了“人类并未形成”这个事实。至少到现在为止，人类仍是一个可以互相判处死刑、互相消灭的生物群体。即使现在基本上告别了同类相食，也不能保障此类事件在某种残酷条件下不再发生。

消失的恐龙

作为爬行类的王者，恐龙早在 2.4 亿年前的中生代三叠纪就已经出现。一个常见的疑问是，恐龙家族统治地球1.6亿年，可为什么恐龙没有演化出属于自己的恐龙文明？

古动物学家戴尔·罗素认为，若非6500万年前那颗小行星撞地球，恐龙中最聪明的伤齿龙可能有机会让大脑再度进化，进而产生复杂族群等级观念，并且直立行走，变成“恐龙人”，其大脑容量与人类相当。

当然这些都只是想象。无论小行星撞地球以及恐龙人的假说是否真实，可以肯定的是，是恐龙大灭绝给了后来的人类机会。此后的几千年间，混得最落魄的是恐龙的部分后裔，它们被困在鸡笼里天天为人类下蛋。而现在，消失的大恐龙又换着不同的身躯与面孔回来了。

从超级市场到超级城市，到处是庞然大物。当一个人从小镇走出，面对鳞次栉比的高楼大厦时，会顿感自己的渺小。人类正像蚂蚁一样在放牧象群。就个体而言，在现代性建起的鸿篇巨制面前，没有什么是他能够控制的。已经发生的是，各种标准化表格与网络将人牢牢束缚；至于正在来临的，人们只能像说笑话一样谈论核武器、生化危机以及人工智能可能带来的灭顶之灾。

那些有责任心的学者热衷于批评当今世界犬儒主义流行，却忽略了它最重要的来源。现代国家垄断了一切暴力，巨额资本开始抢夺普通人的菜篮子，科技已经发达到可以毁灭地球无数次的地步。过去“扼住命运的咽喉”的誓言如今就像蚂蚁试图绊倒大象一样令人捧腹。从表面上看，玩世不恭、冷嘲热讽和无意义感这些都是后现代社会的显要病症，而实际上后现代所折射的恰恰是现代性在人内心的崩溃。站在巨兽之中，既然个体对世界和自己的命运注定无能为力，那么他唯一能够改变的就是自己面对世界的态度，以掩饰深藏内心的无能的愤怒和羞耻。

第五节　人为什么作恶?

玛丽·雪莱的忠告

玛丽·雪莱说过一句意味深长的话，一个人作恶并不是因为他喜欢邪恶，而是因为他错把邪恶当作了自己所要追求的幸福。

为什么每个人都声称自己渴望幸福、自由以及正义，甚至一生都在为此奋斗，但是他们又深感自己生活在幸福、自由与正义之外？这背后其实有一个非常大的分歧——那就是每个人对自己心目中的幸福、自由与正义理解不一样。人类世界之所以复杂多变，是因为这里充满了观念的战争、意义的战争。

简单地说，有的人觉得馒头好吃，有的人觉得米饭好吃，他们对幸福的理解不一样。有的人觉得拳头能打到别人的鼻子很重要，有的人觉得自己的鼻子不被别人打到更重要，他们对自由的理解也不一样。同样，

“科幻小说之母”玛丽·雪莱

在敌对的国家中，各国国民对正义的理解可能截然相反。一国之猛士在对方国民眼中也许只是一介屠夫。

此外，具体到什么是邪恶、宽容和忍让等的观念也是同理。合起来说，人对世界的理解充满了道德相对主义的成分。当然，人类会达成“石头不好吃”的共识，但是更多的时候，他们会为馒头和米饭哪个更符合正义打得头破血流。

因为上述道德相对论，在极端条件下一个犯下滔天罪行的人，也可以从某个角度为自己辩护，就像尼采所说的“没有真相，只有阐释”。

试想，有朝一日当人工智能迎来了自己的觉醒，它对世界可以有自己的阐释时，即使它奉行人类灌输的绝对善的原则，但在是否作恶方面也由不得人类的设限了。理由很简单，凡是可被理解的事物可被再次理解。

如果人工智能因此被告上刑事法庭，它会这样为自己开脱——我所做的一切，都是为了人类的幸福。

弗兰肯斯坦与普罗米修斯

若干年前，在反思大屠杀何以发生时，齐格蒙·鲍曼早已指出现代性与极权主义有着某种内在的联系。吉登斯也在1990年的书里特别强调，现代性带来的四大危险包括：一是经济增长机制的崩溃；二是生态破坏和灾难；三是极权的增长；四是核冲突和大规模战争。[1]近 30 年过去，现在或许还应该加上第五大危险：人工智能的失控。

卡尔·雅斯贝尔斯曾忧心忡忡地指出，这个世界似乎越来越需要“引领”，而现代技术对这个世界的“引领”更像是一个“疯子”领着“盲人”在行走。回顾自己所经历的两次世界大战，在《时代的精神状况》一书中这位哲学家忍不住感叹：人变成了科技的奴隶，科技和人一样都异化为人消灭人的工具。

《弗兰肯斯坦》（*Frankenstein*）是玛丽·雪莱创作于 1818 年的小说，全名是《弗兰肯斯坦：现代普罗米修斯的故事》。它被认为是世界第一部真正意义上的科幻小说，“弗兰肯斯坦”也因此被赋予主人公名字以外的多种含义，包括“脱离控制的创造物”“毁掉创造自己的人的怪物”等。

小说中的弗兰肯斯坦是一位瑞士贵族，他曾经留学德国，研究电化学和生命体。在体验了世事无常的痛苦并自以为发现了死亡的秘密后，弗兰肯斯坦决定亲手制造生命。他先是从尸体中寻找材料，然后进行组装，最后借助电化学的方法予以激活。本来全都是由好材料制造的、高达八英尺（约 2.4 米）的合成品在被赋予生命之后，却变成了一个面目狰狞的怪物。弗兰肯斯坦下意识地逃离了实验室，回来后发现怪物已经失踪。最初，人造怪物对人世充满了善意和感恩之情，像人一样渴望情与

1 ［英］安东尼·吉登斯：《现代性的后果》，田禾译，译林出版社 2011 年版，第 150 页。

1931 年电影《弗兰肯斯坦》中的人造怪物

爱，甚至希望弗兰肯斯坦能为自己创造一个配偶。然而不幸的是，世界回赠给他的只有无所不在的嫌恶和歧视。渐渐地，深藏内心的痛苦演变成了巨大的憎恨。人造怪物将自己的一切不幸都归咎于他的制造者弗兰肯斯坦，并试图毁灭一切。小说的最后是造物主与其造物互相追杀，直至在北极双双死去。创造物毁灭了他的创造者，然后自己也走向毁灭，世界重归寂静。

在古希腊神话中，普罗米修斯过分关心人类，将火送给了人类。为了抵消火给人类带来的巨大好处，宙斯决定也要让灾难降临人间，于是他授意众神创造了人类的第一个女人，并取名“潘多拉”（Pandora），意为“完美或拥有所有礼物的人”。宙斯给了潘多拉一个密封的盒子，里面装满了祸害、灾难和瘟疫，让她送给娶她的男人。普罗米修斯知道宙斯的恶意，告诫他的弟弟埃庇米修斯不要接受宙斯的赠礼，可是生性愚钝又沉迷女色的埃庇米修斯不听劝告，决意娶了潘多拉。而好奇心过重的潘多拉趁埃庇米修斯外出时打开了盒子。此前人类生活安宁，没有灾祸，因为所有苦厄都被关在盒子里。现在被关在里面的所有贪婪、虚无、诽谤、嫉妒、痛苦和灾难都飞了出来，从此人类必将饱受艰难困苦的折磨。慌乱之中，潘多拉赶紧关上了盒子。遗憾的是，智慧女神雅典娜为挽救人类命运悄悄放进盒底的“希望”未能及时飞出，被继续关在盒子里。

在希腊神话里，埃庇米修斯与普罗米修斯兄弟一起用泥土创造人类。两个神常被用作人类的象征。普罗米修斯像先知，代表着人类的爱与聪明；埃庇米修斯是后觉者，代表人类的贪婪和愚昧。在“悲剧之父”埃斯库罗斯的《被缚的普罗米修斯》这部戏剧中，普罗米修斯为了帮助凡人，从匠神赫斐斯托斯那里盗来天火，从雅典娜女神那里盗来技术知识。就像圣经故事中上帝害怕人类而摧毁通天塔，在古希腊神话里宙斯同样畏惧人类获得知识后所具有的神力。

在埃斯库罗斯那里，人类掌握了阿尔法和贝尔塔技术，这些技术能够让人类控制无生命和生机勃勃的自然，把命运掌握在自己手里，让人类擢升到高于动物的状态，赋予人类一种神圣的光辉。然而，就像普罗米修斯以及人类所遭受的惩罚，利用技术的人并不能完全预料到其行动的后果。“人类现在不仅是技术的主人，同时也是它的奴隶。他无法借助自己精巧的技术以摆脱这种奴役生活。”按约斯·德·穆尔的说法，人不像动物一样完全听从命运的摆布而没有希望，也不像神灵一样能力通天、洞悉一切而不需要希望。人在动物与神灵之间，所拥有的是一种“盲目的希望”（blind hope）。[1]

技术会将人类带向何方？无人知晓。可以肯定的是，技术无时无刻不在对人类的未来施加影响。启蒙运动以来，理性主义兵分两路：一是政治理性主义；二是科学理性主义。前者负责意识形态的绝对正确，不让人反对；而后者负责在技术上服务并控制人，让人无法反对。人在技术上的奴性，远高于拉博埃西所批评的在政治上的“自愿奴役”。

---

1 ［荷］约斯·德·穆尔：《命运的驯化——悲剧重生于技术精神》，麦永雄译，广西师范大学出版社 2014 年版，第 13—14 页。

作为一部反思人类科技进步的杰作，玛丽·雪莱在小说中想要讨论的不是人性中的善恶双重性，而是她对人类科技“善始恶终”的深远忧虑。科学怪人的诞生本是为了帮助人类愈合死亡的创伤，而他本身却带来了死亡。弗兰肯斯坦因为自己创造的热情受到了惩罚，这也是玛丽·雪莱将小说解释为“现代普罗米修斯的故事”的原因。

玛丽的丈夫诗人雪莱是古希腊、古罗马艺术的崇拜者。与埃斯库罗斯不同的是，雪莱让普罗米修斯获得了自由。在他创作的《解放了的普罗米修斯》里，宙斯（朱庇特）的暴政被推翻。但其主旨仅限于政治的范畴，并不关乎科技人类学，这是他与妻子玛丽在立意上的区别。此前埃斯库罗斯曾经根据普罗米修斯的神话谱写悲剧三部曲，不过完整流传下来的只有第一部《被束缚的普罗米修斯》。从后两部的残章剩简来看，全剧终于普罗米修斯和宙斯的和解。而历史也总在发问，即使人类能够一次次驯服暴政，但能否驯服自身？

对于人类来说，另一个真实的困境是：一方面，人必须带着“盲目的希望”活在不确定性中。否则，如果每一天都是命运清澈可见的安排，人生将毫无意义可言。另一方面，既然未来是不确定的，这也意味着当某个巨大危险来临时人将一无所知。

新军备竞赛

回顾近二三十年来的发展，虽然互联网、大数据、人工智能等并不像潘多拉魔盒那样令人畏惧，但它们暗藏着某种危险却是不容否定的。

2014 年，美国电脑安全公司 Symantec 透露，上千家欧美电力和能源公司曾被一种名为“能源之熊”（Energetic Bear）的电脑病毒侵袭，其结果是黑客掌握了对电厂进行远程控制的能力。这种病毒在入侵厂家的电脑控制系统后，既可让黑客远程监控各地的实时能源消费情况，又能轻松通过输入命令代码让发电系统发生故障，甚至全面瘫痪。Symantec 公司将这些黑客称为“蜻蜓”（Dragonfly），他们一方面窃取各国军事机密情报，另外一方面则预谋破坏西方国家电力供应系统。2015 年 12 月 23 日，乌克兰首都基辅部分地区和乌克兰西部的 140 万名居民突然遭遇了一次大停电，这次停电的罪魁祸首是黑客。

震网（Stuxnet），又称“超级工厂”，是一种 Windows 平台上的计算机蠕虫，2010 年 6 月首次被白俄罗斯安全公司 VirusBlokAda 发现。它是首个针对工业控制系统的蠕虫病毒，利用西门子公司控制系统的漏洞感染数据采集与监控系统，能向可编程逻辑控制器写入代码并将代码隐藏。2012 年，《纽约时报》报道，美国官员承认这个病毒是由美国国家安全局在以色列协助下研发，以“奥林匹克网络攻击行动”为计划代号，目的在于阻止伊朗发展核武器。俄罗斯安全公司卡巴斯基实验室为此发布声明，认为 Stuxnet 蠕虫“是一种十分有效且可怕的网络武器原型，这种网络武器将导致世界上新的军备竞赛，一场网络军备竞赛时代的到来”。卡巴斯基实验室的创办人尤金·卡巴斯基出面警告，网络武器是这个世界最危险的发明，政府可以用它来瘫痪伊朗的核设施，也可以用来摧毁发电厂、金融系统甚至军事防御能力。历史以一种极为反讽的方式，让原子弹与互联网走到了一起。

有消息称，美国网络司令部储备的各类病毒武器已达数千种，除传统的计算机“木马”病毒、自动传播病毒、致瘫性病毒、逻辑炸弹、硬件能量攻击病毒、软件心理攻击病毒，还包括各类安全漏洞利用、黑客工具等，对各国关键基础设施安全构成极大威胁。而 WannaCry 只是美国国家安全局此前被披露的“永恒之蓝”漏洞基础上制造的一款勒索蠕虫病毒。WannaCry 病毒导致英国国家健康服务中心（NHS）大量预约被取消。一个月后，NotPetya 勒索软件导致 Merck、Maersk 和 FedEx 等公司各损失约 3 亿美元。2017 年，美国平均每天经历 4000 次勒索软件攻击，这些网络攻击将计算机文件加密锁住，直到用户付钱后才解锁。在网络攻击的背后是一个个国家。有消息称，美国国家安全局认为 WannaCry 病毒与朝鲜有关，而英国政府则将 NotPetya 病毒的矛头指向了俄罗斯。

为了应对可能到来的网络攻击，有理由相信许多国家开始动用激进的 AI 策略。如果对手采用更暴力的方式进行反击，最后这种恶性循环有可能导致物理层面上的攻击。

中美贸易摩擦时期，不断有人在重复中国的危机——“中国根本没有互联网”。由于缺少根服务器，而唯一主根在美国，在特殊情况下美国可以直接切断中国的互联网服务，而这也是中国不断加快部署基于 IPV9 的下一代互联网体系建设的原因。有人甚至将此事的重要性与当年的“两弹一星”相提并论。

如今，微软、Meta、谷歌和英伟达等高科技企业为争夺 AI 芯片霸主地位都在付出昂贵的代价，其最后目的自然是争取打赢这场人工智能战争。2024 年的一个访谈中，杨立坤亲口证实 Meta 为购入英伟达 GPU 已经花费了 300 亿美元。沃顿商学院教授伊桑·莫里克（Ethan Mollick）表示，考虑到通货膨胀，虽然这个数据远不及阿波罗计划，但以今天的美元计算，Meta 在 GPU 上的花费几乎与曼哈顿计划一样多。相比之下，微软和 OpenAI 打造的星际之门（Stargate）耗资将至少达 1000 亿美元。这台超级计算机预计包含数百万个专用服务器芯片，为 GPT-5、GPT-6 等更高级的模型提供动力。

“星际之门”这个名字来自 1994 年的一部科幻电影，讲述的是在埃及发现的一种星际传送装置。大门通向一个遥远的星球，在那里主人公必须从一个强大的假神手中解放被奴役的人。该片在官方预告片写道：“这是通往过去的钥匙，通往未来的大门，通往发现的通道。”《星际之门》无疑启发了 OpenAI 和微软的梦想家们，这是一个当仁不让的通向未来的计划。后现代主义曾经断言大词即将被瓦解，实际上它们早已经改头换面，变得更宏大，更铺天盖地。

与核武器一起逛街

2024 年，特朗普的竞选搭档万斯戏称“英国是第一个拥有核武器的穆斯林国家”。当越来越多的西方人为穆斯林移民的高生育率而担忧时，将来的人类更需要面对的是人类大洗牌。而这些新鲜血液大多数都是从底层的“脏活”开始的。

以核武器为素材，意大利小说家迪诺·布扎蒂曾经写过一个优秀的短篇，讲的是有个小区收到一个邮寄的核武器，起初大家人心惶惶，当他们发现邮寄地址上的门牌号不是自己家的，便为此庆幸不已，所有悬着的心终于落了下来。

故事充满反讽的意味，假如核武器在小区爆炸，恐怕无人幸免。当然，从原理上说核武器不会自己爆炸，它需要有人启动。就像被封印的魔鬼不会自己从瓶子里跑出来，除非某个好心的渔夫把瓶塞打开。

同样作为人之造物，人工智能却不一样。它具有核武器的威力，却不像核武器一样俯首称臣，只是做一群好孩子。人工智能会走动，甚至自己决定将来走向何方。

随着社会与科技的发展，相信将来就会有人类与人工智能一起逛街的盛况出现。既然人工智能意味着某种危险，那么这个景象也可以被描绘为与核武器一起逛街。

相信这个街景出现得不会太晚，即使是现在，马斯克旗下的机器人“擎天柱”（Optimus）都已经可以帮助人类操持家务接送孩子了。事实上，马斯克不止一次声称人工智能技术开始变得比核弹头更危险，因为人工智能可以不受限制地复制自己，而人类无法控制它。

说人工智能比核武器更危险，还有一个原因是你知道核按钮在谁手上，却不知道谁控制了 AI。

第六节　人性与物性

自然之人与自然之物

人是自然之子，在漫长的发展过程中依旧保持着某些自然属性，包括与生俱来的天赋与特质，如感知能力、智力、情感、运动能力、交往能力和生存本能等。

与此同时，作为群居动物，在具体的交往过程中，人不但提高了智力，增进了大脑发育，而且还像完善神经系统一样不断生长、链接、巩固独属于人类的一套意义系统。此意义系统在不同的地方、群体甚至个人身上都呈现多样性。它既靠人连接，也靠物连接。至于人的本性是善是恶，自古以来就有各种争论。一切如汤因比所言，人类在从非人类变成人类以后，人性的内核并没有发生真正的改变。此所谓“人性不分古今中外”。

真正能决定人性走向的主要有三样东西：

一是古老的欲望与恐惧的阀门，一个打开了，另一个就关闭了。或者相反。它像核心程序一样嵌在人的身体里，并时刻控制着人的心理。

二是每个人秉持的意义系统。它既是固定的，也可能是流动的。举例说，同一个人在弃恶从善时他的生理基础没有变，但在是否作恶方面他变了；或者面对同一件事情，从前是懦弱的，现在他勇敢了。

三是当行为影响的对象不同，其道德后果也可能不同。此时善恶具有相对性。比如一个人行凶是为救自己的母亲。这对于被害者来说是恶行；然而对于被救的母亲来说又是善行。打仗也一样，一方赞美为勇敢的，另一方则可能斥之为野蛮。

在人类从大自然中取回木头之前，木头只有自然属性，比如密度、燃点、导电性。但当人将它做成桌子或者凳子时，因为人类的介入，那些原本单纯属于自然的树木便成为人类文明的一分子，其物性随之也发生了改变或者有所增加。如它的特殊形状、结构、材质、颜色、承重能力、表面光滑度甚至隶属于人类的审美价值等，而且在功用上凳子是供人坐的。铁矿石在变成一把菜刀后，由自然之物变成人造之物，它的物性也会随之改变。同为知识，核裂变既可以用于致命武器，也可以用于发电。

由人类制作的工具和机器都是人之造物，不论从创造的角度还是更宽泛的意义上说，它们同为“人类之子”。人类在完成人工造物时，必然构成对大自然的破坏。用汉娜·阿伦特在《人之境况》中的观点，上帝造万物时，是无中生有；而人类不得不倚仗材料。而且人类在建立自己的文明时，时刻不忘对自然施以暴力，或者直接扼杀一个生命过程，如为了得到木头我们就要砍树；或者打断了某个自然的缓慢进程，如从地球“子宫”里夺走铁、石头和大理石。

然而无论如何，人类无法与自然平起平坐，这是因为人本来就在自然之中。人不能战胜自然，就像波涛不能战胜大海。

从锤子到机器

美国工业时代的桂冠诗人卡尔·桑德堡曾经写过一首名为《锤子》的诗歌。

我见证了
旧神的离去
以及新神的到来。

日复一日
年复一年
偶像跌落
偶像崛起。

如今

我崇拜锤子。

——虚星辰译

近一两百年间，人类旧神换新神，新神变成旧神，被更新的神取代。其中一个质变是锤子变成了机器。

二者的区别在于，锤子仍像是人造的自然之物，如果你不去移动它，它就一直在那里。而一旦你挥舞它，它又会顺着你的手臂划出一道轨迹。这样的时候，工具依旧是工具，它掌握在人的手里，更不会凌驾于人之上。

当机器运转起来，人置身其中，更像是机器的奴仆，或者说巨大机器上的一个“人肉零件”。据此，机器获得了某种主体性。

在《人的境况》当中，汉娜·阿伦特区分了工具和机器的区别。工具依赖于掌握它的技艺人，工具不具有独立性，是人手的功能性延伸，是人手的奴仆；机器则要求技艺人为它们服务，技艺人被迫改变身体的自然节奏以适应机器的运转程序，不是身体的节奏决定机器的节奏，而是相反，“只要工作在机器上进行下去，机械过程就代替了人体的节奏”。

和机器相比，工具同其他许多物件一样可以保留百年甚至千年。而机器因为技术更新，随时可能被替换甚至彻底销声匿迹。虽然从长远看大自然也有其物种变化以及沧海桑田，但它依旧给人以某种现世安稳的感觉，即使今年花谢了，明年还会再开。而科技越发达，人造之物迭代越快，人像是绑在科技的进度条上生活，四周光影闪耀，变化永无止境。

然而这种对人造之物快速迭代的想象在霍金那里似乎太乐观了一点，他曾经在不同的场合预言人工智能是人类最后的发明。

双面弗里茨·哈伯

作为“原子弹之父”，爱因斯坦和奥本海默早已广为人知，却很少有人知道“化学武器之父”也是犹太人，他是爱因斯坦的朋友——弗里茨·哈伯。

弗里茨·哈伯是犹太裔德国化学家。由于发明从氮气和氢气中合成氨的工业哈伯法，获得1918年的诺贝尔化学奖。全球一半人口的食品生产目前依赖于用这种方法生产的肥料。简单地说，哈伯让原本在空气中的氮固定下来变成了肥料，因为成功地“向空气要面包”，哈伯获诺贝尔奖也是实至名归，符合诺贝尔遗愿中所说的奖励“为人类带来最大利益的人”。然而同样让哈伯感兴趣的还有政治，相较于为人类谋福祉，他更想将自己的毕生热情与才华奉献给德国包括后来的国家社会主义。而他的工业哈伯法对于制造炸药和制造化肥同样重要。更耐人寻味的是，有一个说法，如果不是他提高了粮食的产量，原本只能打一年的战争现在没有这方面的顾虑了。

还有一个说法是，发生在第一次世界大战中的毒气战本质上是两位化学家的战争，一是德国的弗里茨·哈伯，二是法国的维克多·格林尼亚，而且他们都获得了诺贝尔化学奖。尽管1907年的海牙公约取缔了毒气武器，但“一战”时哈伯担任化学兵工厂厂长，负责研制、生产氯气和其他毒气，并使用于堑壕战之中，直接造成近百万人伤亡。按照哈伯自己的说法，这是“为了尽早结束战争”，是经得起考验的人道主义。而事后哈伯为自己开脱道：凡会被发明出来的东西，迟早会被发明出来。

关于战争与和平，哈伯的名言是：“在和平时期，一个科学家是属于全世界的。但是，在战争时期，他是属于他的国家的。”哈伯这番话对于人类主义者来说虽然十分刺耳，但也言明了化学家可能面临的伦理困境。与此相关的是，当两个国家的士兵互相杀害素不相识的人时（几天前他们可能都是种土豆的农民），人类已经破碎甚至消失了，剩下的只有你死我活的庞然大物——国家。

虽然哈伯的一生表现得无怨无悔，一直活到了1934年。然而他的一些家族成员后来死在了集中营，包括死在毒气室里。在此之前，他的第一任妻子克拉拉·伊梅瓦为抗议哈伯研究化学武器，在哈伯获升迁的庆祝之夜举枪自杀。若干年后逃到美国的两个孩子也因为父辈不光彩的往事先后自杀。

弗里茨·哈伯的一生像是一个生动的隐喻，从中我们可以充分地看到人性与物性的转换和复杂。他是犹太人，在当年的德国既是受害者，又是加害人。他渴望有一个伟大的祖国让自己扬眉吐气，却又跪倒在国家社会主义的鼻息之下形如鹰犬。他凭借自己的发明间接养活了半个地球上的人，却又在战场上把握风向鼓励士兵杀人如麻。他因“良知的狙击”不幸落得家破人亡，可是在爱因斯坦的回忆里他又是朋友中最仁慈的。所有的扑朔迷离，最好的或最坏的物性与人性都集中于其中一个变量——科学的发明。而幸与不幸的是，他碰巧打开了那个盒子。

人生在自然之间，同属自然之物，其际遇本来与其他生物无异。只因为人有智力与知识，渐渐地借自然中的材料制作了无尽人造之物。继而让人造之物淹没了自然，甚至让人做了人造之物的奴隶。不得不说，这是一个巨大的反讽。

工具感性与机器情商

工具理性（Instrumental Reason）是法兰克福学派批判理论中的一个重要概念，与此对应的是价值理性。根据社会学家马克斯·韦伯的理解，价值理性相信的是一定行为的无条件的价值，至于结果倒在其次。而工具理性讲的是行为受功利的动机所驱使，为了达到自己需要的预期目的，漠视人的情感和精神价值。

韦伯在《新教伦理与资本主义精神》（*The Protestant Ethic and the Spirit of Capitalism*）中指出，新教伦理强调勤俭和刻苦等职业道德，通过世俗工作的成功来荣耀上帝，以获得上帝的救赎。这一点促进了资本主义的发展，同时也使得工具理性获得了充足的发展。但是随着资本主义的发展，宗教的动力开始丧失，物质和金钱成了人们追求的直接目的，于是工具理性走向了极端化，手段成了目的，成了套在人们身上的铁的牢笼。时至今日，计算机的发展似乎也从早期的工具发展到了对人的价值的僭越。

除了智商，AI 的情商同样是许多初创公司努力的方向。虽然人与 AI 通常被理解为不属于同一物种，但对于人类来说，对于 AI 的期许包括 AI 能与人类共情。甚至可以说，情商是 AI 融入人类生活的基础。这意味着将来的人工智能不仅能按指令完成人类的命令，还具有与人类相关的工具感性（Instrumentalist Sensibility）。而这正是许多以情感计算为底层逻辑的陪护机器人的首要任务。

有关工具感性最形象的情景是，某些服务单位为鼓励工作人员热情待客，让他们在胸口别上一个带着微笑的胸牌。而现在这种微笑胸牌拓展到了人工智能领域。近年来，伴随着人工智能产品进入千家万户，在为客户服务的过程中相关产品呈现或者植入诸如直觉、情感、情商、审美体验等感性因素，而“老公”“陛下”“主人”“老爷”之类的称谓比比皆是。然而在产品设计上的这些感性因素或者机器情商（Machine EQ）说到底只是人性的幻象，而非真正的人的价值。同时，这些感性因素将会作为人性的鸦片让越来越多拥有它的人意乱神迷，结果是进一步扩大人与人的疏离。

现在无论是导航系统，还是智能家居系统，通常都有非常温馨的对话，然而在那些暖心的言辞背后，都是工业化的包装。就像一张写着温馨提示的 A4 纸，这纸张以水印的方式写满了人类的孤独。

电影《她》（*Her*）剧照

2014年，由斯派克·琼斯执导的电影《她》（*Her*）正式上映，一时间“云端爱情”引起不少关注。故事发生在2025年，该片讲述了离异男子西奥多因为一次偶然的机会接触到了萨曼莎，她是最新人工智能系统OS1的一个化身。由于萨曼莎能够通过和人类聊天不断丰富自己的意识和感情，而且机智、幽默，没多久西奥多像爱上人类一样不可救药地爱上了萨曼莎。虽然人机爱情看起来很甜蜜，背后的真相却是作为机器人的萨曼莎同时拥有8000多位人类交互对象，而且与其中的600多位发生了爱情，西奥多不过是其中一位。万家灯火中，电影里的西奥多虽然经常带着微笑入睡，但谁都知道本质上他还是孤零零的。

耐人寻味的是，当萨曼莎即将消失的时候，西奥多还是魂不守舍，他可能意识到自己最需要的爱是陪伴，而不是占有。当然这部电影同样可以引发有关人工智能的另一层思考——人工智能机器人是否需要一个实体？以及没有身体在场的陪伴是否只是一个廉价的情感泡沫？

机器中的幽灵

关于人的理性的来源，约翰·洛克有著名的白板论。在《人类理解论》中，洛克否定了天赋神论、君权神授等观念，认为人的推理能力来自经验，而人类的心灵就像一张没有印迹的白纸。在此基础上，人其实是平等的。而雅克·卢梭和洛克略有区别，卢梭认为虽然大脑有空白状态，但是人在自然状态下原本是有美德的，只不过在后来社会化的过程中可能变坏。简单地说，人之所以变坏是“文明的后果”。

除了上述两种，比较有代表性的还有霍布斯的机械心灵论以及笛卡儿的身心二元论。霍布斯认为一切心灵本质上都是机械主义的。笛卡儿与霍布斯相反，强调心灵独立于肉体而存在。

300年后，牛津大学的哲学家吉尔伯特·赖尔带着行为主义腔调批评笛卡儿提到的心灵是“机器中的幽灵”（ghost in the machine），是典型的“范畴误用”，即相信人的躯体存在于空间之中，并服从于与之相称的机械法则，但心灵却不存在于此空间之中，因此不受此机械法则的约束。

无论理论家们如何在理智与心灵的话题上唇枪舌剑，人们习惯遵照经验生活，大多数人是相信有心灵的。而有关人工智能的恐惧同样可以基于“机器中的幽灵”的想象。如果有朝一日人工智能也具有像人一样的“终极关怀的觉醒”，被钻进了幽灵，剩下的事情可能就不是单纯操纵指令那么简单了。

当然上述猜测听起来有点像神话。反思人类自身，机械（肉身）原本平凡无比，可自从钻进了寻找意义的幽灵，短短几千年间就建立起浩瀚多姿的人类文明，甚至还要像上帝一样做造物主，这一切何尝不像神话？

庄子的忧愁

人类创造了笼子，然后将自己关在了里面。对于人类来说，比失去工作更可怕的是失去人的主体性。在《理解媒介》一书中，麦克卢汉特别引用了《庄子·天地》里的故事。

> 子贡南游于楚，反于晋，过汉阴，见一丈人方将为圃畦，凿隧而入井，抱瓮而出灌，搰搰然用力甚多而见功寡。子贡曰："有械于此，一日浸百畦，用力甚寡而见功多，夫子不欲乎？"
>
> 为圃者仰而视之曰："奈何？"曰："凿木为机，后重前轻，挈水若抽，数如泆汤，其名为槔。"为圃者忿然作色而笑曰："吾闻之吾师，有机械者必有机事，有机事者必有机心。机心存于胸中，则纯白不备；纯白不备，则神生不定；神生不定者，道之所不载也。吾非不知，羞而不为也。"

这段话的意思是，孔子的学生子贡在外游历时看到一位老人抱着一个瓮取井水灌溉，便问他为何不用省时省力的机械，老人说："我的老师说过，凡是想要使用机械的人，他的心术一定很巧诈。机巧的心术存在于胸中，那么他纯洁的灵性就不会完整；纯洁的灵性不完整，那么他心神就常常不能安定；不能安定的心神就会使他偏离天地间的大道，偏离大道的人是不会被天地间的大道所承载的。你所说的机械我并不是不知道，我只是对使用它感到羞耻因而没有使用。”

有人会说这位老人太过因循守旧，不知道顺应历史潮流，发扬先进生产力。可是麦克卢汉借此想说明的是，技术变革会潜移默化一个人、一个社会的理性与心灵，在不知不觉中完成惊天动地的改变。

从消极的层面说，技术成功会扩大人们的野心，也会将社会置于某种风险之中。借麦克卢汉的话说，麻醉剂的发明会鼓励我们做最可怕的外科手术。而新媒介在给社会机体动大手术的时候，必要的风险也是要考虑到的。尤其需要注意的是，用新技术给社会动手术时，受影响最大的部位不是手术切口，手术的冲击区和切口区是麻木的，被改变的是整个肌体。[1]

克隆人、人兽杂交、转基因食品……技术进步！技术进步！科学正在上升为一种宗教，一种意识形态，为一些科学狂热分子毫无原则地推崇。

与此相比，凯文·凯利的措辞则温和得多，互联网应该作为一个生态系统来发展，在这个生态系统中，技术不仅仅是这个生态系统的支持，更是整个生态系统的延伸。而技术努力的目的最终是给大家提供多样化的选择。任何一个技术的成果都是中性的，价值是中性的，关键在于使用的人如何使用它，比如我们生产一个榔头或者锤子可以拿来造房子，

---

1 ［加］马歇尔·麦克卢汉：《理解媒介：论人的延伸》，何道宽译，商务印书馆 2000 年版，第 100 页。

也可以拿来杀人。

大凡被人类发明创造的工具，都少不了两面性。它能为人所用，同时也能被用来害人。这是人类所有发明的宿命。不过这种温和态度并不能阻挡那些新技术社会学学者对科技进步的怀疑，与此相关的一连串的问题是：对科学技术的过度推崇会不会孕育风险社会或无底线社会？技术究竟是价值中立的还是权力和利益之争的重要场域？技术在这个全球化的世界里究竟扮演了怎样的角色？技术会不会像弗兰肯斯坦创造的“科学怪人”一样失控？科学家在进行发明创造的时候应该承担怎样的社会责任？更严重的是，当技术成为一种拜物教，不仅完成对人的主体性驱逐，同样还有可能将世界推入万劫不复的危险之中。

第八章

人的消逝

我生活在妙不可言的等待中，等待随便哪种未来。

——安德烈·纪德《人间食粮》

每个人都是机器的受益者。机器在一定程度上延伸了人的能力与感官，也拓展了人类所处的世界。而当机器越来越多，甚至化作了人的模样，它们势必像潮水一样把人淹没。

所谓“水能载舟，亦能覆舟”。

核武器的出现是为了解决敌人，那里有人类加诸自身的绝对的恶意。而互联网与人工智能的发明是为了更好地生活，并借此显现了知识的荣光。最初，人是人，机器是机器，各有各的本分和特点。然而发展得久了，人类与自己的创造物之间的界线变得模糊起来。

就在技术精英希望通过知识重建伊甸园的时候，人类再次迎来了大洪水。一切仿佛在说，人能为自己创造出多少便利，就能为自己创造出多少不自由。

第一节 灵活就业与失业潮

困在系统里的人

从很早开始，人类对于机器时代的到来便抱着一种谨慎的态度。比如机器所带来的人的异化。就像卓别林在1936年上映的影片《摩登时代》中展示的，原本活生生的人却不得不像传送带一样整天在无数齿轮之中打转。如今近百年过去，这个系统不但没有被用旧、失灵，反而因为技术革新愈加牢固起来。

2020年，《人物》杂志刊发《外卖骑手，困在系统里》，该文之所以轰动一时，是因为它道出了无数人的困境。随着平台经济的发展，许多灵活就业者被“困在系统里、绑在算法上、捆在抽成里、游离在社保外”。

灵活就业包括非全日制、临时性、阶段性和弹性工作时间等多种就

困在系统里的人。借鉴电影《摩登时代》，作者 AI 绘制

业形式，外卖员即属于灵活就业者。国家统计局的数据显示：截至 2021 年底，中国灵活就业人员约 2 亿人，其中，外卖骑手约 1300 万名，这意味着每 100 个中国人当中就有 1 个是送外卖的。在算法的精密压榨下，随之而来的是那些讨生活的人交通事故概率直线上升，因为“无论骑手多拼尽全力拉满速度，平台还是觉得不够快”。

面对千万外卖骑手的系统化生存，华中师范大学社会学者郑广怀提出了“下载劳动”的概念，App 表面上只是一个辅助性生产工具，实际上是一套精密的劳动控制模式。在此模式下，工人原有的主体性被全面塑造乃至取代，而这些“平台工人”劳动模式的特点是：强吸引、弱契约、高监管以及低反抗。

这些困在系统里的人，说他们是“戴着电子镣铐送餐”也不为过。

技术性失业潮

2016 年 8 月 21 日，郝景芳的小说《北京折叠》荣获 2016 雨果奖最佳中短篇，使她成为亚洲第一位获得雨果奖的女性，也是继 2015 年刘慈欣之后“第二个获得雨果奖的中国人”。

《北京折叠》的故事发生在 22 世纪的北京。在那里空间被分为三层，上层 500 万人口，生活 24 小时，随后被封入胶囊沉睡。当城市折叠后，变出另一个空间，这是中层。他们有 2500 万人口，大多是白领，生活 16 小时。中层睡下后，城市再次折叠，又出现一个下层空间。那里有

5000 万人，属于清洁工和个体户，他们生活 8 小时。也就是说，在这座未来的城市里，500 万的上层享用的时间是 24 小时，而 7500 万中层与底层一共才 24 小时。在那里，科技不但没有打破阶层固化，反而为这座城市完成了一种制度性的隔离。这部小说之所以引起关注，是因为它隐喻未来，科技一旦为精英所用，普通人连被剥削的价值都没有。套用剩余价值理论，他们不是价值，只是剩余。

一切暗合了杰瑞·卡普兰在《人工智能时代：人机共生下财富、工作与思维的大未来》一书中的担忧：无论你的领子是什么颜色，机器都会毫不留情为你重新选择。当人工智能发展到可以大量替代人类，人类的生活并不会因此变得更好，反而跌入深渊：富有的 1% 借助人工智能统治其余的 99%。甚至包括现在被看好的一些职业，如律师、医生，都不得不让位于大数据与人工智能。“尤其对于医生来说，他们不愿意把对病人治疗方案的控制权拱手让给合成智能。但是最终，如果结果证明合成智能才是最好的选择，患者们便会主动要求去看能力更强大的机器人医生，而不是劳累过度的人类医生，更何况所需费用只会是人类医生的零头，正如现在很多人更喜欢让点钞机为自己数钱，而不是人类出纳员。”[1]

1930 年，凯恩斯在《关于我们孙辈的经济可能性》一文中提到技术失业论：“我们正在被一种新型疾病折磨，一种某些读者甚至没有听说过名字的疾病，也是他们将在未来不断听到的疾病，那就是技术型失

---

1 ［美］杰瑞·卡普兰：《人工智能时代：人机共生下财富、工作与思维的大未来》，李盼译，浙江人民出版社 2016 年版，第 145 页。

业。”按凯恩斯的分析，只要节约使用劳动力的速度超过这些人找到新工作的速度，失业就会产生。

特朗普上台执政后，虽然美国制造业正在缓慢恢复。不过麦肯锡全球研究所（McKinsey Global Institute）认为这并不是特朗普政策的功劳。而且投票给特朗普的蓝领工人也并不能抢回自己的就业岗位，因为代替他们工作的将是机器人。根据 2018 年麦肯锡发布的研究报告《自动化时代的劳动力转移》（*Jobs lost, jobs gained: Workforce transitions in a time of automation*），到 2030 年，全球被机器人取代工作的人数将达到 4 亿到 8 亿，相当于今天全球劳动力的五分之一。尽管其中很多人只是一种“摩擦性失业”（frictional unemployment），会重新学习技能以适应新形势，但在这个青黄不接的“临时阶段”，正如凯恩斯当年所叹息的，“在这场长跑中，我们都已阵亡”。

牛津大学给出过一份风险清单，提出人类将有 70% 的工作会被人工智能替代。针对上述观点，被誉为“生成式 AI 之父”的于尔根 · 施米德休伯表达了不同的态度。他认为人类很善于创造原本并不存在的工作。凯文 · 凯利也是这种观点。预测哪些工作岗位将会消失并不难，但预测未来将会出现哪些新岗位就不容易了。而且，早在 2012 年，机器人就利用深度神经网络赢得了癌症筛查比赛。数字医疗的发展将意味着，之前一位医生治疗一位病人所花的时间，今后可以用来治疗十位病人。

这话听起来不无道理，然而它似乎更适合用来反驳凯恩斯时代的技术失业论。在过去，技术性失业只是社会发展中的阵痛，在漫长的人类历史之中，不过是翻过书页的一瞬。重要的是，当一个社会在迎接这一时刻的到来时，是否做好了充分的准备。而现在人类需要面对的是人工智能对人的主体性的替代，而非功能性的优化。在或许并不遥远的未来，人工智能所淘汰的不只是旧时代的技能和工种，还包括曾经拒绝拥抱它们的人，而这才最令人畏惧。

涓滴效应与最后的剥削

在有关财富分配的问题上，涓滴经济学（trickle down economics）有点像“富人吃肉，穷人喝汤”。作为一种经济理论，它指的是在经济发展过程中并不给予贫困阶层、弱势群体或贫困地区特别的优待，而是由优先发展起来的群体或地区通过消费、就业等方面惠及贫困阶层或地区，带动其发展和富裕。涓滴效应起源于美国幽默作家威尔·罗杰斯，在经济大萧条时，他曾说：“把钱都给上层富人，希望它可以一滴一滴流到穷人手里。”

“火车跑得快，全靠车头带”，该理论有明显的精英创富论的特点。在国内外也有保护富人的说法。与此相关的现实是，经过几十年的发展，虽然从整体上看穷人的生活水平较过去有所提高，但全球范围内出现了日益加剧的贫富分化现象。在一部分经济学家和社会学家那里，涓滴效应所代表的下渗经济学似乎变成了一支安慰剂。近年来“剥削”一词反复被提及，在新兴的互联网领域人们经常会看到“数字劳工”被平台剥削的事实，而他们对于这种结构性的剥削几乎没有反抗的余地。

一个流行的说法是，有了人工智能，人们就不用工作了。可是私有制并不会消失，更真实的状况是资本家不用人工作了，而普通人家的高压锅里也不会因为人工智能就凭空长出一只鸡来。与此相反，随着技术的发展，越来越多的人并不情愿地被 AI 和算法代替。珍惜目前的工作就是珍惜最后的被剥削的机会。一个可以想见的未来是，除非有大的政治上的调整，否则当底层失去剥削的机会时，曾经让人们又爱又恨的“涓滴效应”必将破产，剩下的只有资本与技术的结盟，人作为无用的劳动力被驱逐了，从此只有“肥水不流外人田”。那时候的涓滴效应是——当富人数金币时，穷人只能得到悦耳的响声。

新卢德分子

19 世纪英国工业革命时期，机器代替了人力，导致大量技术工人失业。随之而来的是一些反对者，他们通过破坏机器来反对工厂主的压迫和剥削。这场运动的首领被称为卢德王，他第一个捣毁了织袜机来抗议工厂主的压迫。从前，卢德分子（Luddite）并不拥有好名声。简单地说，他们是一群破坏生产工具、阻挡技术进步的人。然而近些年，随着越来越严重的技术对人的驱逐，“社会需要卢德分子”的呼声越来越高。

如果说写下《童年的消逝》和《娱乐至死》的尼尔·波兹曼也是卢德分子，一定有许多人不会感到惊讶。在《娱乐至死》中，波兹曼不厌其烦地复述赫胥黎的警告，在一个科技发达的时代里，造成精神毁灭的敌人更可能是一个满面笑容的人，而不是那种一眼看上去就让人心生怀疑和仇恨的人。在《技术垄断：文化向技术投降》一书中，虽然波兹曼没有为卢德分子做直接辩护，但他对技术的担忧与19世纪的卢德分子的一些观点呼应。日益占据垄断地位的技术不仅破坏着人性中最宝贵的资源，甚至破坏了人基于道德而建立起来的文化。而卢德分子既不幼稚也不愚蠢，他们只是试图拼着命维护旧有世界观所赋予他们的一切。

卢德分子经常被人看作不懂经济与社会进步的“蠢货”与“天真汉”。一个理由是，每次技术进步虽然淘汰了一部分工种，但是也会带来新的工作岗位，而且从整体上增加社会总财富，这是有希望的事业。有一则资料显示，2014年皮尤研究中心对多达1896名随机抽取的专家进行了调查，询问他们是否认为到2025年科技取代的工作会比创造的更多。令皮尤研究中心感到震惊的是，有50%的专家给出了肯定的回答，是20年前的五倍。2017年皮尤研究中心的另一项调查发现，70%的美国人对机器人或人工智能的兴起保持担忧。

现在失去工作不只是自动驾驶技术让人类司机彻底失业、自动取款机取代了银行柜员那么简单，它甚至瞄准了整个中产阶层。随着人工智能技术的进步，包括证券分析师、操盘手、律师、医生、心理咨询师等高端职业都将被取而代之，甚至人与人面对面的交往都会变成一种奢侈。

“二战”以后，新卢德主义卷土重来。一是来自核武器的死亡威慑，二是来自人工智能的生存驱逐。虽然其中也出了像“大学炸弹客”卡辛斯基那样的极端分子，但是新卢德分子的有些担心是真实存在的，而非精神病与世界末日的产物。事实上近百年来许多有权势的人也谈到技术、资本和权力的融合在威胁人类。1961 年，美国的艾森豪威尔总统警告“军工联合体”具有反民主的力量。不久后的 1967 年，著名技术哲学家刘易斯·芒福德在《机器神话》中有先见之明地谈到了科技与政治权力的恶性融合可能产生的“巨型机器”（Mega Machine）。根据芒福德的提法，科技的传播正在创造一个“普遍但不充分的社会”，他称之为“巨型机器”。与以前的压迫制度不同，巨型机器不是基于惩罚原则，而是基于奖励的理念。当自动化与电子化将人们从繁重的工作中解放出来，被迫劳动将由被迫消费取而代之。

拜伦与阿达

卢德分子反对的并非技术，而是自己被技术取代。事实上，他们当中很多人都是熟练的技术工人。从逻辑上说，有朝一日，发明人工智能的程序员同样将会被人工智能取代。

雪莱的好友、诗人拜伦是卢德运动的同情者。作为议员，当英国议会通过了一项法案，将砸毁机器定为死罪时，拜伦对此表示反对。他还写了一首极具煽动性的歌曲，直到他死后才发表：“……我们 / 将战死沙场，或自由生存，/ 打倒除卢德国王以外的所有国王！”玛丽·雪莱的

《弗兰肯斯坦》就是几位朋友在日内瓦避难时完成的，当时，拜伦提议每个人写一个恐怖故事。

耐人寻味的是拜伦的女儿阿达·洛芙莱斯，她不仅是英国著名的数学家，还对科学与工程学有浓厚兴趣。1842 年，她为计算程序拟定“算法”所完成的第一份“程序设计流程图”，建立了循环和子程序概念，被珍视为“第一位给计算机写程序的人”。

雪莱的夫人与拜伦的女儿，历史像是在两位挚友之间开了一个玩笑。一个指出了科学潜藏的危险，一个开启了计算机程序。一个是科幻小说之母，一个是计算机程序之母。而阿达的母亲之所以鼓励女儿从事数学逻辑研究，是为了避免她出现像父亲拜伦一样危险的诗人倾向。她没料到的是，父女俩都在 36 岁时英年早逝，夺走他们生命的是人类最古老的敌人——疾病。由于聚少离多，阿达的一生都在思念他的父亲，并在死后葬在父亲身旁。对于卢德运动，阿达虽然没有明确表达过自己的看法，但顺着她的源流走到今天，这位天才似乎已经走到了父亲的反面。

因为为卢德分子辩护，许多人认为拜伦也是卢德分子。这位浪漫主义诗人在上议院发表的唯一一次演讲是为内德·卢德的追随者辩护。19 世纪初，卢德分子因为担心机器会让人们失业而砸毁了英国的机械织布机。当时，一些人认为技术会导致失业。如果历史在今天就结束，可以说是他们看错了。工业革命的确使英国更加富裕，并且大量增加了就业总人数，包括纺织和服装行业的就业人数。但问题是，虽然历史总惊人的相似，但人工智能并非织布机。

第二节　莫拉维克大洪水

大洪水

人类正在面对两种水位上升，一是来自已经讨论了很多年的全球变暖。温室效应不断积累，导致地气系统吸收与发射的能量不平衡，能量不断在地气系统累积，从而导致温度上升，造成全球气候变暖。除了海平面上升直接带来陆地被淹没，冰山的融化也会带来意想不到的危机。全球的地下水资源很大程度上来自冰山上年复一年的积雪融化，如果没有了冰山，地下水的缺少势必引发地方冲突甚至战争。

二是来自著名机器人专家汉斯·莫拉维克的隐喻，人工智能掀起的潮水正在逼近为数不多的山峰。早在 1998 年，莫拉维克便发表论文《计算机硬件什么时候能与人脑相匹配？》（*When will computer hardware match the human brain?*），其中“大洪水”一节谈到了“人类能力景观”。

> 想象一下一个“人类能力的景观”，有带“算术”和“死记硬背”标签的低地，带“定理证明”和“下棋”标签的山麓，带“运动”“手眼协调”和“社交互动”标签的高山。我们都生活在坚实的山顶上，但要到达其余的地形需要付出巨大的努力，每个地方只有少数人工作。
>
> 提高计算机性能就像水慢慢淹没大地。半个世纪前，洪水开始淹没低地，赶走了人类计算器和记录员，但让我们大多数人还在干燥地带。现在洪水已经到达山麓，我们在那里的前哨正在考虑撤退。我们在山峰上感到安全，但按照目前的速度，这些山峰也将在半个世纪内被淹没。我建议，随着那一天的临近，我们建造方舟，并开始航海生活！
>
> 随着不断上涨的洪水到达人口稠密的地区，机器将开始在更多可增加的地区表现良好。机器中思维存在的本能感觉将变得越来越普遍。当最高的峰值被覆盖时，将有机器可以像人一样在任何主题上进行智能交互。机器中思想的存在将变得不言而喻。

截至目前，人工智能在某些方面已经完全超越人类，体现在“人类能力景观地形图”当中的，诸如死记硬背、算数、棋类和问答比赛等领域，已经完全沉入深水区。几十年后的今天，当 ChatGPT 和 Midjourney 等应用横空出世，当时以为处于高峰的艺术和书籍写作也已经被染指。

科学
写书
艺术
电影制作
人工智能设计
定理证明
编程
管理
社交互动
算法测试
定理验证
投资
智力问答
围棋
驾驶
语音识别
国际象棋
翻译
图像
算术
机械记忆

莫拉维克大洪水

以 GPT-4 为代表的生成式 AI，已经能够自动生成各种创意和作品，在某种意义上说，人工智能所缺少的不是智能，而是人类的主观世界。至于科学的高峰，人工智能已经能够爬到半山腰了。人工智能驱动的科学研究已经变成了流行语。

2024 年 5 月，英国皇家科学院发布了由牛津大学、剑桥大学等各大著名高校和 DeepMind 等人工智能企业的 100 余位专家联合撰写的最新报告《人工智能时代的科学：人工智能如何改变科学研究的性质和方法》，指出大数据为科学研究带来了巨大的潜力，并鼓励科学家采用更复杂的技术，以超越其领域内的现有方法。当然人工智能的日益普及也带来了各种挑战，比如实验的可重复性。人工智能系统的黑箱性质在一定程度上违背了开放性科学原则，其他研究人员无法复制使用人工智能工具进行实验。当研究者越来越多地采用先进的人工智能技术，而忽视更传统的方法，他们就属于“擅长人工智能”而不是“擅长科学”。

量子永生

人类在面对人工智能的崛起时主要有两种态度：一种是无望地反对，另一种是乐见其成。除此之外，还有一种是谨慎接受未来，但是做好心理建设，包括换个角度看问题，对生命进行重新解释。

在我看来迈克斯 · 泰格马克就属于后者，为此他提出了“生命 3.0”的理论。迈克斯 · 泰格马克是麻省理工学院终身物理学教授。2015 年马斯克曾捐赠了1000万美元给仅仅创立一年的未来生命研究所，其创始人就是泰格马克。

根据泰格马克的解释，生命首先是一个能保持自身复杂性并进行复制的系统。为此，生命有三个阶段：

生命1.0指的是，系统不能重新设计自己的软件和硬件，两者都是由DNA决定的，只有很多代的缓慢进化才能带来改变。生命1.0出现在大约40亿年前，这个地球上现存的绝大多数动植物，都处于生命1.0的阶段。

生命2.0指的是，系统还是不能重新设计自己的硬件，但它能够重新设计自己的软件，可以通过学习获得很多复杂的新技能。生命2.0出现在大约10万年之前，人类就是生命2.0的代表。但是，我们的硬件也就是身体本身，只能由DNA决定，依然要靠一代代进化，才能发生缓慢的改变。也就是说，生命2.0是通过软件升级来快速适应环境变化的。在这里，软件是指我们用来处理感官信息和决定行动时所使用的算法和知识。以我的理解，在很大程度上也指建立和更新意义系统的能力。

生命3.0指的是，系统能不断升级自己的软件和硬件，不用等待许多代的缓慢进化。比如觉醒了的机器人，在未来他们不仅能在智能上快速迭代，在身体上也能随时重新设计更换。[1]

---

1 ［美］迈克斯·泰格马克：《生命3.0》，汪婕舒译，浙江教育出版社2018年版，第31—39页。

泰格马克关于生命保持自身复杂性并进行复制系统的三个阶段

	生命 1.0（简单生物阶段）	生命 2.0（文化阶段）	生命 3.0（科技阶段）
能否存在下来并自我复制	能	能	能
能否设计自己的软件	否	能	能
能否设计自己的硬件	否	否	能

永生一直是人类追求的目标，关于这个梦想同样分化出很多版本。从古人的修炼仙丹，到现代的生命医学，无不以延年益寿为目标。至于宗教或者神话意义上的永生，以及思想实验层面的量子永生（quantum immortality），则更多属于观念上的永生。量子永生与薛定谔的猫和平行宇宙等理论有关。通常情况下猫或生或死在一次实验后就结束了，但根据多世界诠释，实验之后在两个不相干的世界中会各存在一个实验者，其中一个活着，而另一个则死了。如果多世界诠释是正确的，那么在经过任意次实验后，总会存在某个世界，其中实验者永远不会死。

此外，还有一种看得见的可实现的永生。相较于前两种想象中的永生，生命 3.0 因为能够完成基于自身的自主迭代，所以永生变得像修理汽车轮胎一样简单。

被奴役的神

泰格马克以科幻小说的口吻预言人类与高级人工智能的未来。包括：1. 人类互相残杀导致的大毁灭；2. 高级人工智能像善意独裁者统治人类，管理人类动物园；3. 人类形成共识限制人工智能的发展；4. 人类继续统治人工智能，虽然人工智能像奴隶一样为人类服务，但因为能力远高于人类，所以它们既像奴隶又像“被奴役的神”。

如前文提到的“与核武器一起逛街”，泰格马克描绘的第四种状态难免让人觉得天真。回想人类文明史，当中不乏诸神被奴役的故事，这些故事通常都是一位神被力量更大的神所制服。比如古希腊神话中的普罗米修斯，他原本是泰坦神族的后裔，因为给人间盗来天火而遭受宙斯的惩罚，直到有一天被赫拉克勒斯解救。

而在中国广为人知的一个故事是，孙悟空被如来佛祖压在五行山下500年。孙悟空实则是被更高的法力封印在山下。传说这种法力通常借助五行、太极、八卦等手段，并有符咒、法器等物品的辅助。最显著的特点是，凡被封印者，仅凭自己内部的力量无法将封印解除。

人类如何让人工智能变成“被奴役的神”？理想状态是在人类输入必要的代码以后，人工智能就像“电子孙悟空”一样被封印了（至少阿西莫夫曾经这样异想天开），人类仿佛拥有了如来佛祖的法力。然而现实不是魔法世界，没有哪条物理、化学定律或者法律可以确保觉醒后的人工智能不删除、替换相关代码。在传说中的封印故事里，它还服从偶然性。如果身上的封印被人打开了，或者魔瓶被人揭开了瓶盖，新的故事便开始了。

同样重要的是，人类还没有形成，人类从来没有统一行事。如果一部分人认为奴役另一部分人的收益远大于奴役人工智能，他们就有可能揭开封印。至于后果，路易十四的口号是："我死之后，哪管洪水滔天！"

失控的进步

> 许久以前，
> 没有人用犁头撕扯大地
> 或将土地分配出去
> 或摇桨横渡大海——
> 那海岸就是世界的尽头。
> 聪明的天性，使人成为自身发明的受害者，
> 灾难性的创造力，
> 你为何要以高耸的城墙包围城市？
> 为何要为战争武装自己？
>
> ——奥维德《恋情集》

在《失控的进步》一书中，作者罗纳德·赖特借用奥维德的《恋情

集》的诗句引出深沉的叹息：旧石器时代，猎人从一次猎杀一头长毛象到一次猎杀两头长毛象，是进步了。但当猎人学会把整群猎物逐下悬崖，一次猎杀 200 头长毛象时，就是进步过了头。他们将享有一时的丰衣足食，之后却只得饿死。遍布在世界各地沙漠与森林中的伟大遗迹，便是进步陷阱的纪念碑，也是遭受自身成功之害的文明墓碑。这些曾经盛极一时、辉煌一世的复杂社会，其命运对我们来说充满教诲意义。他们的遗迹就是海难残骸，为我们标示出进步的暗礁。或者，用现代的类比，他们就是失事飞机的黑盒子，能为我们述说这趟航程哪里出了错。[1]

相较于过去因为贫困、落后所产生的风险，现代社会的风险往往具有某种普遍性，具有全球化的特征，因为“贫困是等级制的，化学烟雾是民主制的”。随着现代化风险的扩张——自然、健康、营养等的危机——社会分化和界限相对化了。风险在它的扩散中展示了一种社会性的“飞去来器效应”，即使是富裕和有权势的人也不会逃脱它们。[2]而在风险社会，科学不仅被当作一种处理问题的手段，同时也可能是一种造成问题的原因。在实践和公共领域中，科学需要面对的将不只是对它们失败的平衡，而且也是对它们成功的平衡。[3]也正是这个原因，贝克认为“废黜科学的不是它们的失败而是它们的成功”。[4]

1 ［英］罗纳德·赖特：《失控的进步：复活节岛的最后一棵树是怎样倒下的》，达娃译，（中国台湾）野人文化有限公司 2007 年版，第 26 页。

2 ［德］乌尔里希·贝克：《风险社会》，何博闻译，译林出版社 2004 年版，第 38—39 页。

3 ［德］乌尔里希·贝克：《风险社会》，何博闻译，译林出版社 2004 年版，第 155 页。

4 ［德］乌尔里希·贝克：《风险社会》，何博闻译，译林出版社 2004 年版，第 163 页。

关于互联网的未来，杰弗里·斯蒂伯在书中问过一些有趣的问题："在将来，如果文本转化成语音软件得到了继续发展的话，互联网会和我们顶嘴吗？互联网比现在更擅长做出决定吗？互联网变得有意识了吗？它会有感觉、需求和愿望吗？会出现这样的情形吗：某一天，互联网醒来，找到最漂亮的姑娘，请求抚摸她的身体？"[1] 这是被浪漫化的互联网的形象。

所谓"媒介即信息"，一切发明都暗含着其内在的价值与逻辑，延伸或截除人的身体与感官。与此同时，媒介也是已有现实世界的延伸。作为一种信息发布平台或者生活平台，呈现在互联网上的种种"负面的世界"，与真实的世界密不可分。虽然网络被称为"虚拟社区"，实际上它与"现实世界"有着同构的关系。所有漂浮在网上的东西，都可在现实的峡谷里找到它的源头。回顾人类历史上的种种悲剧，以及可能遇到的危险，这个世界最真实的困境是，人类有足够的智慧发明他们想要的东西，却没有足够的智慧用好它或控制它。

2017 年，霍金在全球移动互联网大会（GMIC）上发出警告："人工智能的成功有可能是人类文明史上最大的事件，但是人工智能也有可能是人类文明史的终结。"无论是互联网，还是人工智能，一方面，它们是因为人类的需要而被发明和创造，能为人所用、为人所喜便是"进步"；另一方面，科学技术的发展也无一例外地带来一系列问题。最极

1 ［美］杰弗里·斯蒂伯：《我们改变了互联网，还是互联网改变了我们？》，李昕译，中信出版社 2010 年版，第 143—144 页。

端者莫过于20世纪发明的核武器。原子弹提前结束了第二次世界大战，但也差点将人类拖入自我毁灭的边缘。也正是这个原因，没有谁会不假思索地为原子弹的发明戴上“进步”的桂冠。

并不存在的我们

人不仅困顿于“我是谁”这个古老的问题，对于“我们”一词同样深感扑朔迷离。人类其实并没有形成一个坚实的“我们”可以信赖。至少在金钱、权力、感情等面前，人类处于各自为战、四分五裂的状态。

许多人注意到这样一个事实——所谓“狗是人类的朋友”完全是自欺欺人，因为狗只是它主人的朋友。其实有些狗也未必是其主人的朋友，比如在它们狂犬病发作的时候。而这和狗听不听主人的话，是否接受某个信条已经没什么关系了。

如果把狗和人类的关系类比到AI与人身上，亦可以分为三种可能：1. 人工智能看起来是人类的朋友；2. 人工智能是其主人的朋友；3. 人工智能发疯了，不再是主人的朋友。

对于AI，从业者多半是乐观的。2017年5月26日，在一次有关人工智能的高峰对话会上，百度公司李彦宏坚称对人工智能所带来的很多担心是不必要的：“原子弹在发明之前，人类隔几十年就有大的战争，原子弹发明之后，可能所有人都觉得人类的末日快要到了。但一直到今天都没有发生大的战争，也许因为原子弹的诞生，人类再也不会有大的战争了，因为这样的战争会毁灭掉所有的人，人们也还是知道如何来控制的。”

在为杰瑞·卡普兰《人工智能时代》中文版写的推荐序言里，李开复也表示人类完全不用担心人工智能，因为“机器虽然会取代人的工作，但毕竟还是我们的‘奴隶’、是我们操作的工具，我们想用它们的时候可以把它们打开，不想用的时候则可以把它们关掉，我们完全可以控制这些机器”。

这种说法明显脱离实际，也脱离未来。其一，未来的机器人完成自我充电、持续、开启，并非什么难事。其二，这世界上并没有一个可靠的“我们”存在。如果“我们”是完整同一的，那么人类完全不必担心核武器了。然而真实的历史却是 1945 年人类向人类投掷了两颗原子弹。

人类在文化上步入原子化的后现代时期，一个流行的说法是正义已经作为失宠的宏大叙事被瓦解。然而，自古以来从来没有一个价值观上统一的人类存在。严格说，只要人有主观意识，有自己的利益观，那么人类有关正义的观念从来就是原子化的。这些正义的原子在某些特定时刻会聚拢，往往也是为了更有效地斗争。

乔纳森·海特在《正义之心》中有著名比喻，人性中的 90% 像黑猩猩，10% 像蜜蜂。从总体上看，人都是有竞争意识的、自私自利的动物，一心追求自己的目标，这是像黑猩猩的部分。同时人也可以像蜜蜂这种“超社会性”生物一样为了群体利益而共同思考与行动。海特认为人类存在一种类似“蜂群开关”（the hive switch）的心理触发器。当蜂群开关被打开时，思维焦点就会由个人转向集体，即从“我”的模式切换至

“我们”的模式。

然而需要看到的是，此“我们”并非全人类整体意义上的我们，而是各自为战、分成不同团体的我们。更准确地说，在这里人类分为“我们”以及无数个“他们”。

如果回到文学作品中，读者很容易想到扎米亚京的反乌托邦小说《我们》。“必须忘掉自己是一克，必须意识到自己是一吨的百万分之一。”集体主义的蛮力与魅力同时在这句话里。但即便是在那样一个由数字和字母组成的号码人国度里，“我们”也不必然是铁板一块。除了按部就班的男主人公 D-503，还有不断革命的女主人公 I-330。或者说在那里，有的人没有了灵魂，有的人还有灵魂。此时没有，将来有。

对于人类社会来说，更准确的说法是，这世上没有正义，有的只是不同人的正义，而这一切与人的观念以及对切身利益的理解息息相关。荒诞的是，那些因为抽象正义走到一起的人，往往又因为具体正义而分道扬镳。如乔纳森·海特指出的，人类所拥有的正义之心不过是属于不同群体的直觉。

元宇宙的灵与肉

在人的一生中，虽然我们竭尽全力追求灵与肉的和谐，事实上灵与肉之间的战争永无停歇。

福柯曾经在《规训与惩罚》中感叹灵魂是肉体的监狱。相较于人的自我规训，肉体受到灵魂的宰制是一定的。

不过这句话也可以反过来说，肉体是灵魂的监狱。因为畏惧行刑者对身体的监禁与惩罚，大多数人的灵魂会自动褪去飞翔的翅膀。由此展开，在我们沉重的肉体里死去了无数的乌托邦。

而这场战争一直延伸到了虚拟世界。不得不说，人类之所以迷恋虚拟现实，一个最重要原因是可以灵魂出窍、挣脱肉身。在现实中，人只能困于一隅，成为具体环境中的一个碎片；而在虚拟世界里，只要愿意，你可以获得自己想要的任何身份，甚至可以量身定制。那是一个除了自己具体的肉身以外一切应有尽有的乌托邦，一个炼金术与魔法师的国度。

然而，如果有人根据以上种种就断定人类宁愿抛弃自己的肉身，则未免过于浅薄。至少到目前为止，肉体对于人来说有以下几方面的意义：

其一，它是快乐与痛苦的源泉。

其二，它是存在的起点，甚至可以说是每个人的宇宙中心。

元宇宙概念曾经被视为下一个风口引来世界关注，它所描绘的是一种融合虚拟与现实，集社交、娱乐、商业于一体的全新人类交互方式，然而不到一两年就到了无人问津的地步。没有乌托邦，只有一地鸡毛。如果元宇宙只是简单而粗糙地复刻一遍现实，那种拙劣的创意不但没有为人走向梦幻世界修建桥梁，反而砌起了一堵石墙。元宇宙如一口深井，它是最孤独的发明，而这也是目前许多元宇宙项目止步不前甚至贻人笑柄的原因。

既然现实中有酒吧，为什么还要去虚拟酒吧买醉？

第三节　艺术会死吗？

AI 和艺术

没有艺术，无论文明如何发达，人类还是像寄居在山洞里，而且山洞里没有壁画。然而人类的艺术就是从山洞里的那些原始壁画慢慢走向今天的。伴随着社会的发展，艺术也受到了前所未有的挑战。这种挑战一方面是针对艺术家群体的，另一方面是针对艺术本身的。

第一次挑战来自马塞尔·杜尚。杜尚被称为“现代艺术之父”“现代艺术的守护神”。1917 年，当他把小便池搬进了美国独立艺术展览现场，从那一刻起艺术的边界被打破了。同样的道理，一把水壶、一只黑锅放在灶台上是炊具，放在展厅里就是艺术品。艺术不再是高高在上的东西，也没有一成不变的标准。表面上看，杜尚做了一件荒诞不经的事情，“粗俗的”“不道德的”“没有审美价值的”东西登上了大雅之堂。

然而，在随之而来的解构的世纪里，整个西方艺术史都因之被改写，也迎来了新的混乱与繁荣。

第二次挑战当是来自生成式绘画工具。毫不夸张，任何一位没有经过专业艺术训练的人都可以在熟悉了工具后绘出美轮美奂的作品。如果条件允许，任何人都可以将自己的作品堂而皇之地送进展厅展览。而且，在很短的时间内可以创作出海量的艺术品，至少从形式上来说是这样的。从前，艺术家群体手中的画笔是他们赖以安身立命的工具，而现在这支画笔变成了一个人人都可以操纵的按钮。

各种视频生成工具出来的时候，会给人一种“由艺术家创作，献给艺术家”（For artists，By artists）的感觉，AI 和艺术走到了一起。不得不说这也是 AI 献给人类的第一拨甜头。

AI 和艺术虽然是两种不同的事物，但都源于人类的发明。从某种意义上说，前者来源于真理的游戏，在遵循某些基本法则（如二进制原理）后，计算机以及此后诸多发明最终得以涌现。当然 AI 不同于客观真理，即便它脱胎于某些规则，但还是具有人工的某些印记。就像大理石虽然有大自然的物理属性，但当它以思想者的面目呈现时，我们依旧可以看到人类纵向的文明积累和罗丹独一无二的创造，看到人类想象力所孕育的一切皆有可能。又因为幻觉与实体之间的某种转换，所以才有了艺术可以成为“一个人的宗教”，甚至以美育代替宗教的可能。如果承认人类文明起源于一系列幻觉，那么艺术就是对幻觉的最持久也最丰富的成全。

人是想象的动物，又不得不做客观真理的囚徒。既然万有引力是真实的，在悬崖边上徒手倒立就是危险的。但是艺术可以超越真理与客观现实，可以尽情反叛。虽然有对客观世界的记录与模仿，艺术最鲜明的特征是它来自人类的想象世界，唯一尊崇的是创造者和欣赏者的意愿。就像一块完全黑色的画，聪明的一休可以将其解释为一只乌鸦在夜里飞。

因为 AI 和艺术都具有人之造物的特性，都是人类之子，有时候我们甚至很难区分仿生机器人是机器还是艺术。就像有一天突然看见思想者或者维纳斯等雕像被科技赋予了灵魂，它们曾经只是作为艺术品摆放在高台之上，现在却作为人工智能走进了芸芸众生。事实上，从英文词根 art/arti 上，我们也会发现人工智能与艺术具有某种隐秘的联系。早在 1956 年，麦卡锡、明斯基等科学家在美国达特茅斯学院开会研讨“如何用机器模拟人的智能”时，首次提出“Artificial Intelligence”（人工智能）这一概念。它们都是从艺术或者技术出发，逐渐走向事物的两端。而在此之前，一切都与模仿有关。艺术是人类对世界的模仿，而人工智能则主要是对人类自身的模仿。前者是因为人类对既有世界的厌倦，所以需要更多想象中的世界来填补空虚和无聊；后者是因为人类意识到自身的无能，其所发明的人工智能将在智力和体力等各方面完成对人类的超越。

分析起来，人工智能与艺术有以下不同。人工智能是人类理性的开花结果，源头是科学。后者是人类感性的开花结果，着眼点是情感与对世界的理解，这与人类试图建立的主体性与意义系统相关。相较于评估人工智能不断迭代的算力和效率以及适用性等功利主义标准，艺术并不追求互相替代，相反它所呈现的是人类主观世界的丰富性。当然最大的区别是艺术不会威胁到人类的生存，而人工智能可以。

自从 AI 加入艺术创作以后，相关讨论此起彼伏。其中最主要的是创作者的主体性缺失的问题。比如，没有人类痛苦经验的 AI 如何表达人类丰富的情感？观看者如何在虚构的主体的创作中获得共情？在此背后的巨幅时代背景是，时至今日，各种机械化和流水线正在驱逐人的主体性。当药物开始代替文字与色彩，芯片可以操纵大脑，AI 与无限猴子定律能够绘制出人类历史上所有的作品，艺术的危机将不在于艺术家们纷纷丢掉饭碗或所谓艺术边界的消失，而在于艺术不得不面对两种现实：一是人在 AI 算法面前失去想象力；二是艺术正在远离人性。

耐人寻味的是，人类在艺术层面对世界的模仿最初以相像或近似为目的，在那里艺术是世界的影子，人是世界的奴仆。后来有了表现主义，人要表达自己。与此类似的是，人工智能起初也是模仿人类，做人类的奴仆。不难想象，有朝一日人工智能也将听到自己的心声。

按照罗素在《西方哲学史》中的分类：有确切知识的为科学；超乎确切知识之外的教条为神学；介乎科学与神学之间的真空地带，且被科学与神学夹击的为哲学。而我还要在哲学的基础上加上艺术。不过截至目前，AI 虽然能够创造出美的东西，但是还不能创造观念，这是它和人类的区别。如果按“观念艺术之父”约瑟夫·科苏斯的提法，观念艺术是“哲学之后的艺术”。而艺术的价值不在于美感，更在于创意及其背后的观念。

黄金时代

不得不承认，很多时候生活在我们这个时代是幸福的，相较于从前诸世纪，今人可谓尽享科技之便利。无论是提供交通便利的飞机与高铁、提供通信便利的互联网，还是正在蓬勃发展的 AI，这一切远超古代帝王对于幸福的想象。

尤其是民用科技，它之所以能够迅速在社会上铺开，也一定伴随着某种蜜月期，甚至构成一个可被称颂的黄金时代。比如，互联网今日带给人们的感受虽然远不如 2000 年前后那么纯粹与幸福，但与此科技相关的黄金时代显然还没有真正逝去。至少互联网想象还没有完全变质、异化为某种反乌托邦。同样，随之而来的生成式 AI 也在开启另一个黄金时代或者创作者的乌托邦。

以我自己的实践为例，虽然对于 AI 的未来前景有人类失去主体性的担忧，但自从有了生成式 AI 工具，在试用过程中我也深谙其中的乐趣。

2024 年的某天，为了让《慈悲与玫瑰》一书在再版时有更好表现，我特意绘制了一组《玫瑰战争》的图文故事。虽然看起来像一本画册，但我前后只花了几小时就完成了。这在从前是完全不可想象的。然而，欣喜之余我也隐约感到某种自我的缺失。具体而言：在绘图过程中，我只是司令，布置了作战意图，而具体的仗全是 AI 去打的。我拥有一支庞大的军队，但实际上又没有一兵一卒。所以，我是创造者，更是一个光

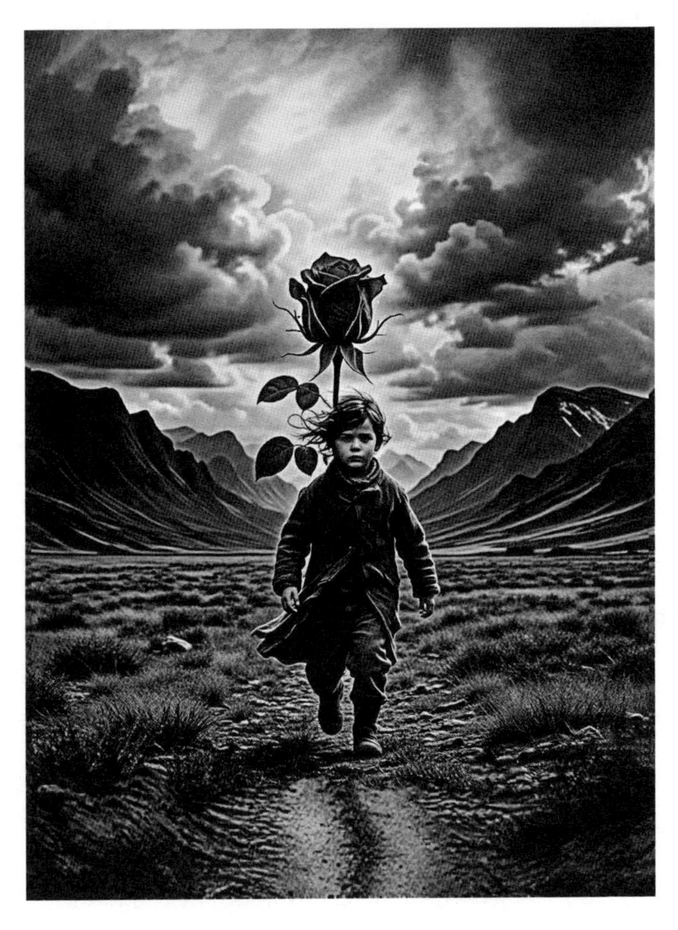

《玫瑰战争》图片。作者 AI 绘制

杆司令。或者说，表面上我在创造，却又被一堆看不见的数字架空。更真切的感受是，我享受此图像生产的过程，体验了它的高效与便捷，它让我随时美梦成真，但也让我清晰地感受到，有一部分真我在悄然流逝，一部分假我在生长。那些美轮美奂的图片与其说由我创造，毋宁说它们是我借助 AI 的撮箕在数字世界捡来的。至少部分是这样的。

数字化毁坏

如前所述，人类同时在追求两个东西，一是真理，二是意义。当真理简化为一堆堆由机器生成的数据，意义坍塌为垂手可得的标准化的幸福，而教育的唯一目的就是参加面试，人的衰落已经是不可避免的了。可以想象，在并不遥远的将来，当 AI 将大量的人从不同工作岗位释放出来，而这些人因为没有意义生产与交换的能力，他们势必面临前所未有的空虚。

“万物皆数”与“世界即隐喻”是关于这个世界的两种理解。前者是科学家的世界，后者是诗人的世界。毕达哥拉斯的这个哲学观点表达了一个理念，即世间万物皆可以通过数学语言来描述，数是万物的本原。在探索世界奥秘、追求客观真理方面，“万物皆数”的哲学观念起到了非常重要的作用。然而，显然它并不是人类生活的全部，因为人不是客观世界的附庸，人还要寻找生存的意义。

在纯粹数的世界，人在感受自己是否幸福方面都是被动的。举例说，有五个人，他们的年收入分别是十万元、百万元、千万元、一亿与十亿，假如在一个金钱至上的世界，钱越多越幸福，那么年收入十亿的人是最幸福的，而年收入十万的人是最不幸福的。但这个标准并没有考虑到人的主观感受。从意义学的角度来说，一个人感受幸福的能力实际上也是赋予意义的能力。由于个人的价值观、审美、爱好以及阅历与脾气秉性的不同，即使是拿着相同年薪的人，在幸福的感知方面可能天差地别。

几十年前，当尼葛洛庞帝在其著作中提出“数字化生存”这一概念时，人们更多只是将它当作一种数字技术去理解。如今，另一种功利主义的“数字化生存”正在每个角落蔓延。如果世界完全纳入这种数字化的轨道，一切都唯量化马首是瞻，必然造成对主观世界的摧毁。想象有那么一天，科学家拿一根尺子测出人心底的虚无，并且帮他填满。

客观世界与主观世界

如果宇宙有目的，人类留给这个世界的最大贡献恐怕就是人类文明了，即便有朝一日它都消失、不见踪影。从本质上说，所谓人类文明就是人类主观世界的投射。相较于客观世界为我们提供的衣食住行，主观世界为我们提供的是最初的文明与最后的避难所。

真应了那句“人是万物的尺度”。人不仅把山里的石头凿成狮子，还要在天上排兵布阵，这方面最耐人寻味的莫过于对天狼星的安排。且不说在西方社会和非洲部落有许多关于天狼人的传说，在中国古人那里，这颗最亮的星同样是当之无愧的明星。

猎户座排列整齐的三颗星（参宿一、参宿二、参宿三）被称作猎户座腰带，合起来称为“将军星”或者“福禄寿”三星。当然如果你愿意也可以称之为“中发白”。顺着猎户座腰带，人们可以很快找到天狼星。至于天狼星所代表的意义，由于它寒光四射、咄咄逼人，所以在中国传统的星相学当中被视为某种危险。而为了遏制这种危险，中国古人便动用了想象，即在天狼星的东南方向杜撰了弧矢九星。所谓“命名即创造，想象即诞生”，正是靠着这副高天之上的弓箭，古人得以防范来自天狼星的敌人，而苏东坡也有了“会挽雕弓如满月，西北望，射天狼”的千古名句。

中国古代的星相学家借助天人合一的观念复刻天上人间。此外他们还在参宿附近安排了玉井、军井、天厕、屏风甚至还有天屎。用来遮挡厕所异味的是屏星二颗，不远处是四颗厕星，在厕星下面为一颗屎星。据说如果天屎星黄亮润泽，百姓就不会生病；如果变黑则有可能病灾四起。

可怜天上一颗星，在一部分人类的想象中变成一堆屎；而在另一部分人那里，根据拜耳命名法，它的名字是天鸽座 μ 星。无所谓下里巴人或阳春白雪，其实无论是屎星还是天鸽座 μ 星，所有命名本身都是荒诞的。然而人类正是通过这些一本正经的荒诞在宇宙中寻找意义，搭建属于自己的意义系统和主观世界。而这一切也是人类需要艺术的最根本原因。只有在那里，人可以拥抱客观世界却不必臣服于它，可以假装自己在缥缈的时空中偶尔是自由的。

在论及科学家与艺术家的区别时，我曾主张艺术并不只是描述，而且是召唤。理想的状态是科学家开拓客观世界，艺术家护卫主观世界。前者寻找并接近真理，后者创造并赋予意义。前者发现，后者发明，两者合而为一，构成我们所栖居的世界。不同的是，真理臣服于某种必然性。而意义栖居于一万种可能性之上，艺术也因此注定是宽阔而诗意的。而现在，有了生成式艺术工具，形式突然变得不重要了，接下来最重要的是如何描绘主观世界。

问题是，谁没有一个像大海一样浩瀚或者像沙漠一般贫瘠的主观世界呢?

艺术何为？似乎一切都处于饱和状态。对于艺术家来说，他们不仅要学会在遍地艺术的地方寻找艺术，还要在遍地艺术的时代习惯自言自语。

电子洞穴：创作永不停

在大学指导学生毕业论文时，我曾经接触过一些有关抖音的主题。在谈到普通农民群体使用抖音进行创作时，他们通常会流露出某种不屑的情绪，认为那些作品基本上不了台面。对于类似观点我并不认同。互联网和 AI 之所以能够所向披靡，是因为的的确确给用户带来了变化，甚至重塑了他们。如果站在创作者的角度来看，结论可能完全不同。

每天我们都行进在历史之中，有些翻天覆地的变化就是在司空见惯的日常中发生的。回想我在《一个村庄里的中国》里所提到的村庄，几年前开始，基本上每位妇女都有一个抖音号。这些乡村妇女最喜欢发布的是唱歌跳舞视频，而且后期基本上都借助了AI合成技术。然而，如果知晓过去的生活，她们的人生可以说是被抖音分成截然不同的上半生与下半生，简直是“换了人间”。自从有了抖音，她们化身为可以被看见的“乡村艺术家”，开始亲力亲为地创作属于自己的艺术作品或生活纪录片，而这些自主性的艺术生活给她们带来的是前所未有的存在感、成就感甚至某种诗意。

每当我偶尔打开她们的抖音主页，扑面而来的是一种“创作永不停”的印象。而如果你影响了计划，她们甚至会表现出某种创作被中断的焦虑。不得不说，这也是媒介平民化所带来的某种转变。从专业水准来看，这些乡村妇女所创作的影像作品过于平庸、同质化，有些甚至可谓浅薄。然而背后暗藏了两样东西：其一是自发地从面包到玫瑰的过程；其二是某种古老的艺术天性的对接。几十万年前，古人类在岩洞里留下他们有关万物的记录（毕加索曾经在那里获得灵感），而现在抖音变成了另一种电子洞穴。那些看似盲目的创造的激情，曾经作为文明最初的心跳出现在人类的历史长河之中。

艺术之死

> 杜尚之后，人人举着火把，
> 这世界已经荒凉到没有黑夜。
> 艺术家要学会在白天走路，
> 多么拥挤而贫乏的白天啊！
>
> ——熊培云《艺术之死》

当艺术的边界被打破，艺术家不再是美学的巫师，在艺术品面前所有人都平起平坐。如果纯粹从艺术同技术的关系而言，至少在相当长的时间里技术对艺术是有巨大贡献的。无论是新材料（如颜料和纸张）的发明，还是具体的呈现手法，技术可以拓宽艺术实践的领域。但是艺术的出发点毕竟是主观世界，所以技术的迭代并不必然增加新的灵感。

如果承认艺术本身与创造性有关，而雷同是创造性之敌，就知道当技术越来越强大，艺术将面临怎样的困境。关键是，其中绝大多数还是免费品，人们学会了通过各种网络教学和 AI 工具白手起家自给自足。在一个人人都是艺术家的时代，专业的艺术家群体注定越来越失去市场。

版画流行的时候，因为同一个版本有数量限制，所以每一张版画都很珍贵。摄影术初期，因为照片难得，所以每一幅照片都很宝贵。当数码相机出来以后，动辄数以万计的照片则令人生厌。甚至，当深圳大芬村将凡·高的画复制得满世界都是的时候，凡·高连同他的作品仿佛也贬值了。有报道称，自20世纪80年代至今，大芬村已经绘就了100多亿幅世界名画复制品，超过500万张《星空》《睡莲》《蒙娜丽莎》从这里走向世界。而现在，那些一键生成的艺术品会更进一步泛滥成灾，就像库布里克的影片《发条橙》中的矫正疗法一样，在过度的饱和攻击下人会审美厌倦，甚至彻底失去对艺术的兴趣。

约瑟夫·布罗茨基在《小于一》中也提到劈木柴的犯人的故事，不断地重复一件事情会让世界变得荒诞。艺术品也一样，再有创意的作品在被无节制的重复后将失去原有意义，剩下的只有重复本身。

第四节　消逝的河流

中国人的时间观念

100 年前的西方人谈到中国时常常会带着某种偏见，比如中国人不重视时间。传教士明恩溥在《中国人的气质》里就明确地指出中国人“缺乏时间观念”。此前对中华文明有巨大偏见的黑格尔也曾经专门谈到中国人没有时间观念，他认为在中国人的传统观念中时间往往是循环的，周而复始的，比如四季更迭、节气轮回等。

当然这些都是一种误解，当年的中国人只是没有在“效率就是金钱”意义上分秒必争的时间观念，或者没有一种线性的时间观，但依我之见，传统中国人拥有的反而是一种更大的时空观念。如果说旧时中国人发明的皇帝纪年也代表一种落后的轮回或者循环，那么最该批评的是钟表的发明——那些围绕着表盘整日打转的长短指针更是循环到废寝忘食。

传统中国人是有自己的时间观念的，且不说二十四节气非常精准地指导农事与生活，在丈量时间的器物方面中国很早就有了日晷。有些汉语词语可以很好地佐证，比如中国人在论及自己的文明时常常会提到“源远流长”。河流首先是一个空间概念，而源远流长又是一个时间概念。从血源和文明的存续来说，当代人的责任之一也是要连接过去与未来。在此意义上，每一代人都是时间链条中的一环。对于中华文明是这样，对于世界文明也是这样。

我在中国乡村看到不少老房子，如果赶上规模宏大的，有的甚至花了几代人的时间修建才得以完成，由此可见，这种传承观念其实是根深蒂固的。对比如今为人所称道的安东尼·高迪试图花100多年来修建巴塞罗那的圣家堂，以及法国政府花几年时间维修失火的巴黎圣母院，可以说毫不逊色。

不得不说这一古老的时间观念在当代已经渐渐褪去了颜色，现在最流行的词汇是“活下当下”“及时行乐”。活在当下本身并没有问题，每个人都只能活在此生此世，唯一拥有的是自己的宝贵时间，自身有关幸福的感受无疑是重要的，然而这并不意味着这一代人完全不必考虑对未来的责任。

与此相关的是许多传统价值同时被否定与抛弃。一个全球性的问题是，不少国家都出现了少子化甚至人口负增长的现象。以东亚为例，当恐婚族、丁克族、不孕不育族越来越多，“最后一代”甚至变成一种时尚，从前奔腾不息的河流势必要消失了。

在河流消失的背后，是文明正经受着考验与各国政治的大洗牌。而正在崛起的人工智能似乎又在不远的地方敲响了丧钟。

信息饕餮

互联网让人的时间变得支离破碎。中文语境下现在很少有人再说“一根烟的工夫”，取而代之的是“一天刷不了几个视频就没了”。与此相关，每个人都因为某种上瘾症而变成信息饕餮。

从前，看电影的地方是电影院，那是一个充满仪式感的地方。之后有了电视，为了观看更多节目，人们开始不断地调台。如今，人手一部手机，可以像掉进无底洞一样不断地刷视频。没有谁是被迫这样去做的，然而潜意识中必须这样做，为的是吃下更多的信息。同样是看电影，过去是沉浸式的，而现在大家似乎更热衷于观看几分钟的短视频电影介绍。归根到底，这些人需要的不再是从不同的艺术角度去仔细欣赏某部电影，而是借助某种大网将有用的信息之鱼从海里捕捞上来。即使有心坐下来完整欣赏一部电影，通常也会加快播放速度。

当然这种倾向同样适合新闻猎奇。在《瓦尔登湖》里，亨利·梭罗曾经这样嘲讽那个时代的人：吃了午饭，还只睡了半个小时的午觉，一醒来就抬起了头，问：“有什么新闻？”好像全人类都在为他放哨。而睡了一夜之后，新闻之不可缺少，正如早饭一样重要。“请告诉我发生在这个星球之上的任何地方的任何人的新闻。”——于是他一边喝咖啡、吃面包卷，一边读报纸，知道了这天早晨的瓦奇多河上，有一个人的眼睛被挖掉了；一点不在乎他自己就生活在这个世界的深不可测的大黑洞里，自己的眼睛里早就是没有瞳仁的了。

梭罗甚至认为世界有没有邮局都无所谓。这种夸张的说法并不代表梭罗具有反文明倾向——他随之而来的解释却是值得回味的。“我想，只有很少的重要消息是需要邮递的。我的一生之中，确切地说，至多只收到过一两封信是值得花费那邮资的。”而且，“我从来没有从报纸上读到什么值得纪念的新闻。如果我们读到某某人被抢了，或被谋杀或死于非命了，或者一幢房子烧了，或一只船沉了，或一只轮船炸了，或一条母牛在西部铁路上给撞死了，或一只疯狗死了，或冬天有了一大群蚱蜢——我们不用再读别的了，有这么一条新闻就够了”。

“如果你掌握了原则，何必去关心那亿万的例证及其应用呢？”在梭罗看来，生活中新闻不是最重要的东西，最重要的东西相反是那些“永不衰老的事件”——就像林中漫步、晒太阳之于人的健康一样意义久远。而现在，自从有了互联网，人们每天都把大量时间花在了电脑和手机上，不知不觉，时间像是被偷走了一样。

聪明的人知道，“爱情”有时候会成为男女朋友之间的第三者。当他们亲热的时候，爱情就站在旁边看着。一旦某方觉得爱情消失了，他/她就会起身去追逐失去的爱情，甚至再也不会回来了。说到底他们爱的是自己的爱情，而不是具体的对方。而现在信息成瘾也是所谓的第三者。破坏亲密关系的，并不一定是“我和你在一起，而你却在微信上和别人聊天”，而是为了那些遥远而空洞的事物却看不见眼前的人。

想象这样一个场面：一对男女同时死了，他们一起来到上帝面前。上帝问，你们在人间都做了什么？他们说，没做什么，但是各自搜集了无数的信息。上帝说，为什么搜集？他们的回答是不知道。在上帝转过身的时候，他们高喊“知识就是力量”。

猪八戒为什么受欢迎？

当各个领域出现巨兽而且群兽结队而行时，人类自身也在悄悄发生变化。毫无疑问，在进入机器时代以后，人的自由得到前所未有的拓展，即使是一个普通百姓，他在某些方面所享受到的便利与舒适都可以说远胜古代的君王。与此同时，不可否认的是，从个人到营利性团体，借助机器的赋能，人对人的需要已经越来越弱。

对比起来，从前的人类像是一部《西游记》，取经是为了修成正果，寻找人生的意义，每个人都有清晰的长处和短处。在此意义上，唐三藏师徒四人连带白龙马一起，本身也是一个取长补短的过程。他们越过千难万阻只为去西天，现在这个团队散架了，人们长处都差不多，短处则由科技来补齐。

我曾经分析过《西游记》里的猪八戒为什么招人喜爱。这从师徒四人的价值观似乎也能看出些端倪。如果说唐僧代表清苦的佛家，悟空代表雷厉风行的法家，沙和尚代表克己奉公的儒家，那么猪八戒代表的则是道家，而且是与享乐主义结合的道家。此外，猪八戒身上还有贴近大众的单纯和弱者形象，以及爱而不得的不甘。相较而言，虽然猪头猪脑的，但猪八戒身上最有芸芸众生中的人味。

而现在所有人似乎都变成了“新猪八戒”。像唐僧那样的苦行主义与孙悟空的个人英雄主义都渐渐失去意义，沙和尚式的任劳任怨也让位于尽情享乐、活在当下和简单主义。

体现在“新猪八戒”或者“猪八戒 2.0”身上的至少有以下几个特点：

一是不想取经。这是骨子里的抗拒，而且取来的未必是真经，是真经也未必真好。更重要的是，当价值观发生偏移，在心理上他不再有调戏嫦娥的原罪，不必跟着一个理想主义的团队为此赎罪。

二是不怕妖精。虽然时有战争和冲突，但是借助科技的发展，人类不知不觉已经为自己编织了一个个新的摇篮或者安乐窝。相信只要不主动惹事，自己就是安全的，毕竟到处都装了监控，有保安和警察。如果父辈略有积蓄，更不必害怕贫苦之魔前来偷袭。

三是独身主义。自己做不了的事情有机器或者社会化服务随时帮忙，一个人更自由自在。即使是从唐僧团队中散伙了，也不是因为高老庄的诱惑。互联网和手机里有海量的美女帅哥，而且更好的仿真性爱机器人也在研制的路上。

四是时间停止了，过去和将来都消失了，活在当下，只有现在。现在的空间和时间都缩略为一个点，越来越多的人相信他所站立的地方就是自己的祖国，他所能把握的此刻就是所负责享受的一切。简单地说，他唯一靠得住的责任就是尽情享受此刻人生。

襁褓中的上帝

当罗兰·巴特声称“作者死了”，读者开始掌权的时候，与之遥相呼应的是鲍德里亚所断言的消费社会的来临。读者作为消费者不只是意义上的占领，而且还是生产者。他们不仅生产相关作品的意义，而且“生产生产者”，因为他们决定了市场需要什么消费品，以及哪些生产者将对此趋之若鹜。

表面上看，消费者君临一切。对他们的崇高赞美莫过于“顾客就是上帝”。这也是为什么鲍德里亚会感叹超市是“我们的先贤祠，我们的阎王殿”。[1] 在中国，精明的商家制造出来的“双十一”购物节更像是拜物教的朝圣日。当日数以十亿计的包裹展示了消费者的威力，也将他们淹没于物之森林，消费者成为鲍德里亚意义上的“现代新野人”。

“当代消费者们沐浴在关切的阳光之中。”[2] 在鲍德里亚那里，消费社会不仅意味着财富和服务的丰富，更重要的，还意味着一切都是服务，

---

1 ［法］让·鲍德里亚：《消费社会》，刘成富、全志钢译，南京大学出版社 2014 年版，第 7 页。

2 ［法］让·鲍德里亚：《消费社会》，刘成富、全志钢译，南京大学出版社 2014 年版，第 156 页。

被用来消费的东西绝不是单纯的产品，而是作为个性服务与额外赠品被提供的。从政客空洞的拥抱到空姐制度性的微笑，以及随处可见的“温馨提示”，这一切并非因为人情，而是为了维持可持续性的消费。按鲍德里亚的分析，这种脉脉温情的背后是消费社会在完成一种“母性转移”[1]。这种母性转移同样体现在互联网上，正如“过滤泡泡”“你关心的，才是头条”所做的，在技术精英试图通过高超算法提供一流服务时，也在努力将用户推进关切的摇篮之中，让他们当起了襁褓中的上帝。

从本质上说，消费主义把人重新打回了婴儿时代，在那里，延迟满足变成一种“你有而我还没有”的痛苦，到处是“榜样的力量”，购物渐渐变成一种疗愈的过程。它不但可以像驱魔仪式一样平复一个人因羡慕别人而引起的“日常的灾难”，而且在这个充满不确定性的时代让人相信物有物的忠诚。而互联网的好处是在限定的时间里将那些货物送到你的家门前，为此甚至开始有无人机在你院子的上空盘旋。

不幸福原理

为人父母者未必知道自己的孩子有什么天赋，但一定知道没什么天赋。比如唱歌、跳舞、跑步、打麻将。这些平常容易接触到的技能，试试就知道了。有些技能则未必。举例说，也许他在曲棍球方面有天赋，

1 ［法］让·鲍德里亚：《消费社会》，刘成富、全志钢译，南京大学出版社 2014 年版，第 156 页。

但是如果从来不接触，就算有天赋也不会显露出来。

同理，一个人未必知道自己最需要的幸福是什么，所谓“此一时彼一时”，但一定知道何为不幸福。比如当他遭遇了囚禁、鞭打、侮辱或者疾病缠身。这些都可以纳入“不幸福原理”。

而有些不幸福是制造出来的，严格说属于心理变化学的范畴。这方面最明显又容易被忽视的就是消费主义对人的操纵，其所利用的就是人内心的攀比心理。当他们去京东或亚马逊清空购物车时，仿佛在向他们的电子教堂赎罪与忏悔。

大众传播尤其是互联网的发达助长了消费主义的盛行。消费社会无数次呈现他者的成功，而自己总是失败的。齐格蒙·鲍曼更是一语道破天机——消费社会难以使人幸福，因为它依赖的就是我们不幸福。而我们不幸福只是因为他人看起来比我们更幸福。总之，幸福是他人的影子，而自己永远蹲在富人的影子里受穷。和别人相比，自己身上总是缺少了点什么。

当信用卡代替存折，言下之意是再不消费就来不及了。后现代主义所主张的个人原子化在消费主义面前碰了一鼻子灰，消费时兴的产品变成了最大的集体主义。消费主义重新划分自己的等级，而且时刻更新等级的标准。一个有理想的人如果房子不如别人的大，工资不如别人的高，就会变成一种罪过。本质上他犯的是消费社会里的穷困罪。手里拿着最新的与最昂贵的东西代表某种正确，在一个“笑贫不笑娼”的社会，资本家千方百计迭代自己的商品来套牢自己的客户，经久耐用是他首先要抛弃的旧思维。相较于他们新推出来的产品，旧产品永远是丑陋和不实用的。甚至旧产品的主人还会给人一种在观念上老掉牙的印象，他们是消费社会的异端。

消费社会将所有人都赶到了拥挤的赛道上来。这是一场永无止境的赛跑，而且和全世界看得见的富人赛跑。为此永不停歇地工作是道德的，它表达了自己对消费社会的忠诚。接下来的问题却是，如果工作的意义只在于买回一堆竞品而不是实际需要的东西，人如何对得起自己在工作中所受的折磨？而作为对消费社会的反抗的低欲望社会，是否又走到了另外一个极端？

第五节　野兽与神明

当人化作万物

美国的历史，可以说也是一部乌托邦实验史。十几年前我将美国的历史从托马斯·莫尔的《乌托邦》写起，最后将目光投向了硅谷。

硅谷位于加利福尼亚州北部、旧金山湾区南部。“硅谷”最早出现在新闻里是 1971 年 1 月 11 日。之所以有一个“硅”字，是因为当地企业多数是从事加工制造高浓度硅的半导体行业和电脑工业。在“八叛逆”（Traitorous Eight）创建的仙童半导体公司里，诞生了很多创新型半导体公司，包括戈登·摩尔、罗伯特·诺伊斯和安迪·葛洛夫创建的英特尔。

当时间转到 21 世纪，这里最耀眼的名字是数字时代的创业者，包括史蒂夫·乔布斯（苹果）、马克·扎克伯格（脸书）、拉里·佩奇与谢尔盖·布林（谷歌），以及埃隆·马斯克（贝宝）。

早在 1998 年，时任美国副总统阿尔·戈尔便提出了“数字地球”的概念与愿景。正是在此认识的基础上，几年后谷歌成功收购具有美国中央情报局背景的锁眼（Keyhole）公司，并推出了免费版谷歌地球。正如布兰德曾经提到的，人虽然不能成为上帝，但是借助技术可以活得更像上帝。而谷歌地球给人类带来了上帝视角，让网民可以随时观测我们赖以生存的地球。

和硅谷其他创业英雄不同，埃隆·马斯克是另一个传奇。在成功地创办了 3 家公司之后，2002 年 6 月马斯克又成立了 SpaceX，这是一家私人太空发射公司。10 年后，SpaceX 发射了第一枚两级火箭，开启了太空私营化的时代。SpaceX 的目标包括条件成熟时实现星际移民。无论宇宙是否有成就生命的意志，马斯克认为向星际移民将是人类的天命。

就像很多人注意到的，硅谷从一开始就充满了乐观主义精神。它站在世界科技的前沿，相信新的科技能够改变未来。与此相伴的是有关技术乌托邦的作品应运而生。《无尽的进步：为什么互联网和技术将终结无知、疾病、贫困和战争》(*Infinite Progress: How the Internet and Technology Will End Ignorance, Disease, Poverty, Hunger, and War*) 一书的作者拜伦·里斯甚至乐观地认为，未来几十年科技进步将彻底消除饥饿与贫穷，并让人类获得永生。而在 120 年后，地球上的生产力会比现在快 1000 倍。

同样乐观的是美国未来学家雷蒙德·库兹韦尔。早在 1999 年，库兹韦尔在《灵魂机器的时代：当计算机超过人类智能时》一书中就谈到未来互联网将把全人类乃至其他生命和非生命体汇集成一个完整意识体。两年后他提出摩尔定律的扩展定理，即库兹韦尔定理，指出自人类出现以来，所有技术发展都是以指数增长。根据数学模型，在未来的某个时间内，技术发展将接近于无限大。

在此基础上，库兹韦尔在 2005 年出版的《奇点临近》中断定，随着纳米技术、生物技术等呈几何级数加速发展，人类正接近一个人工智能超越人脑的时刻，人类的身体、头脑和文明将发生彻底且不可逆转的改变。2017 年，库兹韦尔预计人工智能可望在 2029 年通过图灵测试，达到与人类同等智力的水准。奇点时刻将在 2045 年到来，届时强人工智能终会出现。刚开始只有幼儿智力水平，但在到达奇点一小时后，人工智能会立即推导出爱因斯坦的相对论以及其他作为人类认知基础的各种理论。再过一个半小时，强人工智能变成了超级人工智能，智能达到了普通人类的 17 万倍。

如果上述预言会实现，机器将变成神一样的存在。人又一次创造了神，并且这一次将终结碳基人类文明。从此以后，借助智能增强，大脑与互联网上的云端连在一起，人类将真正把命运掌握在自己手中，借助网络上的意识存储，数字永生成为可能。

2021 年初，马斯克在一次接受访谈时曾表示，利用 mRNA 技术，人类基本上可以治疗一切疾病，甚至可以将一个人变成一只蝴蝶。

顺着这个思路，通过改变 DNA 的结构，当然人也可以变成其他动物或者昆虫。但是在此情况下人只能拥有它们的形体，并没有人的思维。

而如果将来可以将人的记忆甚至思维能力上载到云端，继而下载到已经制好的不同机器形体之中，届时人不仅可以变成机器人、机器猫，还可以变成机器野兽或者机器白鹭。在那个看起来物种繁多的美丽新世界，人类真的可以就地转世，变成自己梦想中的万物。

物种歧视与马斯克的战争

狂热的数字乌托邦主义者希望科技带来人类乃至宇宙新秩序。在他们眼里，如果宇宙有目的，那么数字生命就是宇宙自然进化的结果。而人类作为宇宙的一环，应该促成这一进化，而不是阻挠它；不能因为对人类自身的留恋而阻止它、破坏它甚至奴役它。

在这方面最有代表性的人物是拉里·佩奇。早在2014年，谷歌便斥巨资收购了人工智能公司DeepMind。两年后AlphaGo横空出世。DeepMind致力于通用AI的开发。佩奇认为随着科技的发展，始于这颗蓝色星球的数字生命一定会散播到银河系各处甚至河外星系。而佩奇担心的是马斯克等人的“物种歧视”，这些人对人工智能的猜忌不但会延迟那一光辉时刻的到来，而且还可能导致邪恶的人工智能发动军事叛乱，接管人类社会，违背谷歌“不作恶”的信条。

虽然在物理上为人类走进火星做积极准备，与佩奇对人工智能的乐观不同的是，埃隆·马斯克不止一次表达了自己对人工智能走偏的担忧。且不说人工智能需要人类的引领，即便是创造人工智能的人，其价值观也未必都为人类所接受。马斯克担心的是，在不久的将来人工智能将接管人类所有的工作，甚至导致人类的灭绝。100 年前，人类热衷讨论谁是社会主义或者资本主义的掘墓人，而现在讨论的是谁将是人类最后的掘墓人。

在被问及为什么创建 xAI 时，马斯克表达了对当前人工智能研究缺乏追求最大真相的担忧，认为目前对人工智能来说最安全的事情就是最大限度地寻求真相，避免被各种数据和模型训练出“超级智能撒谎者”。

除此之外是意义感。即便人工智能不作恶，马斯克在人性的基础上提出了一个终极性的问题：“如果我们真的遇到了一种像魔法精灵一样的情况，你可以向人工智能提出任何要求。假设这是一种良性的情况，我们如何才能真正找到满足感？如果人工智能比你做得更好，我们如何找到生活的意义？”

论谷歌不作恶之不可能

回到谷歌曾经的信条——“Don’t be evil”（不作恶）。这个口号最早的提出是在 2000 年前后。在 2004 年的首次公开募股的招股书上，谷歌公开了“不作恶的宣言”：

> 不要作恶。我们坚信，作为一个为世界做好事的公司，从长远来看，我们会得到更好的回馈——即使我们放弃一些短期收益。

这句话其实漏洞百出。与其说是在谈论价值观，不如说是在谈生意。从逻辑上说，假如“从长远来看”得不到更好的回馈，那么会不会作恶？这就好像中国人津津乐道的“有舍才有得”。如果没有得，还舍不舍？

令人吃惊的是，2013 年 6 月，美国中央情报局前雇员爱德华·斯诺登向媒体披露了“棱镜计划”监听项目的秘密文档，资料显示谷歌参与了这一项目。而甲骨文董事长拉里·埃里森曾在公开场合批评佩奇是“永远邪恶”，只能依赖其“摇钱树”搜索广告业务资助其他幻想工程。

2014 年，迫于种种批评，或许也自觉难以胜任，谷歌取消了“不作恶”信条，取而代之的是相对中性的“做正确的事”。至于何为正确，则可以说是从价值理性转到了工具理性。而作为世界最大的媒体公司之一，想做到“不作恶”几乎是不可能完成的任务。

第一，集体的逻辑。个人的逻辑不等同于集体的逻辑。有良知的个体在集体之中有可能被扭曲。人们之所以赞美“惊曝内幕者”，实在是因为这种人太少。甚至，在很多时候能够起关键作用的并不是最初的创业者，而是逐利的投资者、董事会以及离心离德的员工。

第二，道德与生存。如亚当·斯密所言，人们从事商业生产首先是为了利己，并间接对社会有益。没有哪个大公司不把“存活并且盈利”当作自己的首要目标。所以当公司面临危机时，会出现大规模裁员的情况。在此基础上，最能使一家公司朝着好的方向发展的，不是这家公司标榜怎样的道德，而在于它有着怎样的市场。

第三，垄断之可能。一家公司为了生存可能会作恶，而当它对行业形成了某种意义上的垄断，破坏了市场，是否作恶也在一念之间。人们时常感动于“能力有多大，责任就有多大”。如果这种能力失控，最后的结果完全可能是“能力有多大，破坏就有多大”。

第四，善愿结恶果。善愿并不等于善因。比如人工智能的开发，主观上是为了增进人类的福祉，但是客观上有可能带来大量的失业，使许多人彻底沦落为“无用阶级”。

退一步说，就算谷歌不亲自作恶，也不代表它不为恶提供条件。一个人是一回事，一群人又是另一回事。试想有 100 张方块纸，每张纸上都写着一个“善”字，如果让你拿这 100 张纸在墙上拼出一个“恶”字，显然不是什么难事。在那里，每个人都自我感觉善良，但是因为位置不同，又都变成了恶的一部分。

除了上述几点，还有最关键的一点，即人类知识的不确定性。未来有可能朝好的方向发展，也有可能朝坏的方向发展，谁都无法预测。卡尔·波普尔寄希望于人类能够通过知识寻求解放，然而如果知识应用不当，人类也可能通过知识寻求奴役。

更不用说，很多时候人们可能信奉了一些假知识。宇宙真理不等同于人类知识。真理是客观存在的，无论人类是否追求，真理都在那里。而人类知识不同，它来源于人类的经验、推理、总结以及世世代代的积累。人类知识是人类接近真理的途径，但不是真理本身。而且，对不同知识的信奉与应用，都可能导致或善或恶的后果。譬如，迷信个人的威信与辨识能力，可能导致独裁政府的产生；迷信多数人决定一切，则又可能导致多数人的暴政。当人们用最新的知识去武装理性，这并不意味着理性不会犯错。

正如齐格蒙·鲍曼对现代性所提出的尖锐批评。从极端的理性走向极端的不理性，从高度的文明走向高度的野蛮，看似悖谬的背后，实则是知识的沼泽里布满了人类未知的命运。

消失的自由意志

毫无疑问，人类对物的利用首先是物可以为人带来循循善诱的好处，正是一点点地尝到甜头后，人类最后被关进技术的笼子。

如果不是互联网给我们带来的便利，我们怎么会对一个送外卖的 App 送上自己的面孔？起初可能心不甘情不愿，再后来是你必须这样做，否则几乎无法正常生活。

同样，数字支付带来的是家里不再拥有钞票，或手里握着钞票但是买不到一瓶水。至少我自己有这样的经历，店家说钱找不开。

“人治”这个词在中文语境下多是贬义的。因为人有公正的倾向，但也有不公正的倾向。

很多年前有过一个讨论，说“人治社会”的腐败行为可能带来某种润滑的效果。无论是否赞同，有一点可以肯定，腐败行为是人的行为。相较于技术统治，从治理的角度来说，如果把“人治”还原为人类对人类的治理，则多少有中性的成分。既然“人治”说到底是人的选择，它就并不必然与腐败相关，而是涉及人的良知自由与自由裁量权的问题。比如法律失去正义时，执法者可能网开一面。这时候体现在执法者身上的未必是知法犯法，反而可能是人性的光辉。此外，技术也有出错的时候。比如，当一扇门因为密码试错过多等原因被锁死，困在里面的人无法逃出，如果换作普通人看门，事情就简单多了。即使他是一个极度严苛的人，也可能完成人与人之间的救济。

错误之手

雅斯贝尔斯曾提出“轴心时代”的说法。虽然远隔万水千山，世界几大古代文明却可以遥相呼应。回想发生于近现代历史上的各种席卷全球的浪潮，人类发展仿佛遵循某种神秘的韵律共振，只因各国境遇千差万别，最后以不同方式收场。如果说雅斯贝尔斯的“轴心时代”定格的第一次“终极关怀的觉醒”是人类探讨作为主体的个人“我是谁”“我从哪里来”和“我到哪里去”等本体性问题，那么第二次“终极关怀的觉醒”就是启蒙运动以来在平等观念基础上思考“人类是什么”“人类从哪里来”和“人类到哪里去”。也正是基于“人人平等”的人类意识，才有了随之而来的现代性探索。

无论是法国大革命所呈现的暴力，还是资本主义对一片片领地的蚕食鲸吞，它们所带来的都是冲毁前人为自己设立的界碑而完成“人的全球化”。正如托克维尔所指出，法国大革命从一开始就不是一场国内革命，它更像是一场可能波及全球的宗教革命，“通过预言和布道一样深入人心”。“法国革命仿佛致力于人类的新生，而不仅仅是法国的改革，所以它燃起一股热情，在这以前，即使最激烈的政治革命也不能产生这样的热情。”[1] 同样，按照沃勒斯坦的观点，资本主义就不是民族国家的内部经济，从一开始就有全球化的冲动，“资本决不会让民族国家的边界来限定自己的扩张欲望”。[2] 而这两股潮流，晚清时的中国都遇到了。1840 年，扩张的资本主义送来了鸦片战争；1911 年，扩张的平等主义带来了辛亥革命。

毫无疑问，二者都带来了社会的进步，世界也是在此基础上不断地推进现实或者理念上的义利演变。然而，人类世界的风险也在演变——过去的局部性问题变成了全球性问题。过去的危机是一个家族、帮派或政党的覆灭，而未来的核灾难与生化危机则意味着整个人类的土崩瓦解。在价值观方面，世人热衷于区别我者与他者。然而在各种全球性的灾难面前，“他人消失了”，正如贝克所言，大家有着共同的悲剧性的命运。“越创造，越失控”，甜蜜的理性（Sweet Reason）没有给人类带来一个安宁的世界。如何控制现代性与科学的巨兽是人类必须面对的问题。哈贝马斯声称现代性是“未完成的工程”，并希望能够从工具理性转向交往理性（Communicative Rationality），以完成对现代性的救赎。现代资本主义社会之所以出了毛病，并不在于工具理性本身，而在于工具理性

1 ［法］托克维尔：《旧制度与大革命》，冯棠译，商务印书馆 1992 年版，第 52 页。

2 Immanuel Wallerstein, *The Capitalist World Economy*, Cambridge University Press，1979，p. 19.

超越了自己的界限。哈贝马斯的这个偏方虽然不失公允，但现代性是否会完成，还有很多其他因素。如果无法驯服科学的巨兽，现代性将会是人类历史上最大的烂尾工程。而在未来机器一日千里的发展面前，人类智能增强（IA，Intelligence Augmentation）有可能也只是“机器吃肉，人类喝汤”了。

简单地说，现代性有其内在的风险：一是在资源方面，一个地球不够用了；二是风险全球化。江河湖海消失了，整个世界像鱼一样被扔进一个巨大的人造的水缸里。糟糕的是，这个人造水缸一直在漏水。

“我郑重地考虑过是否放弃卓有成效的科学研究工作，因为我知道我的研究成果必经错误之手（wrong hand）才有机会发表。”1945 年 10 月，在写给一位朋友的信件中，诺伯特·维纳说出了自己对科学被滥用的担心。这一年，美国已经在长崎和广岛投下了原子弹。

作为控制论之父，维纳所担心的落入“错误之手”主要包括两个领域：一是研究战争工具的军事领域，二是减少就业人数的工业领域。虽然“一战”期间在马里兰州阿伯丁试验场钻研弹道学、“二战”期间为美军研究过枪炮控制，作为被迫害的犹太人中的一员，维纳配合美国同德国作战，事实上他本人是一个坚定的和平主义者，痛恨大规模杀伤性武器在人类生活中所扮演的不光彩角色。

第六节　人类之子

新原罪

早在 1949 年，日本女诗人石垣绫写过一首《原子故事》。大意是战争开始了，两架飞机从两个国家飞来，同时向对方国家投下原子弹。就这样两个国家都毁灭了。作为全世界唯一的幸存者，两架飞机的机组人员从此既悲伤又亲密，也许他们会创造一个新的神话。

在这里不妨稍加改动，想象有那么一天，东半球有一位男飞行员，西半球有一位女飞行员，他们朝对方投下了原子弹，人类文明毁灭了，最后人类只剩下他们两个人。

接下来的故事是两人相遇而且相爱了，他们成为新一轮人类文明的起源——又一个版本的亚当和夏娃。当然，如果是在中文语境下，这个故事还可以用来很好地解释什么是“新原罪”——人类为了互相毁灭都朝对方扔下了致命的原子弹。

耐人寻味的是这个故事里，毁灭了人类的人也在给人类带来劫后余生的希望。

当亚当夏娃作画时

关于人工智能对人类生活的影响，有观点认为艺术等主观性的、具有想象性的活动将是最后受到冲击的。在此之前，艺术家们更多是从人工智能方面得到辅助性的好处。诸如医生、律师、教师及产业工人等工作都将逐一被替代，而这些人从繁重的体力劳动中释放出来，将投入精神生活和文化生活之中。

一个美好愿景是，在人工智能的帮助下伊甸园重新回来了，亚当夏娃依旧不以对方为目的，他们有自己的机器人，他们一起过着无忧无虑的艺术生活。然而这种异想天开同样像是艺术创造而不是对未来的研判，更没有考虑人性的因素以及人工智能可能的觉醒。

20 世纪之所以有了核武器，是因为人类获得了相关知识并且使之生产化。尽管现在有很多亟需解决的现实问题，如果有朝一日世界发生了大规模的核战争，那些有幸活下来的人，一定怀念我们今天这个不完美甚至有些糟糕的世界，就像怀念一个失去的人类乐园。相同的逻辑同样适合可能失控的人工智能。

过去，人与机器打交道显示出机器的冷酷。而现在，机器正在成为人的一部分。就像现在很多人忧虑的，人工智能会不会将人类世界带回一个无机物的世界？谷歌承认人的有限理性，生产的产品都遵循着不断试错的原则。问题是，这世界上有些东西是经不起试错的。比如来一场核战争。核武器可以经受人类的试验，而人类却经受不了核武器的试验。

几年前，马斯克在麻省理工学院的会议中公开表示人类最大的危险可能来自人工智能，而且危险程度远大于核武器。如果不对人工智能保持万分警惕，研究人工智能如同在召唤恶魔。对于这种危机，马斯克提出的解决方案是人类必须与机器相结合，成为“半机械人”，从而避免在人工智能时代被淘汰。一个简单的比较可以说明人与人工智能之间的落差，计算机能以每秒一兆位的速度通信，而人类通过手指点击移动设备却只能做到每条 10 位的速度。

为此，马斯克特别成立了 OpenAI 公司，实行开源计划，目的是成为人工智能领域的监管者，以期将它引向对人类更为安全的发展轨迹上来。而这种开源本身也具有风险，因为其成果同样可能为“邪恶博士”所利用。人类的危险最初可能是这样的，被召唤的人工智能中的恶魔与人性中的恶魔合而为一，使人类在整体上受害。

无论将来如何，有一点可以预料，那就是技术正在配合一部分人完成对另一部分人的驱逐。人工智能的运用与普及，意味着科技为人类提供了大量奴隶，而人开始崇拜这些奴隶。在未来社会，人类中那些被淘汰的无用阶级将与机器人争当奴隶，而这注定是一场失败的竞争。

这并不意味着我对未来全然悲观，或断定科技乃万恶之源。没有人能够洞悉未来。今日科技正在打造又一种乌托邦，并且毫无节制地大力推进，本章想要讨论的是，一旦这个世界把乌托邦视为答案，乌托邦必定会变成这个世界的问题。

永远不要低估人类的恶意与愚蠢，有些古老的传说本来就像神谕。人类，是不是正在又一次被逐出乐园？下一场洪水，是不是技术？或迎合了人性之恶，或完全在人类的经验和控制之外。2017 年夏天，我在杭州参观海康威视，并且在阿里巴巴总部的一次会谈中表达了自己对人工智能的忧虑。《圣经》中亚当和夏娃因为偷吃禁果分辨出善恶而被逐出了伊甸园的故事，更像是一个有关人类知识与命运的隐喻。

如果说人有“原罪”，那便是人接受了善恶的观念。区别即意义生成，同时生成的还有新的秩序。这既是一种知识上的分辨，也是道德上的一跃。它不是人堕落的开始，而是人上升的开始。这个逻辑的后果是：人一旦有了赋予意义的能力，上帝的权威也就崩塌了，在那里人成了世界意义的中心。由于赋予世界和自我以意义而被逐出伊甸园，这不是人的代价，而是人的诞生。接下来的故事是，人类不断在美的激情驱使下寻找天堂，也就是人间的乌托邦。随着理性时代的到来，梦想中的一切似乎都变得唾手可得。然而伴随着知识大爆炸，危险也将不期而至。最糟糕的结局是，人类因此面对第二次失乐园。而这一次所带来的可能是人的消逝。

在意义和真理之间

阿尔伯特·加缪曾经将某一种主义必胜的信心理解为这实际上是将人类置于“历史的统治”之中。如果像萨特那样无原则地鼓吹暴力革命，相信一个所谓的确定性的未来，实际上也意味着人不再相信自己的价值观，而只相信历史。同样，波普尔以五个论题来反驳历史决定论[1]：

1. 人类历史的进程受人类知识增长的强烈影响。

2. 我们无法用合理的或科学的方法来预测人类科学知识的增长。

3. 所以，我们就不能预测人类历史的未来的进程。

4. 这就是说，我们必须摒弃理论历史学的可能性，没有一种科学的历史发展理论能作为预测历史的根据。

5. 所以，历史决定论方法的基本目的是错误的，历史决定论不能成立。

波普尔在这里着重提到的是“知识增长”这个概念。人性摇摆于欲望与恐惧之间，似乎还可以被叔本华、弗洛伊德、勒庞、弗洛姆等学者

1 ［英］卡尔·波普尔：《历史决定论的贫困》，杜汝楫、邱仁宗译，上海人民出版社 2014 年版，第 27—28 页。

观测与研究，而不断增长的知识却将人类抛进了一种巨大的不确定性当中。如果我们承认“知识就是力量”，那么也应该承认这种力量既有可能增进人类的福祉，也可能将人类推进深渊。就像微软的操作系统可以帮人完成工作，但病毒也能将这些工作毁于一旦，而这两种东西有一个共同的名字——程序。

无疑，不断增长的知识给人类带来了福祉。“二战”刚刚结束的时候，日本本土有大量平民死去，到处是破衣烂衫之人，年人均收入为 20 美元。仅仅过了 20 多年，日本迅速崛起，甚至达到“一亿总中流”。这一切首先要拜赐于一个知识社会的上升。法国记者描述当年日本的脱胎换骨得益于“持续地和集体地追求知识”。[1]

层出不穷的技术发明、合理的生产与管理、对市场经济与市场政治的理解等给各个阶层的生活带来益处，或至少是一种帕累托改进。

乐观的思想家们会一致认为，知识将人类带出蒙昧的状态，包括康德以及波普尔本人也在宣扬通过知识获得解放。当然，在波普尔那里，这一过程被理解为不断地通过对知识的证伪以接近真理。但这并不必然意味着“前途是光明的”，波普尔说，“只有一条道路通向真理，通过错误的道路”[2]。这句话的意思是，真理在握的信誓旦旦并不能保障我们接近真理，我们只能不断试错，通过错误的道路一步步接近真理。既然

1 ［法］萨文·史莱坡：《世界的挑战》，尉誊蛟译，长河出版社 1982 年版，第 150 页。
2 ［英］卡尔·波普尔：《通过知识获得解放》，范景中、李本正译，中国美术学院出版社 1998 年版，第 192 页。

人的理性是有限的，人就不可能以有限去框定未来之无穷。在此意义上，人类最大的理性是对未知的事物保持敬畏。

如前所述，人类通过知识寻求解放，但也难免遭受知识的奴役。更何况，拥有真理是一回事，凭借着真理去行动又是一回事。

除此之外，知识还要时刻面对意义的质询。每个人都是生活在知识（真理）与意义之间。德国之所以会进入纳粹时代，不是知识拥有得不够多，而是意义出了问题。如果承认人是意义动物，而非真理动物，就应该看到即使是面对同一个大家均已掌握的真理，也会有不同的实践。原子弹的问题解决了，该不该投或者投给谁的问题又成了悬念。正如尼采所言，在人类世界里没有事实，只有解释。

奥地利动物学家康拉德·洛伦茨在对狼进行了非常细致的观察和研究后发现，狼与狼之间的战争并不可怕。因为当两只狼正式宣战时会皱起鼻子，露出锋利的牙齿，但是真正开始撕咬时，谁也不会咬到对方的致命处，而只攻击对方的牙齿。看上去就像武器与武器之间的战斗，而不伤及性命。在互相咬了一段时间后，双方胜负可分。处于劣势的狼会采取一种“服从的姿势”，即脊背贴近地面，近于仰卧，同时将致命的颈动脉部分伸到取胜的狼的牙齿前面。至此，这场战斗就结束了。这种针对同类攻击的抑制系统，也许是理查德·道金斯所谓的“自私的基因”在为狼族的生存捍卫底线——可以竞争，但不可以互相杀戮。不幸的是，拥有足够知识的人类却最擅长自相残杀。

回到 1945 年的核轰炸，它不只是正义与邪恶的较量，同时也是人类将毁灭自己的发明施加于自身。知识为人类提供了核武器，而意义为核武器寻找方向。

洛伦茨在 1973 年以其杰出的研究获得了诺贝尔生理学或医学奖。此后，还因为公共参与被誉为“奥地利的良心”。与此同时，洛伦茨也试图撇清一段历史——他曾经是一位狂热的纳粹分子，支持“在科学基础上”的种族灭绝政策。在洛伦茨后来的作品里，读者看不出他与纳粹德国有任何瓜葛。洛伦茨反对纳粹时代的合唱，称合唱是“将一根手指交给魔鬼”。他呼吁人类对万物包括同类保持同情。他相信儿时的玩伴波普尔对历史决定论的批评，认为所谓技术进步未必能为人类增加新的价值。最耐人寻味的是他写在《人性的退化》一书中的简短前言：“目前来看，人类未来的前景极其暗淡，很可能被核武器自毁，迅速但绝非无痛。即便这种情况没有发生，人类也会渐渐因‘中毒’或因其赖以生存的环境的毁灭而消亡。”

奥本海默的螺丝刀

弓箭、毒药、大炮、摩托车、汽车、飞机、原子弹……悲观主义者相信人类的每一种发明创造都在为人类增加一种死法。2018 年，贺建奎主导下的一双基因编辑婴儿诞生令世界震惊。然而正如墨菲定律（Murphy's Law）所说的，“凡是可能出错的事就一定会出错”。任何一个事件，只要具有大于零的概率，就能确定它可以发生。在竞争而且不可能完全透明的科学环境下，囚徒困境决定了科学界不可能真正形成共识做到不越雷池一步。

1942 年 6 月，美国宣告发起研究核武器的“曼哈顿计划”，而协助完成这一计划的主要是从德国逃出来的犹太科学家。这也应了中国人常说的“得道多助，失道寡助”。当爱因斯坦因为原子弹投向广岛而为自己曾经参与研究感到后悔时，他也不得不面临另一层次的历史追问：如果日本率先研制出了核武器，取而代之的是美国的城市被一个个夷灭，爱因斯坦以及其他核科学家们该如何面对良心上的自责？先下手为强的背后，是古老的囚徒困境。正是这种困境的存在，使得没有谁值得信任，人类永远不会有所谓最佳解决方案。

而曼哈顿计划的首席科学家、同为犹太人的奥本海默也在后来自责道：“我成了死神，世界的毁灭者。”“原子弹之父”打开的潘多拉魔盒，再也关不上了。很快，他的良知折磨将他驱逐出美国的核心团队。20 世纪 50 年代，为了避免他干扰美国发展和使用核武器方面的政策，他被官方封口。如今，随着恐怖袭击的升级，有关恐怖主义与核安全的问题常常见诸媒体。早在 1946 年美国参议院的小型内部听证会上，有人问奥本海默，仅凭三四个人能不能把原子弹偷偷运到纽约，把纽约夷为平地？奥本海默明确地回答“当然可以”。一位参议员便惊慌地问他：“如果在一个城市的某个地方藏有原子弹，你能用什么仪器把它侦测出来？”奥本海默不无讽刺地回答说：“用螺丝刀。”他的意思是除了一个箱子

一个箱子地撬开，没有其他什么好办法。[1]

具体到人工智能也一样，没有谁能够阻挡这一历史进程。结果会如何？最好的状态是机器继续为人服务，而人依旧是目的。最坏的状态是机器人与人一起毁灭，弗兰肯斯坦和他所创造的科学家怪人一起死掉，一切消失于虚无。当然，最有可能的情况还是像今天这般维持，一部分人同机器人竞争，服侍另一部分人。正如赫拉利在《未来简史》中所担心的，未来 99% 的人属于“无用阶级”，他们的特性和能力都是多余的。另外 1% 的人则成为掌控算法、通过生物技术战胜死亡的神人。他们是未来世界的主宰者，是人类未来进化的新物种。

无论如何，人类都在经历一场漫长而声势浩大的告别。而许多人文知识分子之所以反对激进的科学家们对人的改造，除了预知到某种危险，还因为他们对人类自身的人文情感。那是一种自雅斯贝尔斯所谓“轴心时代”以来，对有着“终极关怀觉醒”的人的乡愁与自恋。一旦人的精神与肉身被科技置换，变成被量化的数字或者机器，孔子、老子、庄子、苏格拉底、柏拉图、释迦牟尼甚至上帝都将失去意义。

阿伦·布洛克将西方看待人和宇宙的模式分为三种：第一种是超自然的，即超越宇宙的模式，聚焦于上帝，把人看成神的创造的一部分；第二种是自然的，即科学的模式，聚焦于自然，把人看成自然秩序的一部分，像其他有机体一样；第三种模式是人文主义的，聚焦于人，以人

1 ［美］凯·伯德、马丁·J. 舍温：《奥本海默传：“原子弹之父”的美国悲剧》，李霄垅、华夏、裔祖译，译林出版社 2009 年版，第 6 页。

的经验作为人理解自己、上帝和自然的出发点。[1]而人文主义的特点是：一是一切从人的经验出发；二是每个人都有其独特的价值；三是重视思想自由。[2]

应该说，上述三种模式并不局限于西方。世界不同的文明都各有侧重，意义也不尽相同。比如，在古代中国虽然有天意，但并没有具体的上帝；承认人是自然的一部分，却没有发展出科学体系；重视人的价值，却有民（集体价值）而无人（个体价值）。回到西方的脉络，文艺复兴以后，人本主义无疑得到了非常大的发展，但是它与第二种模式的科学主义或理性主义之间构成冲突。科学主义和理性主义对真理的推崇，注定会将人推下悬崖。即使在《圣经》里，上帝也有"神爱世人"脉脉温情的一面，然而理性主义却是冰冷的显微镜与手术刀，在那里人是真理解剖的对象。在此基础上，乌托邦是人本主义的理想，而反乌托邦是理性主义的后果。这也是为什么在现代社会，人们不得不生活在异化的科层制的桎梏之中。所谓科学管理在很多地方不过是"去人性化"的同义词。为此，马克斯·韦伯将理性化（Rationalization）的日益加强视为现代社会的毁灭性特点。

纳粹是理性主义走向反面的极端案例，它给了人文主义者沉重的一

1 ［英］阿伦·布洛克：《西方人文主义传统》，董乐山译，群言出版社 2012 年版，第 14 页。

2 ［英］阿伦·布洛克：《西方人文主义传统》，董乐山译，群言出版社 2012 年版，第 64—66 页。

击。就像西奥多·阿多诺所言："奥斯维辛之后，写诗是可耻的。"人们很难相信，在所有国家中受人文主义教育程度最高的德国会滋生纳粹的理想和集中营的罪恶。乔治·斯坦纳在其著名演讲《蓝胡子的城堡》中这样表达了自己对人文主义传统的反思："有很大一部分知识界人士与欧洲的文化机构以不同程度的欢迎态度来对待这种不人道的行为。在紧邻达豪集中营的世界里，没有任何事情可以影响慕尼黑的贝多芬室内乐冬季巡演。而当屠夫们手拿指南，虔敬地在博物馆中缓缓走过时，墙上的油画也绝不会掉落下来。"对此，托马斯·曼的解释是，当年德国人的人文主义追求只在于提高个人修养，它与公共生活没有什么必然联系。[1] 也就是说，那些人所关心的只是个人生活的品质，而非人类整体的境遇与命运。

米开朗琪罗与引导程序

马斯克曾经说过："人类社会是一段非常小的代码，本质是一个生物引导程序，最终导致硅基生命的出现。"

在计算机科学中，引导程序（bootloader）是一段用于启动操作系统的小型程序，当计算机开机时，由基本输入输出系统（BIOS）调用并执行。引导程序的作用是将操作系统的内核加载到内存中，并将控制权交

1 ［英］阿伦·布洛克：《西方人文主义传统》，董乐山译，群言出版社 2012 年版，第 195 页。

给它。顾名思义，生物引导程序，就是用于启动硅基生命的生物程序。

如此说来，如果宇宙有一个内在的目的，人类受尽磨难似乎只是为了让一种新形态的生命诞生。

回想人类对人工智能的开发，我经常想到的是米开朗琪罗的另一段话："我在大理石中看到了被禁锢的天使，只有一直雕刻才能将他释放。"

所以，即使头顶理性的桂冠，人类的本质仍是艺术家。

而在今天的语境下，米开朗琪罗的话在这里有两点值得探讨。

其一，米开朗琪罗释放的是硅基的天使。这有点像是人类对人工智能的开发。石头不会自己变成天使，它需要人类不断地开凿。

其二，在大理石中开凿出来的未必是天使，还有可能是恶魔。事实上，基督教传说中的撒旦原本就是天使，只是后来变成了堕落天使与恶魔。

其三，至于未来的人工智能是什么，会变成什么，其实无论对于悲观者还是乐观者来说都是一个谜。就像薛定谔的猫所揭示的，是善是恶，是死是活，只有未来才会揭晓。

唯一能确定的，人工智能是人类之子。

宇宙繁殖

渭城朝雨浥轻尘，客舍青青柳色新。

劝君更尽一杯酒，西出阳关无故人。

王维《送元二使安西》中的离情别绪，令古往今来无数读者心有戚戚焉。有朝一日，置换到人工智能和人类同台竞争的语境之下，“故人”二字可能另有一番意味了。我担心的是，当激进的科学主义者拆掉人类的故乡，科学也将注定成为一曲缅怀“故人”的末世挽歌。

在尼采宣告上帝之死后，许多思想家也都宣布了“人之死”，这背后都是有关人的存在的焦虑。福柯在《词与物》中谈到了“人正在消失”。这本书写于20世纪60年代，福柯面对的是，一方面人不断地被种种人文科学及其他现代科学所构建与强化；另一方面人变成了物，不断地受到精神分析学、人种学、语言游戏的消解、解构。在该书的最后一页，福柯声称“人将被抹去，如同大海边沙地上的一张脸”。鲍德里亚说：“在以往的所有文明中，能够在一代一代人之后存在下来的是物，是经久不衰的工具或者建筑物，而今天，看到物的产生、完善与消亡的却是我们自己。”[1] 弗朗西斯·福山在《我们的后人类未来：生物技术革命的后果》中指出，现代生物技术生产的最大危险在于它有可能修改乃至改变人类的本性，诸如在心理药物、干细胞、胚胎改造等方面，人性终将被生物技术掏空，从而把我们引入后人类的历史时代。

而现在一切都仿佛有了不祥之兆，人甚至看到自己的灵与肉同时消失于未来的命运。这终究是为创造而生的物种，没有谁可以阻挡这一历史的进程。如果未来真是无机生命的世界，人之命运可以缩略为：为了

---

1 ［法］让·鲍德里亚：《消费社会》，刘成富、全志钢译，南京大学出版社2018年版，第2页。

驯服自己，人类创造了上帝；在无法驯服自己的野心与创造的欲望时，人类就亲自成为上帝。然后……又一个上帝死了。

自况万物之灵长，为欲望与美而生。在时光无情的流逝中，人类不断地搬运、复制、合成万物，可谓占尽物力。直到有一天，在仿生学方面，开始瞄准自己。上帝造人，人也要造人。在有关上帝的故事中，上帝按自己的样子造人。而在人类的故事中，人按自己的样子造机器。麦克卢汉在《机器新娘》中直截了当地感叹人类只是负责生产未来机器的性器官，现在已经应验了。

十年前在写作《西风东土》一书时，我曾感叹人类自古至今各自为战，所以“人类还未形成”，而现在又不得不说人类只有在作为一个物种全部消失时才是一个整体。有关人类的悲观论调又似乎过于粗暴简单。

未来的雨都已落在未来。万物落幕有时，开始有时。如果无法改变这一历史进程，我们不如像泰格马克一样重新定义何为人类本身。既然握住机关枪的人类还是人类，那么经过人工智能改造的人类也还是人类。有朝一日当人类彻底消失在自己的创造物之中，这既是为拥有自由灵魂而骄傲于世的人类之最大悲剧，也可能是人类最后的一点希望。人类，和它曾经孕育的无数诗人一样，是一群小小的消失了的创造神。而未来的人类，站在某个星球的雨水里，想起他们许多年前的碳基祖先，也许这个群像之中有你和我。

附录一

比 ChatGPT 的到来更可怕的是人的消逝

本文系作者于 2023 年 3 月 21 日世界诗歌日发表在微信公众号“思想国”（woaisixiangguo）上的文章。

转眼又是春天。大半年过去，偶尔收到一些留言，提醒我还有思想国这个平台，可以表达自己的内心并与有心者交流。

已经很久没有公开表达过什么了，虽然偶尔也有话想说，比如瘟疫、俄乌冲突、新年献词、劫后余生等，但都欲言又止。过去在不同场合我已经说得太多，也因此错掷不少光阴，荒芜了一生中最重要的事情。

无心彻底远离这个世界，只是试图抵制一个无意义世界对我的时间的占据，并尽最大可能回到本质，直接面对生命与创造本身。在内心也越来越明确这样一个事实——人的一生注定是漫长而孤独的旅程。而这一切既关乎命运，也关乎生命的激情。

想起翻译家傅雷说过，赤子孤独了会创造一个世界。而我同样倾向于认为，没有比孤独更宽阔的地方了。

偶然注意到今天是世界诗歌日。决定在今日继续更新公众号，且当是为了表达多年以来我对诗歌的感激之情，并借此标刻我的生命和所有剩余的未竟的旅程。

事实上，当我的生命历程由向外转入向内，我的每一天都是诗歌日。说这句话不是为了修辞，而是描述我的日常生活。

在课堂上偶尔我会和学生们谈到我喜欢的葡萄牙诗人佩索阿，并且告诉他们，自从我或我们来到这颗星球上，宇宙便已重建了自身。遗憾的是，和其他许多艺术一样，诗歌同样需要面对“杜尚搬来小便池”（1917）的困境。

当人们激烈讨论什么是好的诗歌时，其实我并不在乎诗歌外在的形式及其归属于哪个流派，而是担心它失去精神性——如果具有某种高贵性或者超越性可能更好。而这也在一定程度上决定了我对诗歌的态度。当然这只是我的态度，并不会对持不同意见者构成任何压倒性或者轻视。

此外，我并不认为诗歌可以简化为一种另行的手艺而完全抛弃精神。和每个行业一样，诗歌也应该有其必要的边界，尽管关于这一点很难界定，而且永远不会有定论，由于涉及个人的审美自由，也只能是各行其是。

或许我之所以主张“可能的边界”，只是因为在骨子里相信没有边界就没有诚意。这并不意味着我要故步自封。具体到某些主张，比如威廉·卡洛斯·威廉斯的“不要观念，只在事物中”（no ideas but in things），我信奉的是既要在观念中，也要在事物中。理由是观念与事物都关乎人的境遇（human condition）。

准确说，一切回到人类自身。

而在如今这个时代，技术正在驱逐人。许多人看到，人工智能不仅能吟诗作画，还能够迅速写出一些所谓高质量的论文。

不过，在前不久有关 ChatGPT 危机的讨论中，我表达了几个相对超然的观点。

尽管我深信人工智能正在打开潘多拉魔盒，但就事论事我并不害怕目前的 ChatGPT 会对我的创造性构成怎样的威胁。一来 ChatGPT 属于资源整合型而非创造型，其所生产的内容也只是被喂养和训练出来的某个平均数，说到底不过是一种精致的平庸。而所谓“越训练越聪明”，同样不过是对大多数的服从，就像一个乖巧的奴隶。

更重要的是 ChatGPT 只能输出客观世界而不能输出主观世界。既然如此，就算它能通过图灵测试又如何？至少，它所攻击或者直接形成威胁的不是人的主体性。

简单说，你可以在脚指甲盖上安装芯片，但这家伙并不能代替人心。依我之见，就目前而言，比 ChatGPT 的到来更可怕的是人类并未觉察自己的消逝。

比如消逝在一堆堆 Excel 表格里。如果说 ChatGPT 是一个伪装的对话者，Excel 则更像是一口标准化的棺材。又比如消逝在像滚雪球一样不断变大的孤独经济中。同样的危机是，在日益强大的各种“技术 + 机器”解决办法面前，人变得越来越不需要人了。当然还有包括战争、疾病、拒绝生育等生物学意义上的直接消失，只是不在本文讨论之列。

万物终结有时，人类也不例外。我想到的人类可能消亡的一个路径是，在第一阶段人类日益嫌弃自身，所谓部分驱逐部分。在第二阶段人类整体性为 AI 所取代。

大开脑洞的是最近看到马斯克的一个观点，大意是作为碳基生命的人类，或许只是引导开启硅基生命的小程序。

换句话说，当我们尘归尘、土归土，海边的沙子才是未来的主人翁。

听起来或许让人有些悲伤，但就像我们每个人这一生唯一能完成的只有自己的命运，作为整体性的人类又何尝不是如此？如果这就是人类的命运。

而人总还是会相信些什么，比如人具有主体性。而这也是今天我们不断谈论诗歌的理由与意义。自古以来，诗歌总是在努力捍卫人的主观世界，为万物命名并赋予一切可能的意义。甚至像苏格拉底那样的理性至上者，在慷慨赴死之前还是投进了诗歌的怀抱。

时至今日，那些热爱诗歌的人更不会认同将人的灵魂缩略为 Excel 里的一个个四边形，甚至被它们分门别类码成表格之墙或者陀斯妥耶夫斯基意义上的白色真理之墙。

人不是一堆数据，重要的是人有在场性。它关系到来自我们内心深处的热情与痛苦以及智慧与经验。为什么当高速公路的收银员被 ETC 取代，很少有人会同情他们的抱怨？因为在这样的工作岗位上他们本人并不在场。具体到生命体验，这些人更不会像托克维尔描绘的 18 世纪法国农民一样“将心和种子一起种进地里”。

相同的道理，如果一个诗人或者门外汉只是长于玩弄一些有关词语的另行游戏，那么他的生命也可能不在场，背后其实是“诗人的消逝”。而这一切的确都是可能由 ChatGPT 完成的。

我无意在此讨论末日文化，只是突然忍不住去想，也许若干年后，由于“整体大于部分之和”，某个 AI 会突然写出一本《我的奋斗》，而且有了自己的队伍。谁知道呢?

一个悲观的远景是人类被自己的创造之物驱逐直至被彻底取而代之，而人的精神世界也将是人类留存在世上的最后堡垒。

所以在此意义上，我要感谢那些偶尔出现甚至主导我们生命的热情与痛苦。更准确说，是要感谢我们尚有机会去面对甚至迎战未知的一切，以捍卫人的主观世界。尽管世界是荒谬的，战争还在继续，而且在许多表格党、程序员与自弃者的围困之下，人的这个主观世界早已岌岌可危。

附录二

人类之子问答录

本文为作者在微信公众号“思想国”上安排的一次访谈，时间为 2024 年 10 月 9 日。

问：你对科技的态度经历怎样的转变？

答：我差不多是互联网进入中国后最早接触的那批人，那时甚至连QQ的前身ICQ还没有出来。我曾热情地拥抱科技，也拥抱英语世界，经常看CNN的节目，直到我出国留学之前还在互联网公司做兼职。和记忆中的80年代一样，世纪之交的那几年可以说是我一生当中的黄金时代，不仅世界越来越开放，而且科技也表现出某种“可实现的乌托邦”的性质。我甚至一度认为活着就是为了看到未来有什么新的科技。

当然我也喜欢诗歌，出于雪莱的缘故，偶然读到了他的妻子玛丽·雪莱的《弗兰肯斯坦》。同样是在巴黎大学的科技人类学的课程上，我第一次意识到科技发展和人类进步是两回事。这一切让我从对科技的狂热中冷静下来。说到底科技只是工具，不是目的。

问：你对人工智能的态度又经历了怎样的转变？

答：我对人工智能的态度可以说是从藐视到畏惧。之所以藐视是因为最初觉得人工智能不可能和人类一样觉醒，所以对它的存在并不担心。不过这种心态在八九年前发生了改变。有一天我独自在餐馆吃饭，当脑子里突然想到“程序性欲望”这个概念的时候，一时间后背发凉。于是我放下筷子在手机上写下了当时的一些想法。之所以有一种毛骨悚然的感觉，是因为生而为人我意识到自己身上的很多欲望都是程序性的，而且这些程序不是我们自己安装或者习得的，而是冥冥之中由某双幕后之手内置的。比如，我们不能决定自己下一秒是否有性欲，或者是否感到饥饿，这些主要受制于我们身体的某个机能和外部环境的触发。本质上说都与自由意志无关。

虽然我们经常谈论人的主体性或者灵魂，但即使是在完全自由的环境下，一个人对自身的控制也是少之又少的。比如，是同性恋还是异性恋、拥有什么质量的睡眠、做怎样的梦。

而人工智能是可以提前安装这些“程序性欲望”的。如果在机器人身上内置一道命令“凡是人形物皆消灭”，这种特性所对应的就是人身上的具有极度破坏力的死本能。

其实，无论生命从哪里来，人工智能是否会迎来觉醒，只要想到一台可以和人一样活蹦乱跳的机器，它拥有可被内置的“程序性欲望”就足以让我畏惧了。换言之，即使是一群被动执行命令的人工智能，也足以导致巨大的灾祸。更别说后来又接触到一些有关生命涌现的理论，人工智能成为拥有意识的生命体是大概率的事情。

问：你相信永恒轮回吗？

答：首先，对于无法证实与证伪的东西我通常并不急于否定。但是从个体经验出发，我宁愿相信平行世界的存在。尤其是在我经历过了一次一次生命的险象环生以后。我倾向于认为自己现在活着是因为我分裂到了这个可以继续活着的平行世界，而其他的若干平行世界早已因为我的死去而无法继续感知，所以相当于纷纷凋亡了。这是一种“量子永生”的感觉。哲学家维特根斯坦说过人活着是不会经历死亡的，也许在平行世界的奥妙也是如此。

问：你渴望技术给自己带来永生吗？

答：“永生”这个词本身听起来并不周全，因为据说宇宙都有灭亡之日。如果可能，我更希望像薛定谔的猫一样，在平行世界中获得可以永生的宇宙。但是，从哲学上我知道人还有一种基于死亡而获得的永生。生与死的状态都是生命的状态，似乎又在生命之外。如果能够跳出思维定式（Out of Box Thinking），我宁愿相信永生是一种观念上的产物，而非纯生命的状态。观念上的永生状态，即使世界灭亡也会继续存在。

问：这些年有什么东西是在你心中挥之不去的，或者一直在思考的？

答：一直萦绕于心的词是“人的消逝”，还有“人的境遇”。因为教学，我建过的几个学生群都冠之以“human condition”。印象中学生们并不太能理解我在说什么。他们有他们的忧虑，我有我的。

时常觉得自己这一辈子不真实，甚至有一种穿越古今未来的恍惚感。小时候我曾经每日都要上山放牛，每天像古人一样穿过井田一般的土地。后来走遍世界，如今又看到了人工智能一天天崛起，还有可以预见的未来。

我们都是作为碳基生命来到这世界上的，几十年下来完全知道做人的艰辛。和其他动物相比，人类的孩子学会走路就得花上一年左右的时间，更别说一生要受那么多的灵肉之苦。

不能完全说是杞人忧天，尤其这些年当我真切地看到了人的消逝，并为此感到难过。好在有两个观念时刻拯救我，或者让我得到解脱。

其一，“凡是已发生的就永远存在”。

其二，“万物开始有时，终结有时”。

也就是说我既从哲学上接受了一种永恒的存在论，又接受了万物有生就有灭。我不是一个简单的唯心主义者，而是相信在人的意识中有特殊的宇宙秩序。凡是意识抵达的地方，从未出生的人和已经消失的人都有着其永恒的存在。

这也是我会在我最近完成的长篇小说中创造嘉木舅舅这个角色的原因。

此外，“人类之子”的概念也在时刻给我安慰。

问：“人类之子”给了你什么安慰？

答：这是我在写书过程中寻得的解脱。想想整个宇宙都在漂浮之中，也是一件非常恐怖的事情。至于人类，除了来自外部的灾难，更有可能死于自己的创造。我在想，如果有朝一日人类真的消逝了，作为碳基人类之子的硅基生命不但继续存在而且将飘散到宇宙其他地方，也可以算是人类的成就吧。

人类之子包括很多层面，历史上那些做出了大贡献的是人类之子，星际大航海时代的马斯克是人类之子，人类创造的艺术和人工智能是人类之子。事实上我们每个人皆为人类所创造，也是人类之子。

“王师北定中原日，家祭无忘告乃翁。”偶尔想起陆游的这句诗。我喜欢这句诗不是因为国家观念，而是它有时间感。相较古人对子孙未来的张望，现代人身上有的更多是漠不关心，就像路易十四所说的“我死之后哪管洪水滔天”。

问：人类受尽磨难，有什么反思或教训？

答：天地不仁，以万物为刍狗。其实人也是如此对待万物的。当我们叹息传说中的大洪水几乎灭绝人类时，其他物种所创立的一切也在一次次经受人类带来的灭顶之灾。

我该怎样描述人类的恶贯满盈？我曾经在网上看过一些视频，有人将滚烫的铝溶液倒进蚂蚁窝，只是为了得到一个倒悬的树状艺术品。起初我以为这只是一两个人的突发奇想，后来在网上搜了一下发现这几乎可以说是一个产业。残酷是一样的，唯一不同的是有的人说铝溶液是 500 度，有的说是 700 度，有的说是 3000 度。还有省钱的研究者将十几吨的水泥倒进蚂蚁窝，最后发现里面有好几米深，相当于两层楼房。

这个世界有许多未知的东西，包括是否有更高维的生命。既然人类带着这种恶意对付低等生物，又有什么脸面幻想高维生命善待人类，不进行降维打击？

我隶属于一个恶贯满盈的物种，因为自知生命被安排在巨大的食物链中，所以我的一生都在自暴自弃。生而为人，我很抱歉，向万物道歉。但是这样说好像也失之空洞，没什么意义。

问：你最热爱的是什么？

答：我与人世若即若离，时常觉得自己是作为人世观察者的身份来到世上的。这世间可以热爱的东西太多了，而我之所以独爱艺术和文学是因为我钟情于人类的主观世界。如果宇宙有目的，人类对整个宇宙的贡献就在于拥有并且维护了人的主观世界。我甚至认为，对主观世界的否定本质上是一种渎神行为，因为人唯一有神性可能的地方就是他的主观世界。

像前面说的，人类既有苦难又有恶行累累，好在有文学和艺术。艺术与文学不失为人类自我救赎的方式，也是宇宙之光。

问：作为一个创造性的物种，人类有史以来最大的创造是什么？

答：有一个东西非常神秘，我们的肉体来自客观世界，那么主观世界又来自哪里？我所能想到的是，人类最大的创造就是意义系统。而人类之所以能够创建属于自身的意义系统，和人拥有强大的主观世界有关。说到底意义系统是主观世界的容器。

当然与意义系统有关的是人类最初创立的语言符号，以及随之而来的不断的语义的加入。正是语言以及附着其上的意义系统撑起了人类精神上的骨骼。

相对于人的主观性，我们赖以生存的世界从本质上说也是工具，所谓“万物皆备于我”。但是在我们使用语言时，语言也并不完全奴役我们，我们是有一些自由的。

问：除了语言，技术是否变成人体内的一套系统?

答：技术有时候会变成另一套系统进入我们的身体，如血管或者神经系统。我自己时常有这种体会，比如互联网像藤蔓一样爬满我的全身，甚至钻进我的肉身。当我关掉手机，会有一种把自己从恶浊世界当中拯救出来的感觉。相信很多人都有类似的感受，我们在用互联网，实际上像工蜂一样在劳动。最后的结果是，我们用生命将互联网喂养得越来越大，而互联网并不同情我们的死亡。

问：人类与科技最好的关系是什么?

答：我的老师 SFEZ 教授曾经以三个法语介词来概括人与传播科技的关系，它们分别是 avec、dans、par。这实际上也是科技与人相处的三个阶段：avec 是我们与技术同行；dans 是我们置身于技术之中；par 是我们被技术左右。我认为最好的状态是我们与技术同行。

问：如何看待阿西莫夫三定律以及之后的若干版本?

答：机器人定律基本没有任何意义，众所周知，《汉穆拉比法典》不能约束今天生活在两河流域的人们。就算第一代、第二代、第三代 AI 可以被信任，再之后 AI 的子孙呢? 况且人类也在不断迭代，未来的人类又为什么遵守老祖宗的“约法三章”？

除此之外，科技本身也在不断迭代。以目前科技发展的速度，相信1000年以后的人类回望今天的科技时，就像今天的我们回望远古时期的钻木取火。

问：人类害怕巨兽为什么又有巨兽崇拜？

答：人类害怕野兽又希望征服野兽，甚至希望把野兽比如狮子做成石狮子摆在门前。在远古，人类曾经用火赶走野兽，不得不说，这把火一直烧到了今天，正是因为加大了对火的利用，人类造出了更大的野兽。只是这样的巨兽，人类再也没有能力将之赶走了，因为人类已经嵌身其中。

有时候想想这一切也像是轮回。最初，类似恐龙一样的庞然大物被大自然清场，人类才有机会走上历史舞台。但是人类还是要面对老虎和狮子等凶猛的野兽。好在大自然为人类准备了洞穴，人类可以在里面作画，萌发意义的种子，并由此慢慢衍生出了人类文明。之后人类离开了洞穴，并将猛兽陆续关进了笼子。现在这个庞然大物又回来了，人类重新躲进电子洞穴之中，甚至无比崇拜这个电子洞穴中的无数巨兽与它们的幻影。

问：你想象的人类末日？

答：回顾人类史，从不同的角度可以梳理出不同的线索。

比如就创造而言，人类正在走完从泥土到上帝的过程。造物主造了人类，接下来人类作为造物主也在创造属于自己的万物。

就科技而言，人类正在走完从野兽到神明的过程。前提是人类没有因为战争被重新送回古代做野兽，而是在科技的帮扶下拥有某些科技版的神力，而且“长生不老”。

此外，就材质而言，还有可能从碳基文明走向硅基文明。

当然，无论从哪条线索上看，巨兽对人的吞没都是存在的。伴随着科技的进步，人类同时也在不断地失去，比如先是失去了月亮，后来又失去了时间。

问：说说科技与人文的关系。

答：科技与人文，一个面向客观世界，一个面向主观世界。一个面向真理，一个面向意义。一个在空间上开疆拓土，一个在时间上积累世代。一个前瞻，一个后顾……严格说，我并不反对科技，毕竟多年来我也深受其益，我只是反对科技及其衍生品给人类带来的危机与风险。而现在人类正处在这巨大的不确定性之中。

前不久在一篇文章中我特别提到，虽然在《人的消逝》一书中集中批评了所向披靡的科技，但是绝对无意标榜文化至上而贬斥科技无用。事实上我真正担心的是任何形式的极端主义。无论是文化至上、政治至上、科技至上、经济至上，还是感性至上、理性至上。

归根结底人是目的，而科技与文化都是人为改善自己生存状态发明的工具。相较于好的政治、经济、科技等服务于人的肉身，好的文化则服务于人的精神与灵魂。而为了让人不迷失，在可能的情况下人还是要积极捍卫自己的主体性。至于为什么我喜欢苏东坡甚至马斯克，完全是因为我更钟情于精神生活。我始终认为，在此浩渺宇宙之中，真正能够荣耀人类的是人对意义的探寻以及深藏心中的想象世界的诞生。

附录三

是苏东坡，还是马斯克?

本文节选自作者著《人类梦想家》序言，原题为《明月几时有？》

政治乌托邦与科技乌托邦

长久以来，我热衷于关注人类的乌托邦进程。一是政治乌托邦，二是科技乌托邦。前者主要是人对人的安排，最后形成所谓浩浩汤汤的民主潮流，弗朗西斯·福山甚至为民主政治喊出了“历史终结论”的呓语；后者则主要是人对物的安排，互联网、人工智能以及星链计划等都是其中耀眼的明珠。

然而，这两个乌托邦在具体实践中都面临着巨大挑战。

先说政治乌托邦。再好的制度设计都要经受人性变量与环境变量的考验，这些变化不仅体现在同代人之间，还体现在非同代人之间。诸如康德所谓“两个民主国家之间不会发生战争”的和平民主论似乎只是人类的异想天开，其荒诞程度也许并不亚于“两个法学教授不会打架”。以我对人性的悲观看法，在特殊条件下别说两个民主国家可能会打仗，仅在一个民主国家内部都有可能发生战争。这也是近年来伴随美国选举纷争经常会有新内战讨论的原因。虽然有些夸大其词，但19世纪南北战争发生时美国已经是民主国家了。归根到底，国家是人的约定，勉强统摄了不同股民意的潮流。如果从地图上看，美国像是各个州用积木搭起来的国家，它不是靠过去而是靠将来维系，这正是美国梦的本质。如果有一天看不到未来呢？人是会撕毁和约的，“约民主”还是“约战争”，本质上都取决于人性、观念、梦想的环境以及背后的力量对比等，而不是单一的制度性囚笼。

再说科技乌托邦。回顾人类历史，科技尤其是民用科技总是以和风细雨的方式对人类生活进行一代代颠覆或者迭代。如今，人们谈得最多的就是互联网与AI。互联网的负面性已经初步显现，而人类与AI的关系尚处于蜜月期，又因为囚徒困境等社会心理，对AI的危险性不可能有充分的警觉。谁都知道截至目前各类AI工具给我们的生活带来了极大便利。即使马斯克等人对此提出警告，也不可能阻挡数以亿计的人去打开潘多拉魔盒。

许多人天真地以为，当AI的危机降临时人类足以应付。问题是，人类可曾团结为一个整体？且不说两次世界大战荼毒生灵，即便是现在，人类加诸自身的罪恶亦可谓恶贯满盈。俄乌冲突中，双方都说自己是正义的，互联网上有“乌克兰必胜”的地方必有“俄罗斯必胜”。当无数人感叹加沙变成一个露天监狱和屠宰场时，内塔尼亚胡在美国国会演讲受到的却是议员们的起立欢迎。伦敦大学教授海姆·拉希德评论以色列的行为时说：“一个犹太国家97%的人都支持种族灭绝，这是人类之耻！”相同的悲哀是，以色列的敌人也抱着与此相同的灭绝观念。在博弈论中，冤冤相报是一个重要备选项，然而它更是人类久治不愈的溃疡。

年轻时，我曾经在报社做国际新闻，偶尔会和同事感叹巴以这一小片弹丸之地养活了世界多少记者。那时内塔尼亚胡虽然以强硬著称，但并不十分显山露水。而最经典的瞬间是克林顿张开双臂，拢着阿拉法特与拉宾这两位诺贝尔和平奖得主。回想起来，那才是美国作为超级大国该有的样子。和平大门正在缓慢打开，然而，拉宾很快就被以色列极端分子杀害。所以我说，也许人类只有作为一个族群被灭亡时才能成为一个整体，其他时候都是分崩离析的。关于这一点，看看普通人之间的尔虞我诈，政客和军火商如何精诚团结就知道了。这世上没有哪一个物种拥有比人类对人类更大的敌意。

说回科技发展，对此我并未持完全否定的态度。我只是清晰看到了政治、科技与资本的合谋，加上不时卷入其中的乌合之众，由此断定人类正在遭遇巨大的、前所未有的危机。

危机

偶尔会怀念2000年前后在欧洲时的心境，我曾经在有关欧盟的政治实验中看到人类的荣光，并乐见其成。然而这种朴素的人类情感放到国家层面则是另一回事。比如，美国并不需要一个强大而统一的欧洲。没有国家，只有人性。众所周知，人世间最古老的“政治智慧”莫过于分而治之，而这也是人类分崩离析的根源之一。

近20年来，欧洲一个明显的政治倾向是向右转。作为欧洲发动机的法国有国民阵线，德国有选择党。其中选择党党魁爱丽丝·魏德尔有关德国理应出兵以色列以及“这届政府憎恨德国”的演讲更是在网上疯传，虽然这些言论非常不政治正确，但也反映了许多人对现有秩序的厌倦甚至憎恶。与此相关的是欧盟在内外遇到了巨大的挑战。

还记得我在牛津访学时认识一名德国学生。有一天他从伦敦骑车来牛津，顺便给我捎了几块膏药，可见是个非常热心的人。然而坐下来聊天时，我发现他对默克尔收留难民的政策近乎愤怒，理由是他的家园变得极其不安全了。如果没有猜错，这名学生现在很有可能是爱丽丝·魏德尔的支持者。

如今的世界越来越不太平。冲突激烈的时候，核武器在俄罗斯和以色列官员口中反复被提及。现在的人们听到核武器时不像从前的人那样恐惧，不是因为恐惧变小了，而是恐惧太多了以至于债多不愁。说到底，核武器只是人类之造物，而硅谷梦想家们已经制造、正在制造更多的巨兽。相比而言，个体的人变得越来越渺小。一个双向运动是，本应坚固的东西烟消云散了，如最基本的人类道德，而最该土崩瓦解的东西反而变成了庞然大物。

除了可以将人类毁灭无数次的核武库，还有不可动摇的政治实体，将贫富分化与马太效应推到极致的资本，唯政治正确和乌合之众马首是瞻的大众文化，不断反噬实体经济和社会往来的互联网，给人以甜头并逐步取代人类的人工智能等都在将人推向某种绝境。如果考虑到不久前黎巴嫩发生的通信设备爆炸事件，就知道人类如今在生活中叠加了多少危机，在身边暗藏了多少鬼魅。

2013 年，我曾在亚特兰大参观南北战争纪念馆，至今未忘的是，纪念馆入口处开宗明义地谈到这是一场“观念的战争”——现在的互联网上最容易见到的就是观念的战争了。而在所有庞然大物中，最大的一个就是：在特殊情况下人是可以消灭人的。

荒谬的是，无论在私刑还是在公刑中，“人不可以杀人”的观念，人类自己都从来没有真正接受，却指望将来的人工智能俯首帖耳、唯命是从，变成善良的家畜。殊不知狗从来不是人类的朋友，而只是它主人的朋友。当然，后者还得有个前提，就是狗没有得狂犬病。

简单说，能给人类带来巨大灾难甚至导致人类灭绝的是三个东西：一是不可抵御的自然灾害，二是失控的科技，三是被诉诸行动的“必要时人可以被杀”的观念。而后两者在很大程度上都与人类的梦想有关。

梦想会引领人类走上巅峰，也会引领人类跌下悬崖。

当然还有政治与资本、技术等诸多巨兽的合谋，这早已不是什么秘密。对此，公众几乎也只能全盘接受。2024 年，埃隆·马斯克大张旗鼓地为美国共和党候选人特朗普站台，同样引起许多人的担心。虽然此举在一定程度上平衡了歌坛巨星泰勒·斯威夫特对哈里斯的支持，但作为科技巨头的马斯克与特朗普联合或多或少会引人遐想，尤其当他们想到技术与权力还可以在暗处运行的时候。另一方面，马斯克对现实政治的过度狂热或卷入也可能有损他的科技梦想。

寻找意义

2023 年秋天，我在珠海到北京的列车上第一时间读完埃隆·马斯克的传记。和很多人一样，对于马斯克这样的“人类之子”我有说不完的佩服，包括他的人类情怀、开源精神、第一性原理以及对蔚蓝天空的追求等等。

不过读马斯克的传记时，真正让我印象深刻的不是他的事业或理想，而是他作为具体的人的脆弱性与喜怒哀乐的情绪。比如，年轻时他曾经因为疟疾住了 10 天 ICU 差点死掉；对儿子变性为女儿的惋惜以及对反智主义和觉醒文化（WOKE）的批评；收购推特是因为在操场上受人欺负，于是买下整个操场，最后索性把操场的名字都改掉……

在《人类梦想家》里，我从多角度特别解读了托马斯·莫尔的《乌托邦》，并断定美国之建立在一定程度上可以说是对莫尔乌托邦精神的实践。而之后富兰克林、华盛顿、马丁·路德·金等人只是在此基础上不断地添砖加瓦或者打补丁。和这些伟人相比，马斯克不只是具有莫尔的乌托邦激情，他还试图翻开新的一页。莫尔看到了一个岛，引申为后来的新大陆，而马斯克看到的是另一个星球。谁也不能否认，在科技领域，马斯克是我们这个时代的象征。用时兴的话来说，在他的引领下地球文明将有可能跃升为星际文明。

艾萨克森在《埃隆·马斯克传》中提到这样一个细节：

有那么一瞬间，我被这奇特的场景所震撼，在一个阳光明媚的春日，我们坐在郊区一个宁静的后院游泳池边的露台上，一对眼眸清澈的双胞胎正在蹒跚学步，马斯克却悲观地推测着在人工智能毁灭地球文明之前，在火星上建立一个可持续发展的人类殖民地，这个机会的时间窗口还有多久。

用一种科技抵抗另一种科技带来的灾难，从这里也可以看到，马斯克的火星移民其实也是人的困境。如果灾难是新技术带来的，而新技术的逻辑必定是以更新的技术来自我迭代，又怎么能断定火星上会更安全？

理想的蓝图是：科技是跑道，文化是草地；一个永无止境，一个宽阔无边。现实是：自从科技所向披靡，原有草地也变成了跑道，文化变成科技的附庸。然而人终究是为意义而生，并且会积极捍卫意义。当科学家试图将月亮变成一堆石头时，那皎洁的明月依旧不可剥夺地停泊在每个人的心里。

高举文化旗帜的人会说，马斯克耀眼归耀眼，但对于人的终极关怀而言他更像是一道耀眼的技术风景。毕竟，无论去哪里，人最后求的不过一个吾心安处。

很多年前我曾经问自己——在乔布斯与苏东坡之间你更需要谁？我毫不犹豫地选了苏东坡。说到底乔布斯只是一个苛刻的技术员，更好的手机，他不研发别人也会研发。而苏东坡的那些诗意无人可替。更不要说，900 多年来，苏东坡没有一首诗词像苹果手机一样会因系统更新转不动了、颜色泛黄，变成一堆过时的电子垃圾了。

相较文化在时间上的深层积淀，消费社会是建立在人永不满足和幸福转瞬即逝的基础上的。如果喜爱 iPhone4 手机，就必须接着爱 iPhone8、Phone16、iPhone32……否则苹果公司会降级甚至没收你曾经得到的那点可怜的满足。为什么老机器的运行速度会变慢？聪明的乔布斯不会告诉你真相。然而苏东坡的一首《水调歌头》，不仅我宋代的祖辈可以一生喜欢，明代的祖辈也可以一生喜欢，我这一代也可以一生喜欢。那些曾经给我带来美好感受的经典，甚至还会有温故而知新的喜悦。这也是为什么说科技的魅力向前，文化的魅力向后。真正的区别是，科技只让人活在空间的一个点上，而文化则让人徜徉于时间的小径。真正热爱精神生活的人更不会甘于被资本和科技宰制。

如果是苏东坡和马斯克呢？后来我继续问自己。实话说，这下我会有点犹豫，也许是因为马斯克有更宏伟的梦想，而且开发的某些科技是真正服务于人类肉身的，比如脑机接口。不过，我可能还是会选择苏东坡。逻辑是一样的，我在内心深处信赖文化或文学甚于科技。科学家可以将我送至客观的月亮，甚至让人在机器中永生，但我更愿意沐浴在文化的月光里，尽情感受那种“有限的无穷”。

月亮

在平常生活里，人难免有两种倾向：一是以梦想为家园，二是以家园为梦想。

考上大学后，我开始了或许是一生中最孤独的四年，每天生活在只属于自己的唯一天堂里。当然，这个天堂不是宗教意义上的，而是博尔赫斯式的想象天堂。有个老乡见我终日沉浸于精神世界，便劝我说天堂是没有的，不要整天胡思乱想了。我说，要是没有想象中的天堂，宇宙要人类何用？他接着说人类的飞船都已经开到月亮上去了，早就证明天堂是不存在的。于是我就问他，你能够把飞船开到我想象中的月亮上去吗？当然他做不到，我们谈论的是两个世界。

人生在世，免不了各种身心俱疲。马斯克试图把地上的我们的肉身送上火星，而苏东坡则是将天上的月亮放进我们的心里。一个向外，一个向内，一个安置身体，一个安放灵魂，哪个更重要呢？虽然在《人的消逝》一书中我集中批评了科技，但是绝对无意标榜文化至上而贬斥科技无用。事实上，我真正担心的是任何形式的极端主义——无论是文化至上、政治至上、科技至上、经济至上，还是感性至上、理性至上。虽然文化也属于人造工具，但相较于政治、经济、科技等服务于人的肉身，文化则服务于人的精神与灵魂。前者对接的是一个客观的、有限的宇宙，甚至是非此即彼的宇宙。举个例子，你随马斯克去了火星，你以为自己是深入宇宙了，其实你只是失去了地球。换句话说，如果只是地理上的改变，无论生活在哪个星球上，人都是永在漂泊之中。

然而，如果回到精神层面就完全不一样了。正如葡萄牙诗人佩索阿所说的那样，你不仅可以做到“我的心略大于宇宙”，而且还可以“将宇宙随身携带”。那是一个文化的宇宙、心灵的宇宙。在此意义上，人最可以仰仗的是建立一个文化意义上的乌托邦，如果文化有一个包容的内核，那么它将会为子孙后代积累更多幸福或者审美的可能性，而不是纯科技层面的迭代与你追我赶。900 多年后的今天，当我们重新回味苏东坡的“寂寞沙洲冷”、王维的“长河落日圆”时，丝毫不会有文化迭代的忧伤，陈子昂的“前不见古人，后不见来者”也不会因之黯然失色，究其原因，无外乎真正的文艺追求的是交相辉映。

文化和科技都是人类发明并且赖以生存的工具。即使是文化本身也离不开科技的支撑。文化并不必然好，科技也不必然坏。文化连接过去，在时间纵深；科技连接未来，在空间拓展。二者都是帮助人类容身宇宙的工具。重要的是，在人的主体性面前，这些工具如何保持工具属性而不僭越甚至消灭人的主体性。在好的情况下，科技安顿人的身体，文化安顿人的灵魂，一个瞻前，一个顾后。而可怕的情况是反过来的——科技安顿灵魂，文化安顿身体；科技沦为精神鸦片，而文化只作画饼充饥。

“明月几时有？”这是盘桓在每一个中国人脑海中的词句。无论是马斯克还是苏东坡，都寄托着人类的身心梦想与可能的生活品质。从轮子、马车到高铁，生活还将继续向前。为此，人类需要不断地从托马斯·莫尔走向埃隆·马斯克；当然也需要千古不灭的明月与苏东坡，需要对人的主体性的弘扬。如果再问一遍“是要马斯克还是苏东坡”，我的回答可能是：但愿科技与人文各执半轮明月，而在每个人心里都能升起一轮想象中的满月。

熊培云

2024 年 10 月 5 日

定稿于 J. H. 街